计算机应用教程

(第二版)

主编 邢 鹏 吴春杰

河南大学出版社
·郑州·

图书在版编目(CIP)数据

计算机应用教程/邢鹏,吴春杰主编.—2版.—郑州:河南大学出版社,2021.6
ISBN 978-7-5649-4742-2

Ⅰ.①计⋯ Ⅱ.邢⋯ ②吴⋯ Ⅲ.①电子计算机—教材 Ⅳ.①TP3

中国版本图书馆 CIP 数据核字(2021)第 120915 号

责任编辑 李亚涛
责任校对 郑 鑫
封面设计 陈盛杰

出　版	河南大学出版社
	地址:郑州市郑东新区商务外环中华大厦 2401 号 邮编:450046
	电话:0371-86059715(高等教育出版分社)　网址:hupress.henu.edu.cn
	0371-86059701(营销部)
排　版	郑州市今日文教印制有限公司
印　刷	广东虎彩云印刷有限公司
版　次	2021 年 6 月第 1 版　　印　次　2021 年 6 月第 1 次印刷
开　本	787mm×1092mm　1/16　　印　张　16.5
字　数	391 千字　　　　　　　　定　价　39.00 元

(本书如有印装质量问题,请与河南大学出版社营销部联系调换)

前　言

随着信息技术的飞速发展和计算机应用的普及,国内高校的计算机基础教育已踏上了新的台阶。五年制大专的人才培养方案和培养目标既不同于高职高专生,更不同于中专生,在五年制大专的计算机应用课程教学中,各大中专院校要么使用高职高专的计算机应用教材,要么使用中专的计算机应用教材,专门的教材基本没有。因此,教学实践中急需一本真正适合五年制大专使用的专门教材。

我们在多年的五年制大专计算机应用课程教学经验的基础上,针对五年制大专学生的知识基础和接受特点,结合未来工作对计算机知识和技能的要求,编写了这本教材。本教材采用项目导向、任务驱动的方式,按照"项目说明＋知识目标＋能力目标＋项目分解＋任务目的＋任务内容＋任务实施"的组织结构,体现"教、学、做"一体化的教学模式,注重项目任务和实际工作的结合。项目来源于实际工作,按照实际工作步骤分解完成,完成项目工作任务即完成一部分内容的学习。

本教材共有14个项目,主要包括:使用Word 2013制作办公电子文档、商业广告宣传手册、求职简历,进行图文排版与设计,设计销售统计表格;使用Excel 2013制作学生成绩信息档案,进行超市商品销售管理,创建商品销售统计图表与打印销售清单;应用PowerPoint 2013制作教学演示文稿、企业宣传作品,放映演示作品;创建Access 2013教学管理数据库、教学管理数据库查询、教学管理数据库的窗体和报表。

由于编者水平有限,经验不足,书中难免存在疏漏和错误,敬请使用者批评指正。

编　者

2021年5月

目 录

项目 1　使用 Word 2013 制作办公电子文档 ……………………………………（1）
　　任务 1　制作公司年度工作计划 ……………………………………………（2）
　　任务 2　制作公司年度工作总结 ……………………………………………（8）
　　任务 3　制作公司简报 ………………………………………………………（14）
项目 2　使用 Word 2013 制作商业广告宣传手册 ……………………………（17）
　　任务 1　制作公司简介 ………………………………………………………（18）
　　任务 2　制作公司宣传手册封面 ……………………………………………（28）
　　任务 3　制作公司组织结构图 ………………………………………………（37）
项目 3　使用 Word 2013 制作求职简历 ………………………………………（42）
　　任务 1　制作求职简历封面 …………………………………………………（43）
　　任务 2　制作履历表 …………………………………………………………（48）
　　任务 3　制作自荐信 …………………………………………………………（54）
项目 4　使用 Word 2013 进行图文排版与设计 ………………………………（61）
　　任务 1　设计活动邀请函 ……………………………………………………（62）
　　任务 2　编排杂志页面 ………………………………………………………（71）
　　任务 3　设置个性化的文档 …………………………………………………（83）
　　任务 4　打印文档 ……………………………………………………………（86）
项目 5　使用 Word 2013 设计销售统计表格 …………………………………（89）
　　任务 1　建立"店庆促销清单表" ……………………………………………（90）
　　任务 2　制作"产品销售业绩表" ……………………………………………（95）
项目 6　使用 Excel 2013 制作学生成绩信息档案 ……………………………（105）
　　任务 1　制作"学生信息档案" ………………………………………………（106）
　　任务 2　美化"学生信息档案" ………………………………………………（112）
　　任务 3　制作"学生成绩档案" ………………………………………………（116）
项目 7　使用 Excel 2013 进行超市商品销售管理 ……………………………（120）
　　任务 1　制作超市商品销售清单及收银单 …………………………………（121）
　　任务 2　制作超市销售日报表 ………………………………………………（131）
项目 8　使用 Excel 2013 创建商品销售统计图表与打印销售清单 …………（143）
　　任务 1　创建商品销售统计图表 ……………………………………………（144）

任务 2　打印销售清单 ………………………………………………… (153)

项目 9　应用 PowerPoint 2013 制作教学演示文稿 ………………………… (158)
　　任务 1　制作《大学文学鉴赏》教学 PPT ……………………………… (159)
　　任务 2　制作文学作品《再别康桥》演示文稿 ………………………… (164)

项目 10　应用 PowerPoint 2013 制作企业宣传作品 ……………………… (173)
　　任务 1　制作"企业宣传展示"演示文稿 ……………………………… (174)
　　任务 2　制作"企业宣传展示"动画 …………………………………… (180)
　　任务 3　快速制作"企业宣传展示母版" ……………………………… (185)

项目 11　应用 PowerPoint 2013 放映演示作品 …………………………… (190)
　　任务 1　设置 PPT 演示方式 …………………………………………… (191)
　　任务 2　设置演示幻灯片 ……………………………………………… (194)

项目 12　创建 Access 2013 教学管理数据库 ……………………………… (200)
　　任务 1　创建数据库和数据表 ………………………………………… (201)
　　任务 2　设置字段属性和主键 ………………………………………… (209)
　　任务 3　建立表关联和数据管理 ……………………………………… (219)

项目 13　创建 Access 2013 教学管理数据库查询 ………………………… (226)
　　任务 1　在设计视图中创建选择和统计查询 ………………………… (227)
　　任务 2　在设计视图中创建参数和操作查询 ………………………… (234)

项目 14　创建 Access 2013 教学管理数据库的窗体和报表 ……………… (243)
　　任务 1　创建 Access 2013 数据库的窗体 ……………………………… (244)
　　任务 2　创建 Access 2013 数据库的报表 ……………………………… (253)

参考文献 ………………………………………………………………………… (258)

项目 1　使用 Word 2013 制作办公电子文档

项目说明

本项目通过工作计划、工作总结、简报等任务的完成,完成文档的创建、格式的编辑、文档的保存等过程的基础操作。

在日常工作中需要文档看上去层次分明、美观大方,因此对输入的文本内容进行文字和段落的格式化操作,使文档符合规范。本项目通过工作任务的完成,使用户充分体验 Word 2013 的页面美化功能,掌握美化设置的方法和技巧。

知识目标

掌握创建新文档的方法。
掌握编辑文档的方法。
掌握文档内容格式编辑的方法。
理解如何提高文档编辑的效率。
熟练掌握文档的基本操作。
掌握对文档进行美化的技巧。

能力目标

会制作简单的文档。
能对文档进行编辑。
能完成对文档的基本操作。
提高对文档的操作效率。
会对文档进行美化。

项目分解

任务 1:制作公司年度工作计划。

任务 2：制作公司年度工作总结。

任务 3：制作公司简报。

任务 1　制作公司年度工作计划

任务目的

打开 Word 2013 时，会看到一个空白文档。它看起来像一张纸，并且占据了屏幕的大部分空间。要开始工作，作为 Word 2013 的新用户，你可能想知道如何开始？

在页面上的哪个地方开始输入内容？如果想将段落的第一行缩进，应该如何做？如果觉得页边距不合适，如何更改它们？此外，如何保存输入的内容，以便在关闭 Word 2013 时不会丢失所做的工作？

下面通过使用 Word 2013 制作完成公司年度工作计划的过程，来解决这些问题，如图 1-1-1 所示。

融智传媒有限公司 2016 年度工作计划

2016 年是我公司加速发展的关键年，为了壮大公司的经营实力，我公司董事会通过讨论制定如下经营方略。

一、指导思想

以三个代表重要思想为指导，进一步加强企业进入市场的应变能力，在公司内部营造一个有利于发展生产经营的小气候，上下协力做好"巩固、发展"两篇大文章，将公司建设成为经营彻底放开、管理完善严密、监督严格规范、适应市场要求，将公司建成为集商贸、电脑信息业、网络管理、软件开发为一体的股份合作制经营实体。

二、工作任务

1. 建立适应市场经济格局的企业经营管理模式，依托本公司资源优势，面向市场，加快发展，力争 2016 年完成产值 2800 万元，实现利润 300 万元。

2. 努力寻求包括股份制、股份合作制等公有制经济管理形式，加快机构、劳动人事制度、分配制度的改革步伐，努力增强市场竞争能力。

3. 强化发展力度，多渠道的寻求项目、资金、人才技术，外引内联，努力提高发展的速度和效益。

4. 强化企业内部管理，完善各项规章制度，按现代企业制度的要求，创造发展机遇，努力把企业发展成为以商贸、电脑信息业、文印业为主，以社区服务业为辅的经济实体。

图 1-1-1　公司年度工作计划完成效果图

任务内容

完成该项学习任务共有三个子任务。

子任务 1.1：创建新文档。

子任务 1.2：输入文档内容并排版。

子任务 1.3：保存和打印文档。

任务实施

子任务 1.1　创建新文档

1. 启动 Word 2013，单击"新建"菜单命令，单击"空白文档"图标，即可创建新文档，如图 1-1-2 所示。

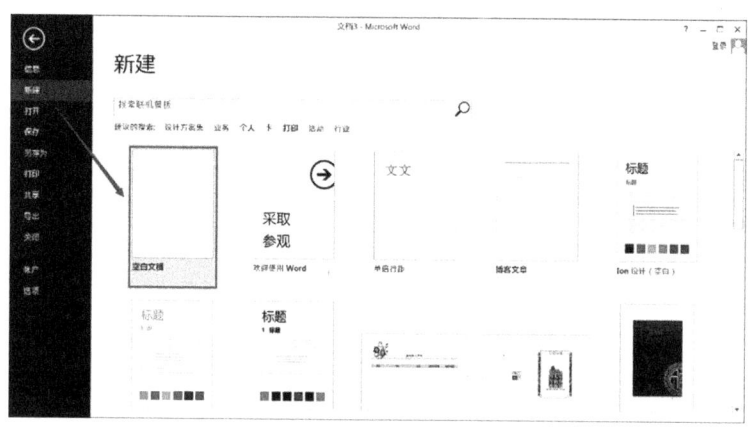

图 1-1-2　新建文档

2. 单击"文件"菜单中的"页面布局"，进行页面设置，如图 1-1-3 所示。

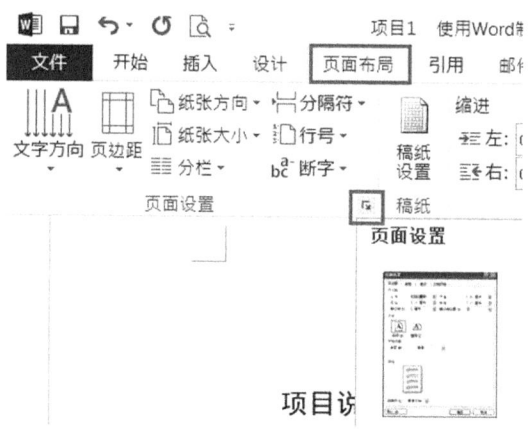

图 1-1-3　页面布局

3. 在"页边距"选项卡中直接输入所需页边距的值，并将"纸张方向"设为"纵向"，如图 1-1-4 所示。

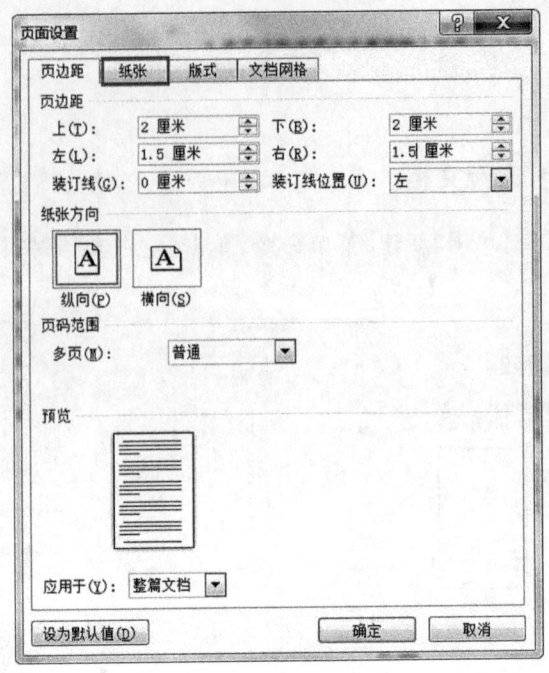

图 1-1-4　页面设置窗口

子任务 1.2　输入文档内容并排版

1. 输入如图 1-1-1 所示的文字内容。

2. 选中年度工作计划标题"融智传媒有限公司 2016 年度工作计划",单击"开始"菜单中的"字体"右下角箭头标签,如图 1-1-5 所示,弹出"字体"对话框。

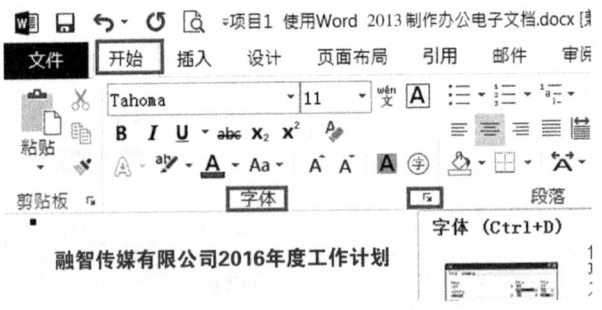

图 1-1-5　字体设置

3. 在"字体"对话框中单击选定"字体"选项卡,选择"中文字体"下拉列表框中的"宋体",选择"字形"列表中的"加粗",再选择"字号"列表中的"四号",选择"字体颜色"为红色,设置完毕,单击"确定"按钮,如图 1-1-6 所示。

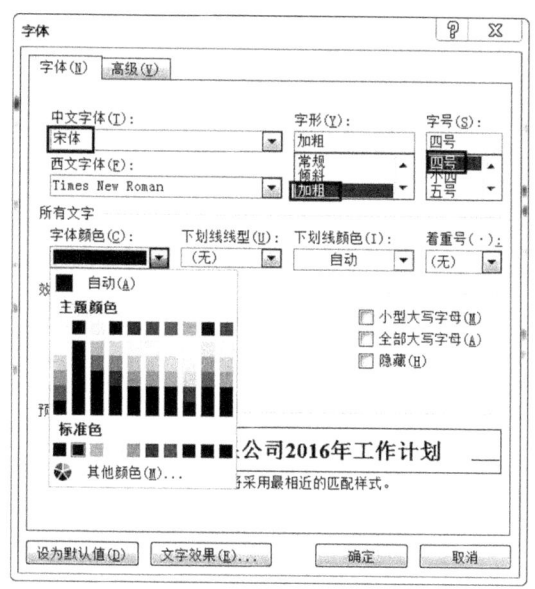

图 1-1-6 "字体"对话框

4. 选中文章标题,在"开始"菜单中的"段落"图标区域中,单击"居中"图标,如图1-1-7所示。

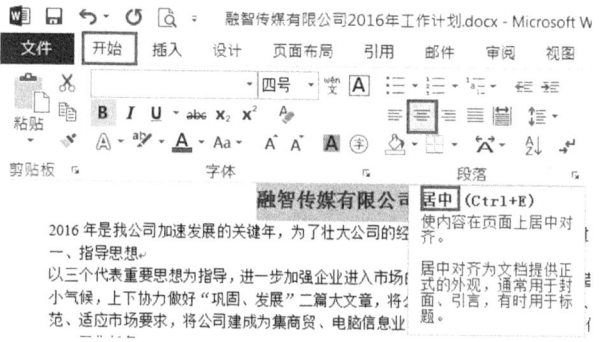

图 1-1-7 标题居中设置

5. 选中正文内容,单击"开始"菜单中的"段落"右下角箭头标签,弹出"段落"对话框,选择"特殊格式"下拉列表中的"首行缩进",并将其后的"缩进值"设置为"2字符","行距"设置为"1.5倍行距",如图1-1-8所示。

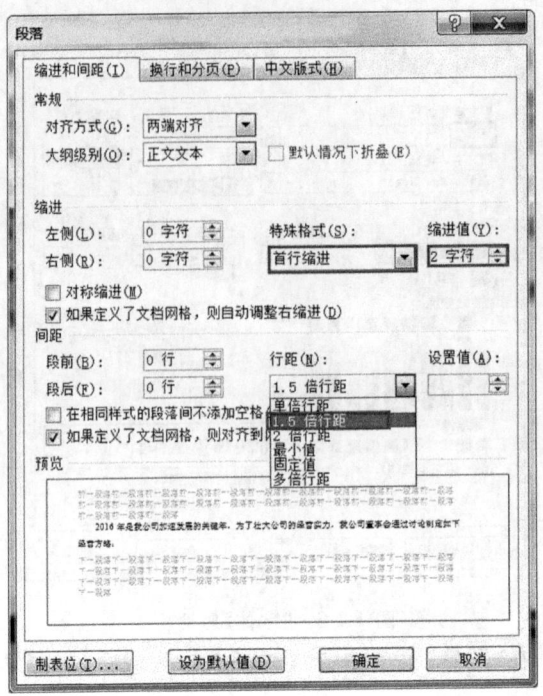

图 1-1-8 正文段落设置

6. 完成效果如图 1-1-1 所示。

子任务 1.3 保存和打印文档

1. 单击"文件"菜单中的"另存为"命令,以"融智传媒有限公司 2016 年度工作计划"为名,将该计划保存在 D 盘根目录中,如图 1-1-9 所示。

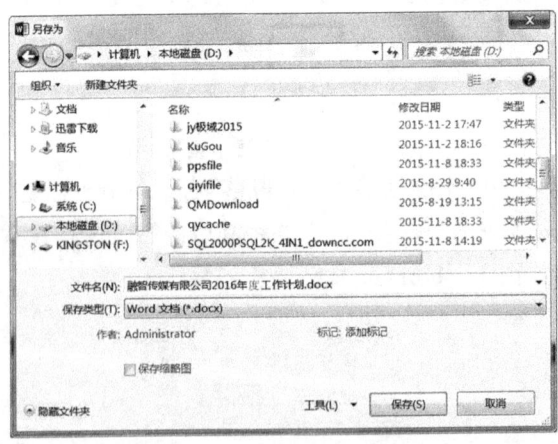

图 1-1-9 "另存为"设置

2. 为了避免操作过程中由于断电或操作不当造成文字丢失,可以使用 Word 2013 的自动保存功能,自动保存功能可以在"文件"菜单中的"Word 选项"命令中设置,如图 1-1-10 所示。

图 1-1-10　自动保存设置

3. 保存文档时,还可以单击常用工具栏上的保存按钮,如图 1-1-11 所示。

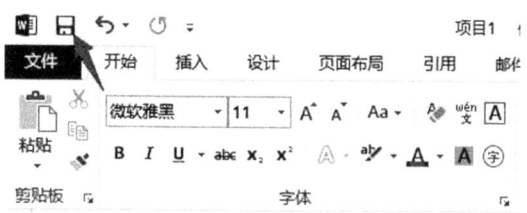

图 1-1-11　保存文档

4. 单击文件菜单中的"打印"命令,将该文档打印出来,如图 1-1-12 所示。

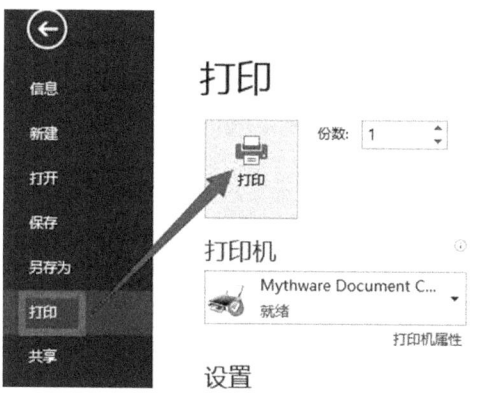

图 1-1-12　文件打印

任务 2 制作公司年度工作总结

任务目的

总结是对一定时期进行的工作(实践活动)全面地回顾,对其进行再认识的书面材料。总结应包括如下内容:① 标题;② 正文:基本情况,取得的成绩(可以分条写),获得的经验,存在的问题;③ 今后方向(或意见)。融智传媒 2015 年度工作总结完成效果如图 1-2-1 所示。

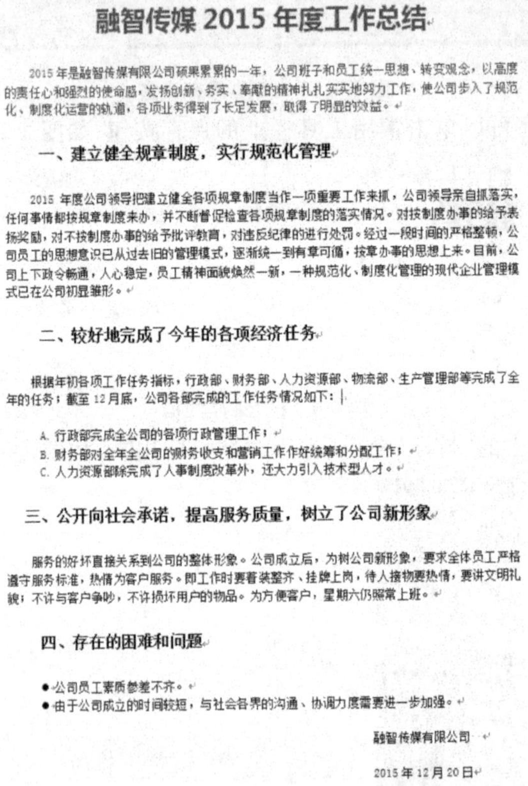

融智传媒 2015 年度工作总结

2015 年是融智传媒有限公司硕果累累的一年,公司班子和员工统一思想、转变观念,以高度的责任心和强烈的使命感,发扬创新、务实、奉献的精神扎扎实实地努力工作,使公司步入了规范化、制度化运营的轨道,各项业务得到了长足发展,取得了明显的效益。

一、建立健全规章制度,实行规范化管理

2015 年度公司领导把建立健全各项规章制度当作一项重要工作来抓,公司领导亲自抓落实,任何事情都按规章制度来办,并不断督促检查各项规章制度的落实情况。对按制度办事的给予表扬奖励,对不按制度办事的给予批评教育,对违反纪律的进行处罚。经过一段时间的严格整顿,公司员工的思想意识已从过去旧的管理模式,逐渐统一到有章可循,按章办事的思想上来。目前,公司上下政令畅通,人心稳定,员工精神面貌焕然一新,一种规范化、制度化管理的现代企业管理模式已在公司初显雏形。

二、较好地完成了今年的各项经济任务

根据年初各项工作任务指标,行政部、财务部、人力资源部、物资部、生产管理部等完成了全年的任务;截至 12 月底,公司各部完成的工作任务情况如下:

  A. 行政部完成全公司的各项行政管理工作。
  B. 财务部对全年全公司的财务收支和营销工作作好统筹和分配工作。
  C. 人力资源部除完成了人事制度改革外,还大力引入技术型人才。

三、公开向社会承诺,提高服务质量,树立了公司新形象

服务的好坏直接关系到公司的整体形象。公司成立后,为树公司新形象,要求全体员工严格遵守服务标准,热情为客户服务。即工作时要着装整齐、挂牌上岗,待人接物要热情,要讲文明礼貌;不许与客户争吵,不许损坏用户的物品。为方便客户,星期六仍照常上班。

四、存在的困难和问题

  ● 公司员工素质参差不齐。
  ● 由于公司成立的时间较短,与社会各界的沟通、协调力度需要进一步加强。

融智传媒有限公司
2015 年 12 月 20 日

图 1-2-1 工作总结完成效果图

任务内容

完成该项学习任务共有两个子任务。
子任务 2.1:创建新文档。
子任务 2.2:输入文档内容并排版。

任务实施

子任务 2.1　创建新文档

1. 启动 Word 2013,新建一份空白文档,如图 1-2-2 所示。

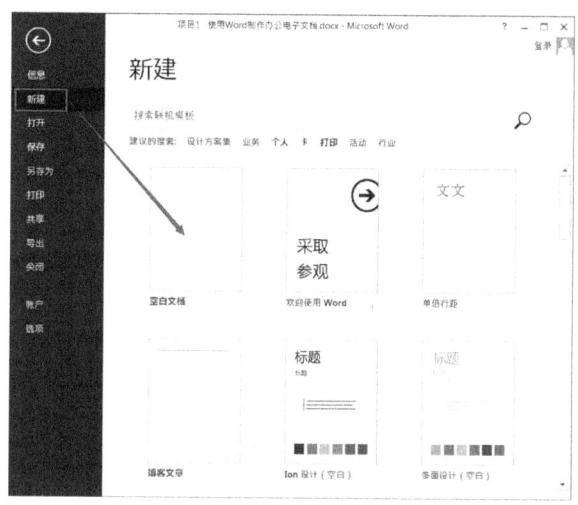

图 1-2-2　新建空白文档

2. 选中"文件"→"页面设置",在如图 1-2-3 所示的对话框中,将页边距分别设置为上 2 厘米、下 2 厘米、左 1.8 厘米、右 1.8 厘米。

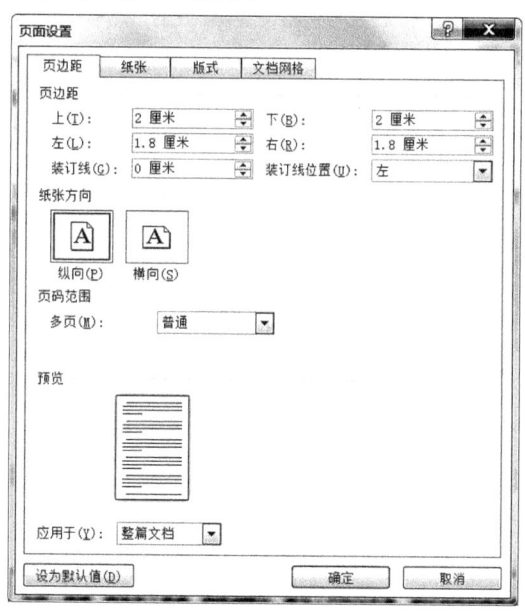

图 1-2-3　页面设置

子任务 2.2　输入文档内容并排版

1. 按照如图 1-2-4 所示输入文字。

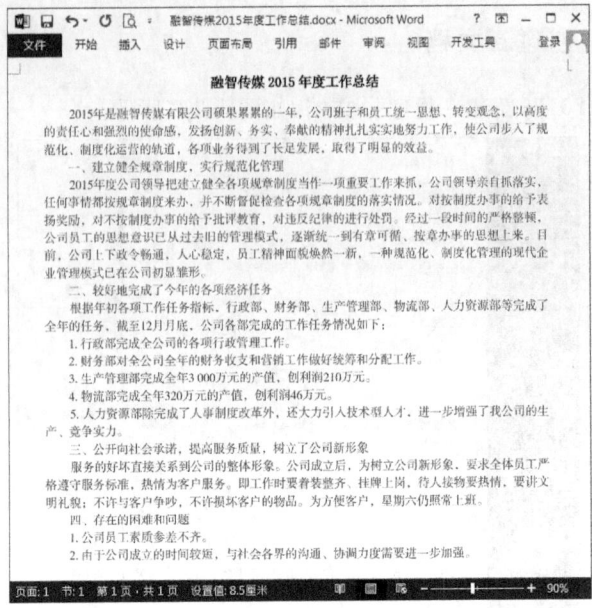

图 1-2-4　输入文档内容

2. 将标题"融智传媒 2015 年度工作总结"设置为字体"二号""微软雅黑""红色",将段落间距段前、段后均设置为"自动",行距设置为"单倍行距",如图 1-2-5 所示。

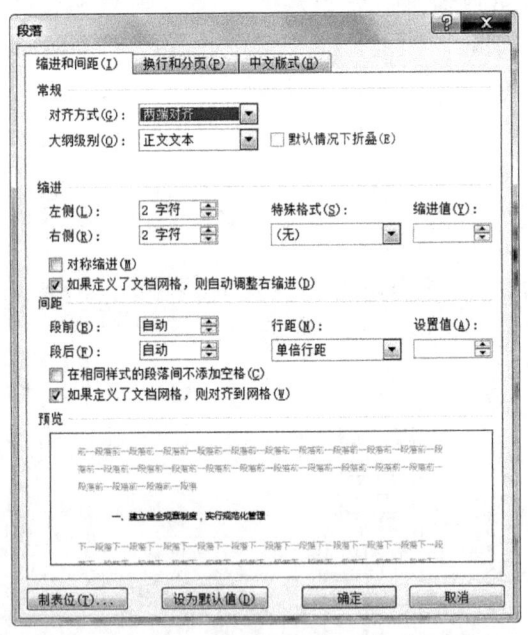

图 1-2-5　段落设置

3. 将一级标题设置为"宋体""四号""加粗",如图 1-2-6 所示。

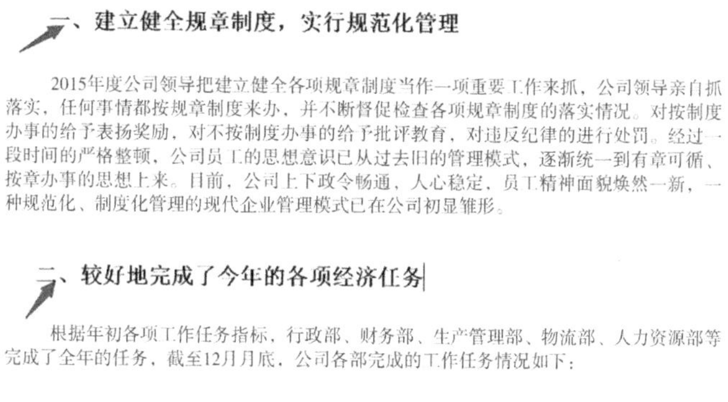

一、建立健全规章制度，实行规范化管理
2015年度公司领导把建立健全各项规章制度当作一项重要工作来抓，公司领导亲自抓落实，任何事情都按规章制度来办，并不断督促检查各项规章制度的落实情况。对按制度办事的给予表扬奖励，对不按制度办事的给予批评教育，对违反纪律的进行处罚。经过一段时间的严格整顿，公司员工的思想意识已从过去旧的管理模式，逐渐统一到有章可循、按章办事的思想上来。目前，公司上下政令畅通，人心稳定，员工精神面貌焕然一新，一种规范化、制度化管理的现代企业管理模式已在公司初显雏形。
二、较好地完成了今年的各项经济任务
根据年初各项工作任务指标，行政部、财务部、生产管理部、物流部、人力资源部等完成了全年的任务，截至12月月底，公司各部完成的工作任务情况如下：

图 1-2-6　设置标题样式

4. 选中“二、较好地完成了今年的各项经济任务”下的文本内容后，单击“开始”菜单中的“项目符号和编号”命令，选择编号选项，如图 1-2-7 所示。

宋体
四号
粘贴
剪贴板
字体
最近使用过的编号格式
A.
B.
A.
B.

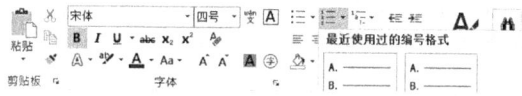

图 1-2-7　使用编号选项

5. 选择需要添加的编号符号，如图 1-2-8 所示。

编号库
无
1.
2.
3.
1)
2)
3)
一、
二、
三、
A.
B.
C.
(一)
(二)
(三)
a)
b)
c)
i.
ii.
iii.

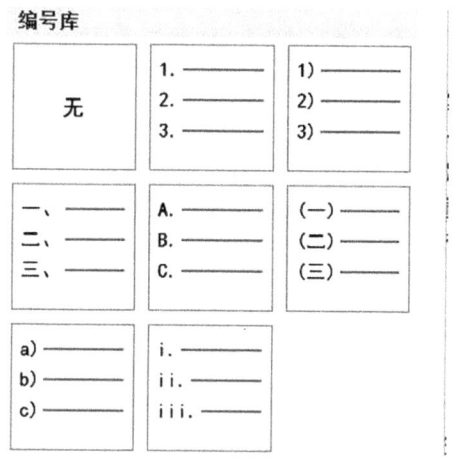

图 1-2-8　添加编号符号

6. 单击右键，选择“调整列表缩进量”，进行如图 1-2-9 所示的设置。

调整列表缩进量
编号位置(P):
1.8 厘米
文本缩进(T):
0 厘米
编号之后(W):
空格
制表位添加位置(B):
0 厘米
确定
取消

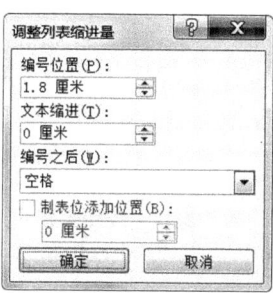

图 1-2-9　调整列表缩进量

7. 最后的效果如图 1-2-10 所示。

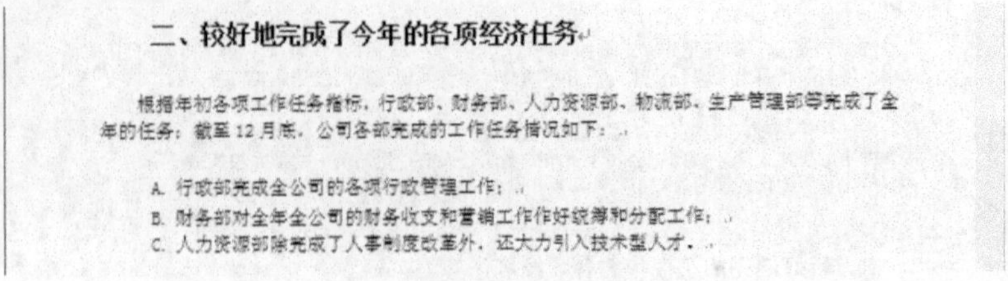

图 1-2-10　文档编辑后效果 1

8. 用与步骤 6 相同的操作方式为标题行"四、存在的困难和问题"下的文本添加项目符号，并增加该部分段落的缩进量，效果如图 1-2-11 所示。

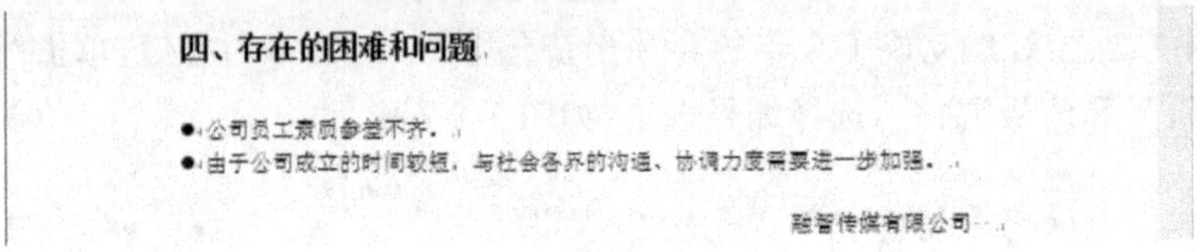

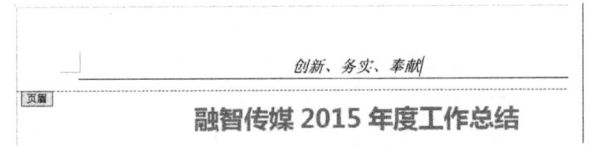

图 1-2-11　文档编辑后效果 2

9. 为文档加上页眉、页脚，单击"插入"主菜单命令，即会出现设置"页眉和页脚"的工具栏，如图 1-2-12 所示。

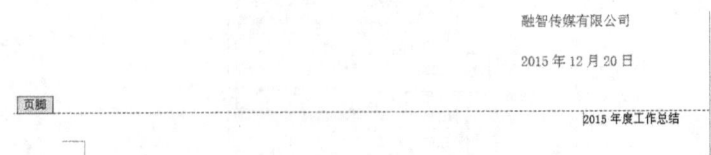

图 1-2-12　使用页眉、页脚

10. 在页眉编辑框中写入"创新、务实、奉献"等字样，并选中这些文字，将其设为"隶书""四号"，对齐方式为"居中"，如图 1-2-13 所示。

图 1-2-13　添加页眉

11. 单击"页眉和页脚"工具栏，在页脚编辑框中写入"2015 年度工作总结"字样，并将字体设为"宋体""小五号"，对齐方式为"右对齐"，如图 1-2-14 所示。

图 1-2-14　添加页脚

12. 在给文档添加页眉和页脚时，也可以在如图 1-2-15 所示的"页眉和页脚"工具栏中，利用"插入'自动图文集'"下拉列表中的"-页码-""创建日期"等工具按钮，自动插入页码、日期等内容。

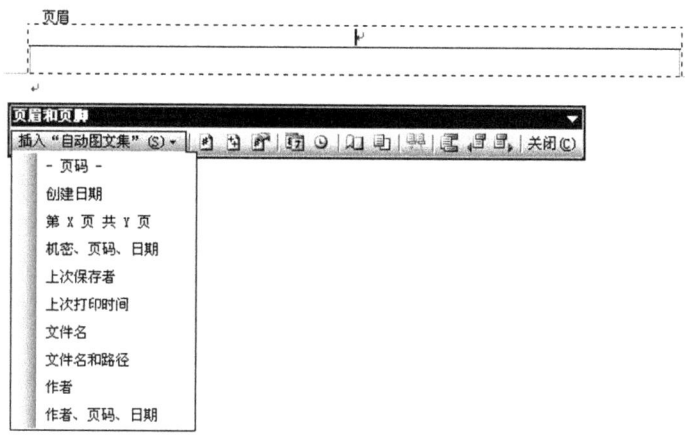

图 1-2-15 插入"自动图文集"

13. 完成效果如图 1-2-16 所示。

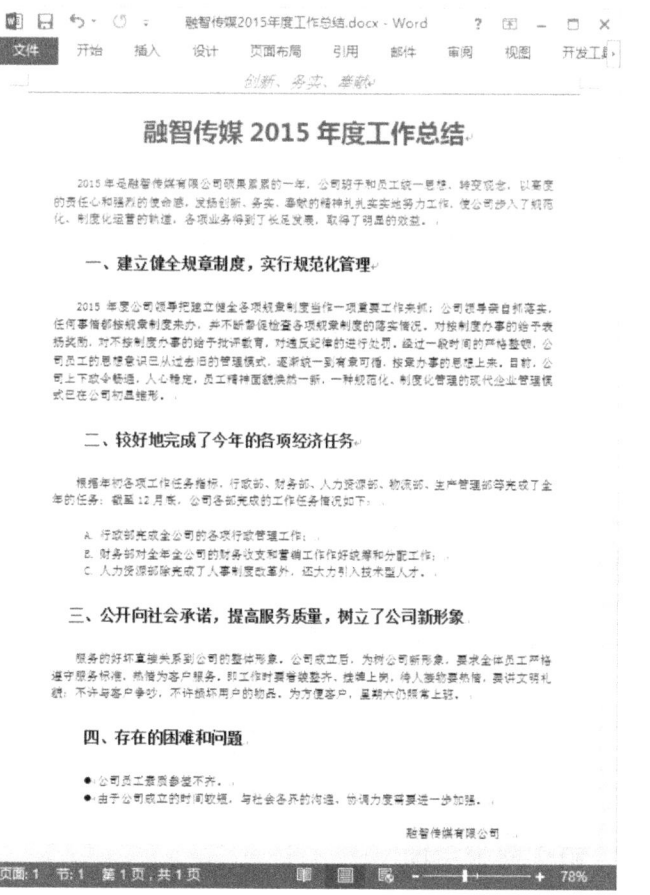

图 1-2-16 公司年度工作总结完成效果图

任务3　制作公司简报

任务目的

简报是由组织(企业)内部编发的用来反映情况、沟通信息、交流经验、促进了解的书面报道。简报有一定的发送范围,起着"报告"的作用。简报应包括如下内容:① 报头:简报名称、期数、编写单位、日期;② 正文:标题、前言、主要内容、结尾;③ 报尾:报送、抄送单位,发送范围,印数等。融智传媒有限公司工作简报完成效果如图1-3-1所示。

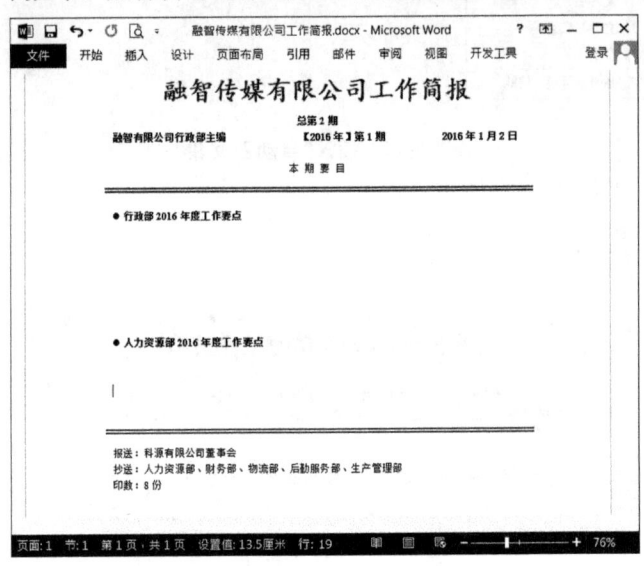

图 1-3-1　完成后的简报效果

任务内容

完成该项学习任务共有两个子任务。
子任务 3.1:制作简报封面。
子任务 3.2:制作简报正文。

任务实施

子任务 3.1　制作简报封面

1. 输入文字,制作简报封面。将简报标题字体设为"华文行楷""一号""居中",颜色设为红色,编写单位和编写日期设为"宋体""五号""居中",设置"本期要目"文字为"宋体""四号""居中",将简报报尾文字设为"宋体""五号",如图 1-3-2 所示。

图 1-3-2　输入及设置简报文字

2. 利用 Word 2013 提供的"插入"主菜单的"形状"工具,在"本期要目"一行的下方和报尾的上方分别绘制一条加粗的红实线,如图 1-3-3 所示。

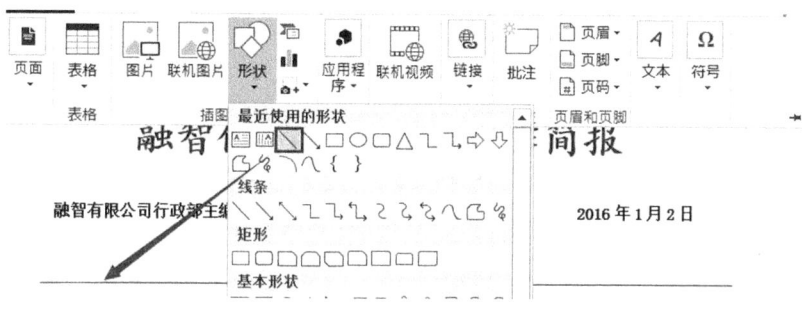

图 1-3-3　添加形状

3. 选中刚画好的红实线,单击右键弹出快捷菜单,再单击"设置形状格式",设置线条为"实线",宽度为"5 磅",复合类型为双线,颜色为红色,如图 1-3-4 所示。

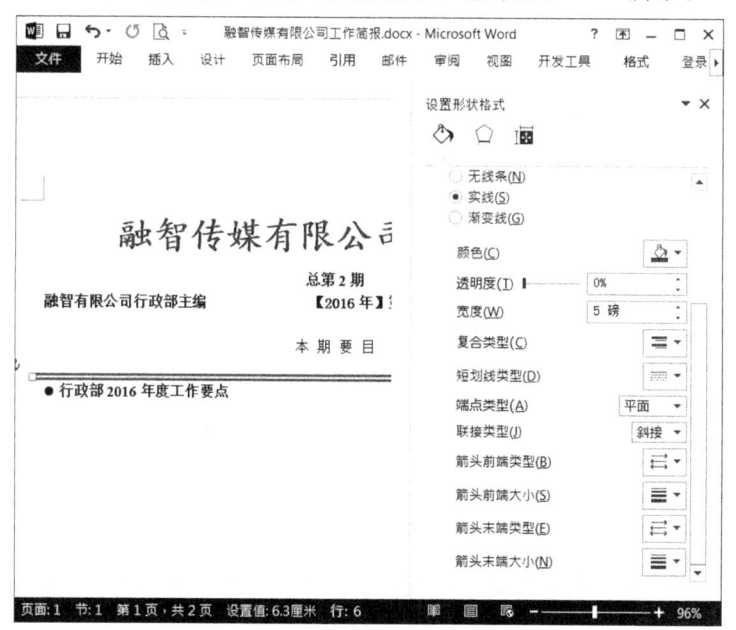

图 1-3-4　设置形状格式

子任务 3.2　制作简报正文

1. 制作简报正文。将简报的正文、前言及其他文字设为"宋体""四号",将"行政部

2016年工作要点"字样加粗然后添加项目符号,再利用如图1-3-5所示的"格式刷"将"人力资源部2016年度工作要点"加粗并添加项目符号。

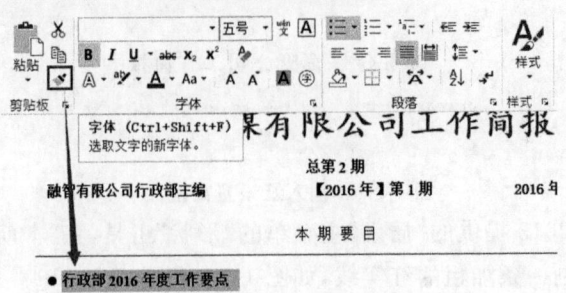

图1-3-5 使用格式刷

小贴士:

单击格式刷:首先选择某种格式,单击格式刷,然后单击你想保持格式一样的某些内容,则两者格式完全相同,单击完成之后格式刷就没有了,鼠标恢复正常形状。

双击格式刷:首先选择某种格式,双击格式刷,然后单击选择你想保持格式一样的某些内容,则两者格式完全相同,单击完成之后格式刷依然存在,可以继续单击选择你想保持格式一样的内容,直到单击空白处或者是单击格式刷图标,鼠标才恢复正常形状。

2. 进行页面设置时,将纸张设为A4纸,页边距分别为上2.1厘米,下2.0厘米,左2.2厘米,右2.1厘米。设置好的简报效果如图1-3-1所示。

项目 2 使用 Word 2013 制作商业广告宣传手册

项目说明

在文章中适当地插入一些图形、图片和艺术字,不仅会使文章显得生动有趣,还能帮助读者更快地理解文章内容。本项目通过"公司简介""公司宣传手册封面""公司组织结构图"几项工作任务的完成,使读者体验插入图片、插入艺术字、插入形状、插入 SmartArt 图形、插入文本框的方法和技巧,进而实现图文混排文档的制作。

知识目标

掌握插入图片和剪贴画的方法。
掌握插入和编辑艺术字的方法。
掌握插入和绘制形状的方法。
掌握插入 SmartArt 图形的方法。
掌握插入和编辑文本框的方法。

能力目标

会在文档中插入图片和剪贴画。
会在文档中绘制图形并进行编辑。
会使用 SmartArt 图形。
能灵活使用文本框。
能制作和编辑艺术字。
能综合运用图文混排的技巧和方法进行文档排版。

项目分解

任务 1:制作公司简介。
任务 2:制作公司宣传手册封面。

任务 3:制作公司组织结构图。

任务 1　制作公司简介

任务目的

本项目是为一家公司制作广告宣传手册,该项任务是制作宣传手册的一个内页"公司简介",效果如图 2-1-1 所示。

图 2-1-1　公司简介效果图

任务内容

制作广告宣传页面对美感的要求非常强,利用 Word 2013 可以非常方便地在文档中插入图片、剪贴画、文本框、图形和 SmartArt 图形,并且对插入的对象进行编辑和修饰。公司简介页面中的元素有文本、图像和艺术字,完成该项学习任务共有三个子任务。

子任务 1.1:插入图片和剪贴画。

子任务 1.2:编辑图片和剪贴画。

子任务 1.3:设计艺术字。

任务实施

子任务 1.1　插入图片和剪贴画

1. 利用前面已掌握的方法完成前期工作的操作有：准备好图片文件和文字资料，创建文档，设置纸张大小，输入文字并对格式进行编辑，如图 2-1-2 所示。

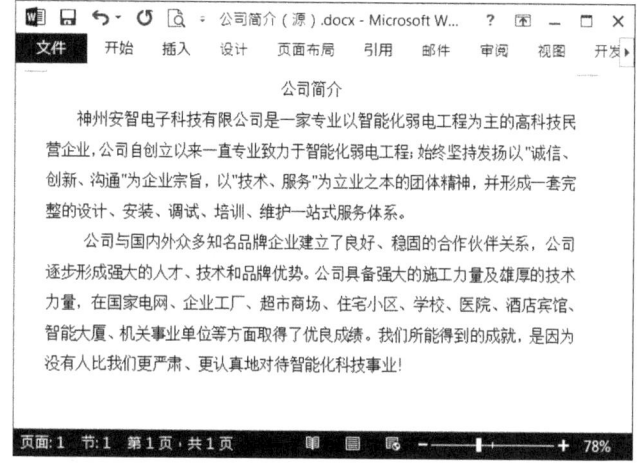

图 2-1-2　文字编辑

2. 在 Word 2013 中插入图片。在文档中单击鼠标，确定要插入图片的位置，切换到"插入"主菜单，单击"插图"后选择图片，如图 2-1-3 所示。

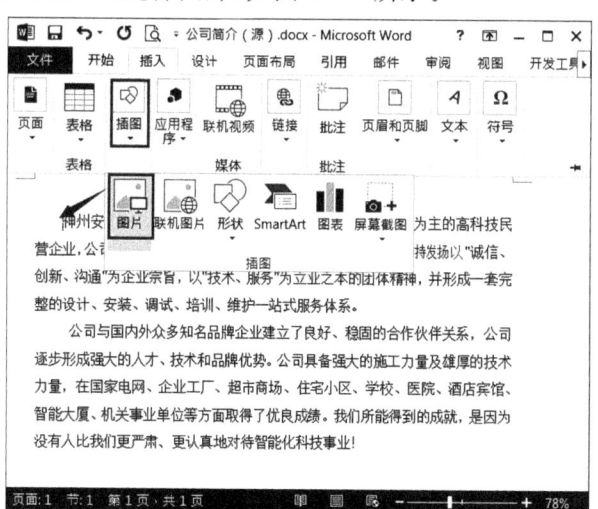

图 2-1-3　插入图片

3. 打开"插入图片"对话框，通过"查找范围"下拉菜单或快速定位图标定位图片文件所在的位置，选定图片文件后单击"插入"按钮将其插入文档，如图 2-1-4 所示。

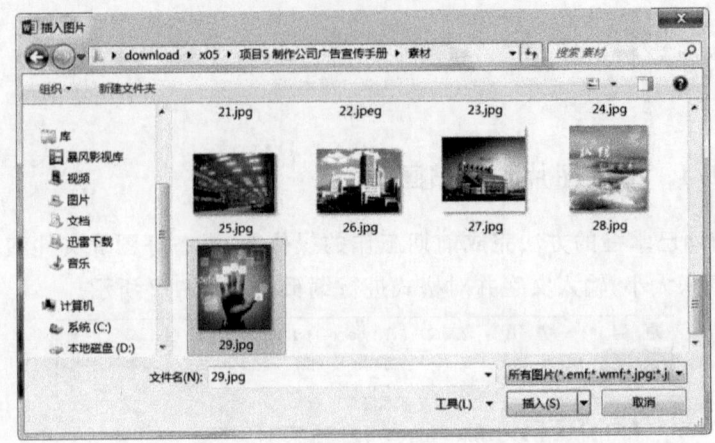

图 2-1-4 "插入图片"对话框

4. 插入图片后,选中该图片并单击右键,选择"大小和位置"菜单,弹出"布局"窗口,选择文字环绕为"四周型",如图 2-1-5 所示。

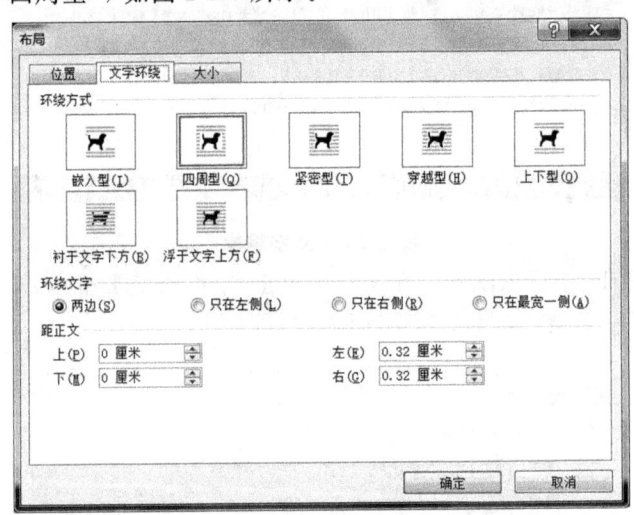

图 2-1-5 "布局"窗口

小贴士:
当图片的环绕方式为"嵌入型"时,图片不能被移动,其他方式下都可以移动。

5. 将鼠标置于图片之上,看到鼠标显示为四箭头时,把图片拖动到合适的位置,使图文很好地搭配起来,和谐共存,图文排列后显示效果如图 2-1-6 所示。

图 2-1-6　图文显示效果

子任务 1.2　编辑图片和剪贴画

插入图片后,图片工具中的"格式"选项卡被激活。选中要编辑的图片,选择图片工具中的"格式"选项卡,就可以对图片进行各种编辑,例如缩放、移动、复制、设置样式和排列方式,并且可以调整色调、亮度和对比度等。通常需要考虑以下几个方面:

(1) 设置图片效果:亮度、对比度、重新着色、压缩图片、重新设置。

(2) 设置图片样式:图片形状、图片边框、图片效果。

(3) 设置图片排列方式:文字环绕、对齐、旋转。

(4) 设置图片大小:剪裁、高度和宽度。

1. 调整图片效果。通过工具栏中的"调整"按钮可对图片或剪贴画的效果进行调整,如图 2-1-7 所示。

图 2-1-7　图片效果调整

2. 更正按钮。单击该按钮,在弹出的列表中可为图片选择相应的选项改善图片亮度、对比度或清晰度,本例中亮度增加 25%,如图 2-1-8 所示。

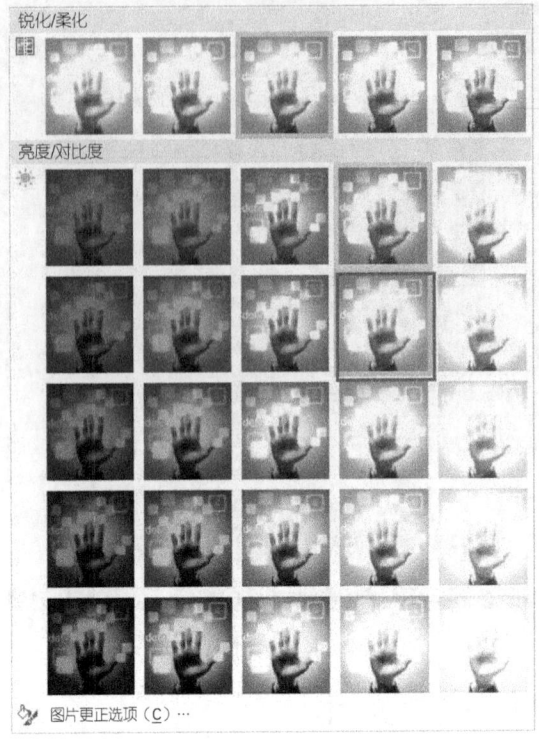

图 2-1-8　更正图片效果

3. 颜色按钮 。单击该按钮,在弹出的列表中可为图片选择不同的颜色模式,为图片重新着色,如图 2-1-9 所示。

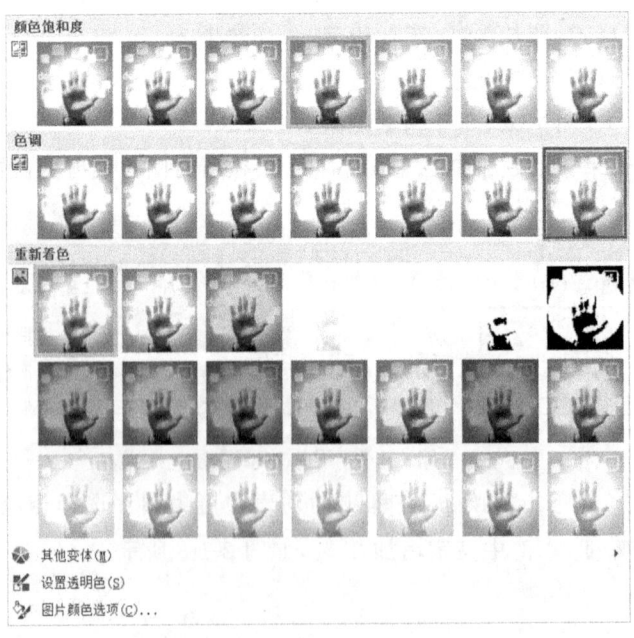

图 2-1-9　图片颜色饱和度设置

4. 图片大小的调整。如果插入文档中的图片大小不合适或还有其他方面需要调整，可继续执行如下操作：如果需要调整图片的整体大小，可以将鼠标指向图片四周的方形控点，向左上、左下、右下、右上拖动，如图 2-1-10 所示；如果需要精确调整图片的大小，可以在"大小"工具组中输入图片的长宽数值。

图 2-1-10 调整图片大小

5. 若不要原有图片的边缘部分，则可使用"裁剪"按钮。单击该按钮，鼠标光标将变成 形状，将其移向图片边框上的控制点，然后按住鼠标左键不放进行拖动即可对图片进行裁剪，如图 2-1-11 所示。

图 2-1-11 裁剪图片

6. Word 2013 应用图片样式的一个显著改进就是增加了丰富多彩的图片效果的设置。要应用现成的图片样式，执行操作如下：选中图片，单击"图片工具"，打开图片工具栏，在"快速样式"列表中选择一种样式，单击应用该样式，应用之前可以预览应用效果，如

图 2-1-12 所示。

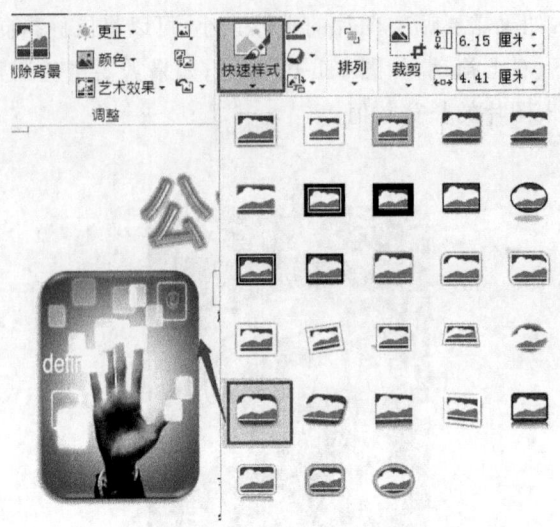

图 2-1-12　图片快速样式设置

7. 单击 图片效果 下拉按钮，可对图片应用"预设、阴影、映像、发光、柔化边缘、棱台、三维旋转"等多项设置。每项设置下面又有多种效果，应用恰当可使图片更添色彩。本例中，选中底部图片，对底部图片进行"柔化边缘"处理，如图 2-1-13 所示。

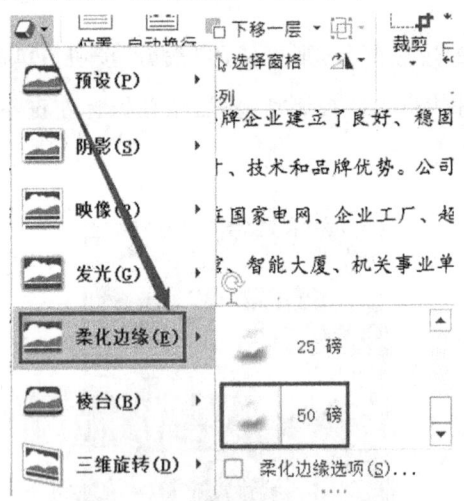

图 2-1-13　图片柔化边缘处理

8. 再单击 图片效果 下拉按钮，对底部图片进行"映像"处理，如图 2-1-14 所示。

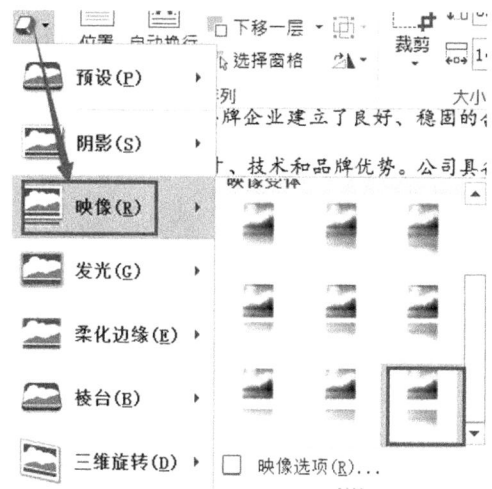

图 2-1-14 图片映像处理

9. 最终底部图片效果如图 2-1-15 所示。

图 2-1-15 底部图片效果

子任务 1.3 设计艺术字

在流行的报纸杂志、各种广告中,常常会看到各种各样的艺术字,这些艺术字给文章增添了强烈的视觉效果。在 Word 2013 中可以创建出各种文字的艺术效果,将艺术字插入到文档后对其进行编辑,甚至可以把文本扭曲成各种各样的形状,也可设置为三维轮廓的效果。该任务需要将标题"公司简介"设置为艺术字。

1. 插入艺术字。将文本插入点定位到文档中要插入艺术字的位置;单击"插入"选项卡,在"文本"组中,单击"艺术字"按钮 ,打开艺术字样式列表框,在其中选择需要的艺术字样式。如图 2-1-16 所示。

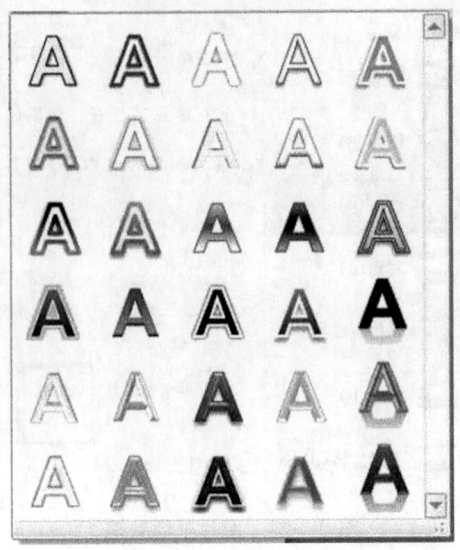

图 2-1-16　艺术字样式

2. 在文本框中输入需要创建的艺术字文本"公司简介",设置为"黑体""60 号",金色,如图 2-1-17 所示。

图 2-1-17　创建艺术字

小贴士：

如果文档中内容已经存在,可直接选中准备设置成艺术字的文字,然后单击"艺术字"按钮,步骤同上,只是不必再输入文字内容了。

3. 编辑艺术字。创建好艺术字后,如果对艺术字的样式不满意,可以对其进行编辑修改。选择艺术字即会出现艺术字工具,选择"格式"选项卡,就可以对艺术字进行各种设置,如图 2-1-18 所示。

图 2-1-18　艺术字快速样式选择

4. 单击"快速样式",选择"金色"填充,如图 2-1-19 所示。

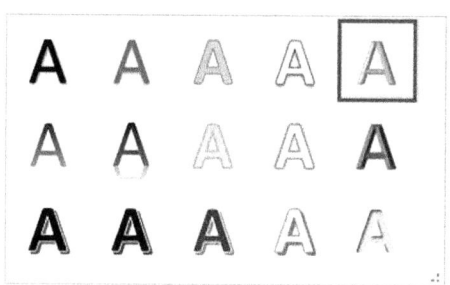

图 2-1-19　字体样式

5. 选择艺术字后,在艺术字样式中,单击文字效果图标,选择"阴影",显示效果如图 2-1-20 所示。

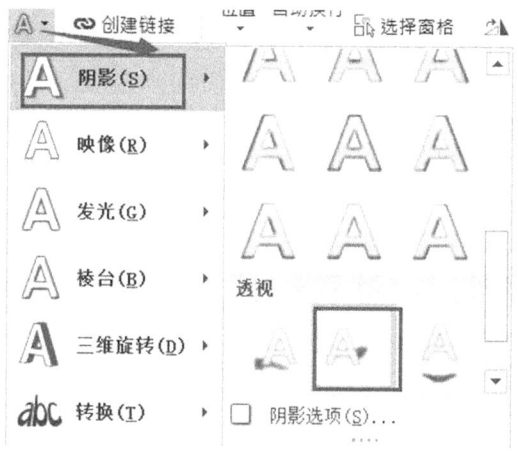

图 2-1-20　文字阴影设置

6. 选择艺术字后,在艺术字样式中,单击文字效果图标,选择"棱台",显示效果如图 2-1-21 所示。

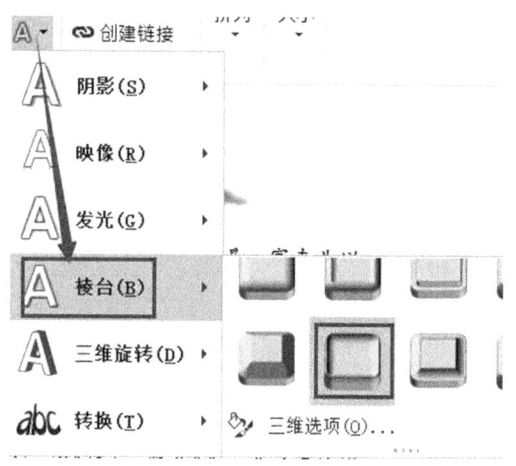

图 2-1-21　文字棱台效果

7. 选择艺术字后,在艺术字样式中,单击文字效果图标,选择"发光",显示效果如图 2-1-22 所示。

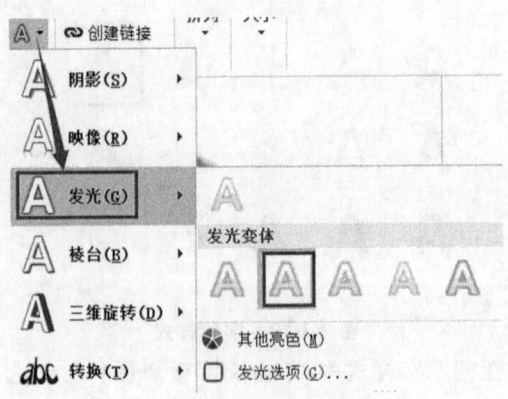

图 2-1-22　文字发光效果

8. 设置艺术字的颜色。选择艺术字，单击"艺术字样式"工具栏中的 形状填充 按钮，在弹出的列表中选择颜色选项，即可设置艺术字的填充色彩。单击 图片效果 按钮可设置艺术字边框颜色。经过艺术字的插入和编辑，完成了文档中标题的制作。最终效果如图2-1-1 所示。

任务 2　制作公司宣传手册封面

任务目的

宣传手册的封面往往需要图文并茂、美观大方，图片的设计和处理需要用到平面设计的相关软件，这些在后续课程中将进行学习。在具有一定素材的情况下，我们也可用Word 2013 完成排版工作。图 2-2-1 所示为一家公司的宣传手册封面。

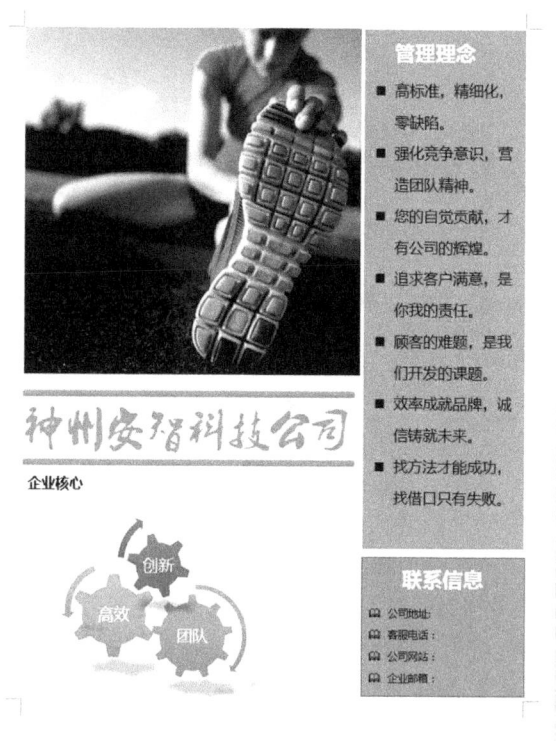

图 2-2-1 宣传手册封面

任务内容

本作品中除包含有文字、图片、剪贴画、艺术字等元素,还有图形、文本框。在 Word 2013 中可以自行绘制各种形状插入到文档中,如线条、正方形、椭圆、箭头、流程图、旗帜和星形等,还可以对它们进行编辑,制作出漂亮的效果。利用文本框可以设计出较为特殊的文档版式,因为在文本框中可以输入文本、插入图片等,根据需要还可使文本框呈现出各种样式。

完成该项学习任务共有四个子任务。

子任务 2.1:插入图片和形状。

子任务 2.2:编辑图片和形状。

子任务 2.3:插入文本框。

子任务 2.4:编辑文本框。

任务实施

子任务 2.1 插入图片和形状

1. 页面设置。单击"页面布局"选项卡,设置"页边距"均为 1.27 厘米,如图 2-2-2 所示。

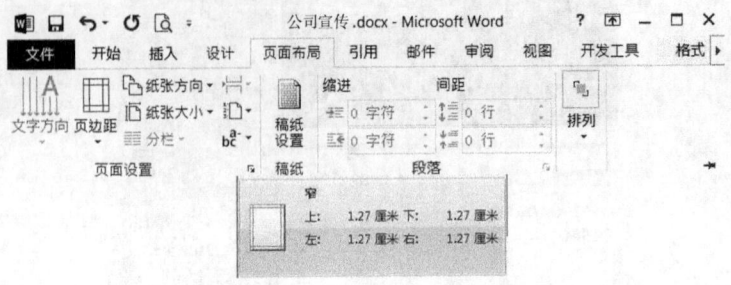

图 2-2-2 封面页面设置

2. 插入图片。插入位于版面左上角的素材图片,插入后选中该图片,单击右键弹出快捷菜单,单击"大小和位置",打开"布局"窗口,设置文字环绕为"浮于文字上方",然后拖拽该图片放到版面的最左上角处,如图 2-2-3 所示。

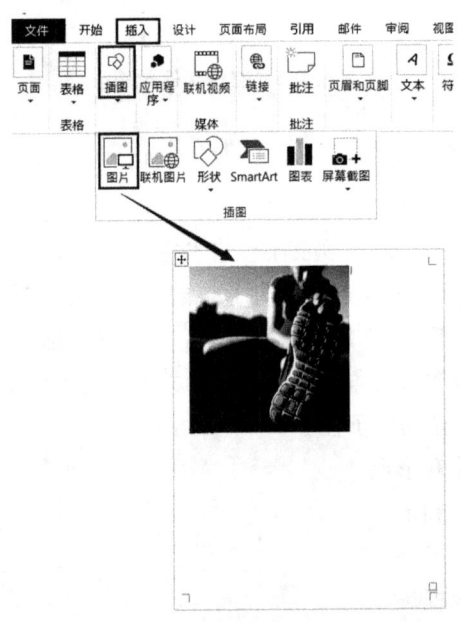

图 2-2-3 为封面插入图片

3. 在文档中单击"插入"菜单,单击"插图"工具栏中的"形状"按钮;在弹出的列表中选择所需的图形"矩形",此时鼠标光标变成"＋"形状,在文档的适当位置按住鼠标左键不放并拖动鼠标,绘制出"矩形"。在版面最右边添加上下两个矩形,如图 2-2-4 所示。

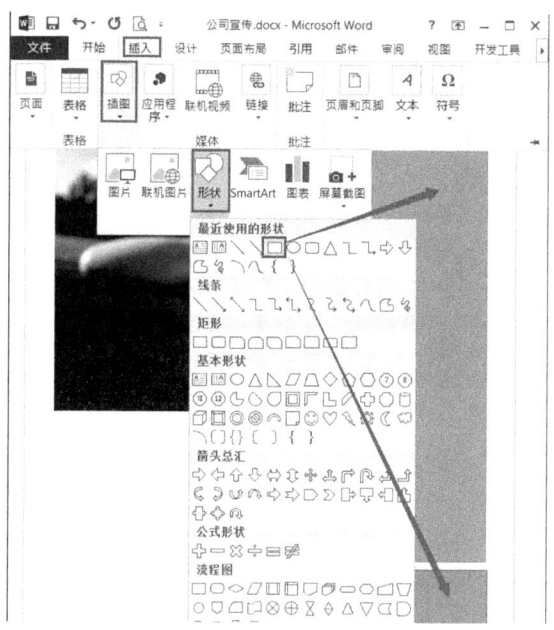

图 2-2-4 插入矩形形状

4. 同理,在文档中单击"插入"菜单,单击"插图"工具栏中的"形状"按钮;在弹出的列表中选择所需的图形"矩形",添加两个上下细长条,作为文字标题的上下边框线。因这两个矩形长条相同,具体操作时可先画出一个,另一个可通过复制、粘贴完成。如图 2-2-5 所示。

图 2-2-5 插入矩形长条

5. 在文档中单击"插入"菜单,单击"插图"工具栏中的"SmartArt"图形按钮;在弹出的列表中选择所需的图形"齿轮",此时鼠标光标变成"＋"形状,在文档的左下角位置按住鼠标左键不放并拖动鼠标,绘制出"齿轮"图形。如图 2-2-6 所示。

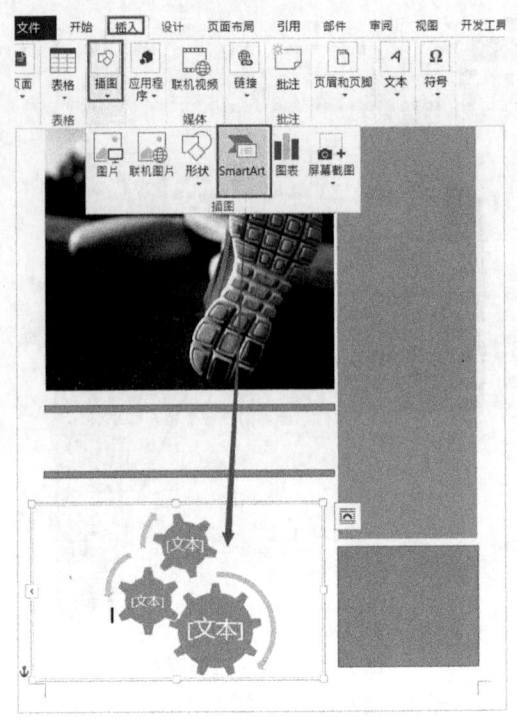

图 2-2-6 添加 SmartArt 图形

子任务 2.2 编辑图片和形状

1. 为"SmartArt"图形添加文字。双击"齿轮"图形中每个"[文本]"标识,即可将插入点定位到形状中输入文字,如图 2-2-7 所示。

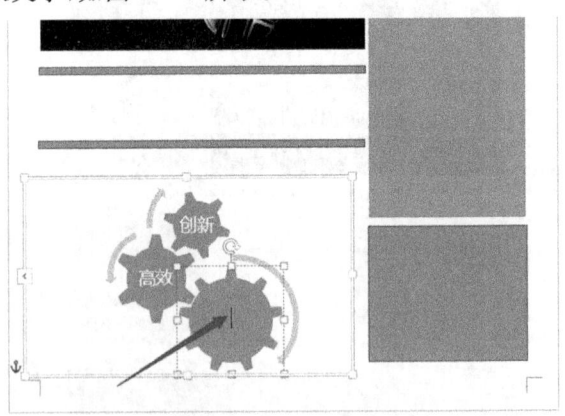

图 2-2-7 添加 SmartArt 图形文字

2. 改变样式。绘制的形状默认状态下是白底、黑色边框,现在我们需要将填充色和边框设置为特定效果,操作步骤如下:依次选中齿轮和箭头,单击"格式"菜单,选择不同颜色效果的形状样式,然后选择需要编辑的齿轮形状,适当进行大小缩放、旋转移动,如图 2-2-8 所示。

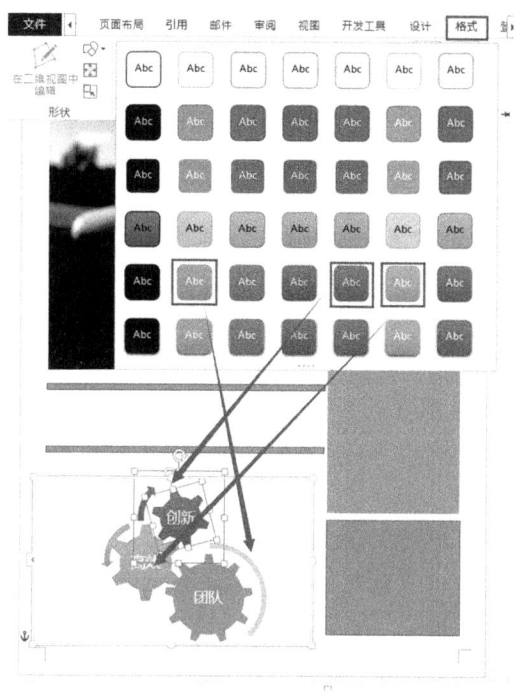

图 2-2-8 设置 SmartArt 图形外观格式

3. 设置阴影效果。选择"形状效果",单击"阴影"按钮,在弹出的列表框中选择一种阴影效果样式,如图 2-2-9 所示。

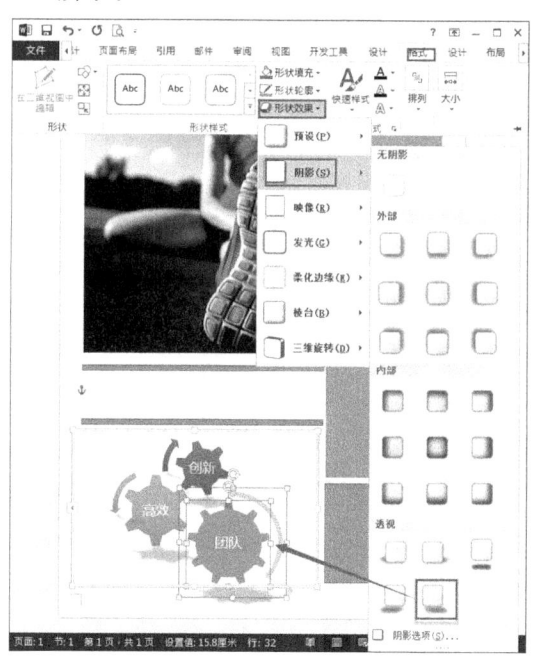

图 2-2-9 设置 SmartArt 图形阴影效果

子任务 2.3　插入文本框

文本框是一个可以容纳文字或图片等内容的图形对象,在文档中起到解释说明、示意和提示等作用,可以在文档中绘制文本框并将其移动至适当的位置,使文档更加有条理并提高文档的可欣赏性。在文档中可以插入横排或竖排的文本框。

1. 绘制文本框。在文档中单击"插入"选项卡,在"文本"工具栏中单击"文本框"按钮,在弹出的列表中选择"绘制文本框"选项,鼠标光标变成"十"形状,在文档的适当位置按住鼠标左键不放并拖动鼠标,如图 2-2-10 所示。

图 2-2-10　添加文本框

2. 输入文字。释放鼠标,在文本框中显示插入点,在插入点处单击并输入文本,如图 2-2-11 所示。

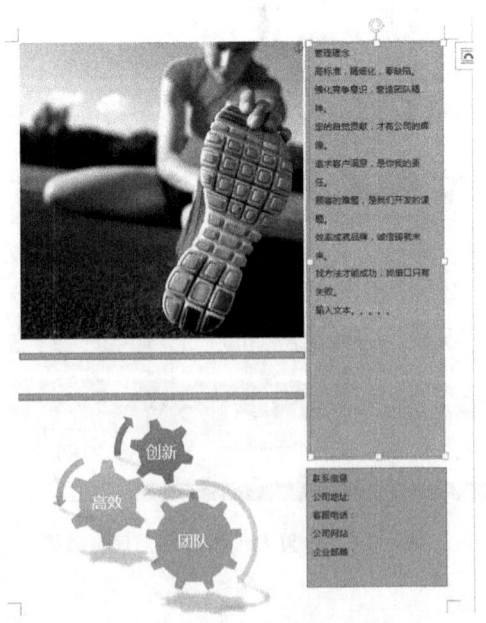

图 2-2-11　在文本框中输入文字

小贴士：

绘制竖排文本框的方法：单击"文本框"按钮，在弹出的列表中选择"绘制竖排文本框"选项，绘制出竖排文本框，并输入文本。

子任务 2.4 编辑文本框

1. 设置文本框中字体的格式。将文本"管理理念"设为"黑体""二号"，位置"居中"，颜色为"白色"。文本框默认的填充色是中等酸橙色，边框是无色，同时管理理念的具体内容设为"微软雅黑""三号"，颜色"黑色"，加黑方块的项目符号，如图 2-2-12 所示。

图 2-2-12 添加文字项目符号

2. 添加公司名称标题文本框，输入"神州安智科技公司"，字体为"叶根友毛笔行书 2.0 版"，字号为"45"，颜色为金色，如图 2-2-13 所示。

图 2-2-13 设置标题字体样式

3. 将文本"联系信息"设为"黑体""二号",位置"居中",颜色为白色。文本框默认的填充色是中等金色,边框是无色,同时,联系信息的具体内容设为"微软雅黑""11号",颜色为黑色。如图 2-2-14 所示。

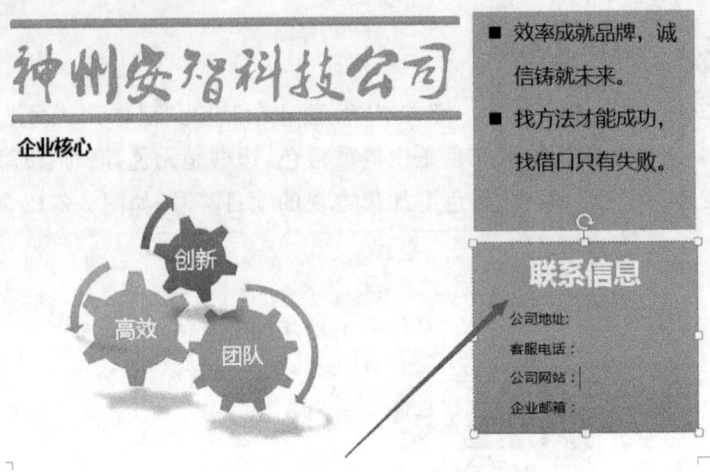

图 2-2-14 设置文字格式效果

4. 为联系信息内容添加特殊项目符号。选中文本后,单击"开始"菜单,再单击"项目符号",调出"项目符号库"窗口,单击其中"定义新项目符号",打开该窗口后,单击"符号"按钮,如图 2-2-15 所示。

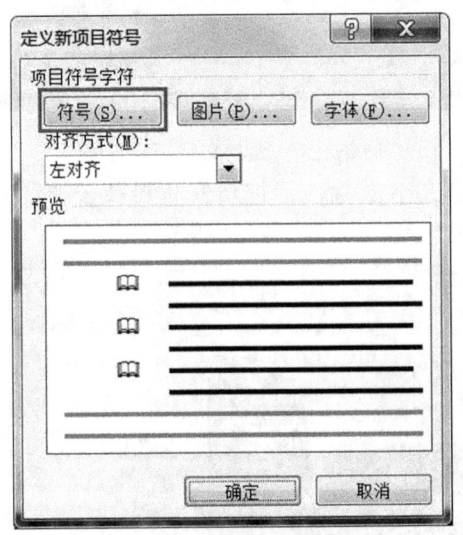

图 2-2-15 添加文字项目符号

5. 在"符号"库里,选中书形项目符号,如图 2-2-16 所示。

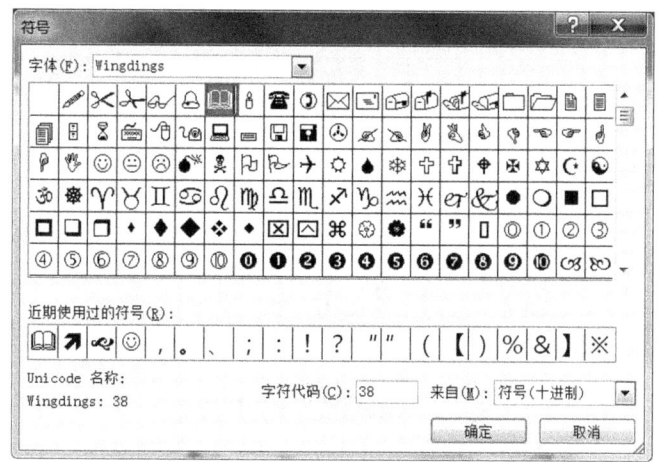

图 2-2-16　选中书形项目符号

6. 添加项目符号后效果如图 2-2-17 所示。

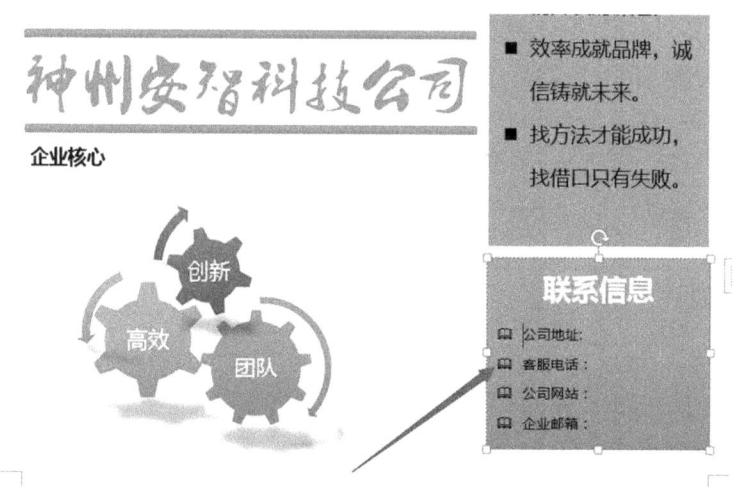

图 2-2-17　添加项目符号效果

7. 最终公司宣传手册封面效果如图 2-2-1 所示。

任务 3　制作公司组织结构图

任务目的

为了使文字之间的关联表示得更加清晰,人们常常使用配有文字的插图。对于普通的文档,只需绘制形状,然后在其中输入文字即可满足需要,但如果想制作出具有专业设计师水准的插图,则需要借助 SmartArt 图形。该项任务需要完成中原房地产公司的组织结构图,效果如图 2-3-1 所示。

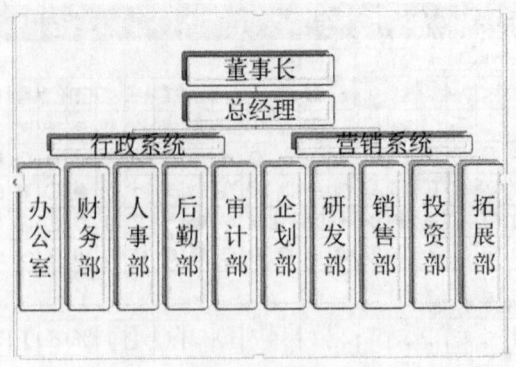

图 2-3-1 公司组织结构图效果

任务内容

SmartArt 图形包括列表、流程、循环、层次结构、关系、矩阵和棱锥图等,该项任务我们可运用 SmartArt 图形中的"层次结构"来完成。

完成该项学习任务共有两个子任务。

子任务 3.1:插入 SmartArt 图形。

子任务 3.2:完成 SmartArt 图形的布局、样式和颜色设置。

任务实施

子任务 3.1　插入 SmartArt 图形

1. 执行插入 SmartArt 图形命令。新建一个空白文档,将其保存为"中原房地产公司组织结构图(效果)"文档,在文档中输入标题,将插入点定位在下一行行首位置,单击"插入"选项卡,单击 SmartArt 图形按钮 ,如图 2-3-2 所示。

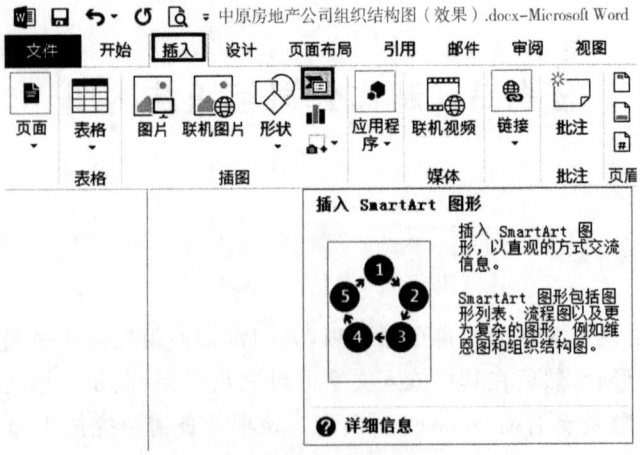

图 2-3-2　插入 SmartArt 图形

2. 选择 SmartArt 图形。打开"选择 SmartArt 图形"对话框,选择"列表"类型,选择"层次结构"样式,如图 2-3-3 所示,单击"确定"按钮,SmartArt 图形即插入到文档中。

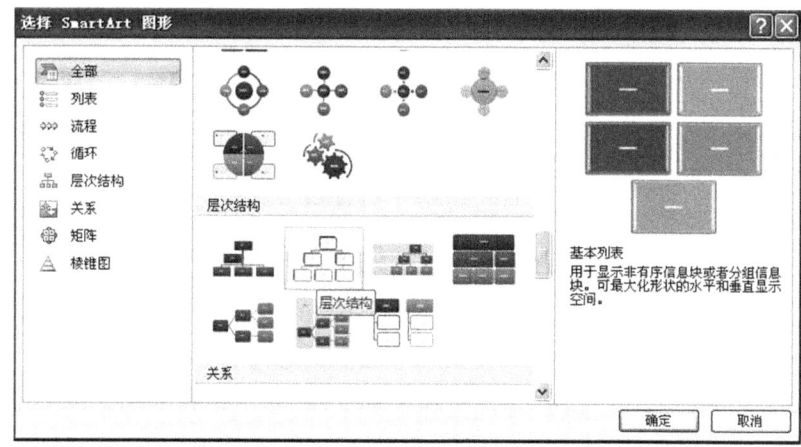

图 2-3-3 "选择 SmartArt 图形"对话框

3. 输入文本。单击"在此处键入文字"对话框中的默认"[文本]"内容,输入相关文字,当默认的位置已输入文本,还需继续输入文本时,按"Enter"键,在出现的"[文本]"中继续输入文字,如图 2-3-4 所示。

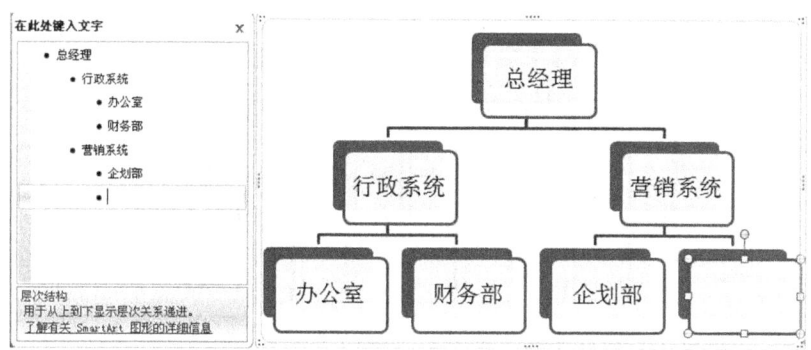

图 2-3-4 在层次结构图上输入文字 1

子任务 3.2 完成 SmartArt 图形的布局、样式和颜色设置

1. 添加形状。选中"总经理"图文框,单击"添加形状"按钮,在下拉列表中选择"在上方添加形状",如图 2-3-5 所示。

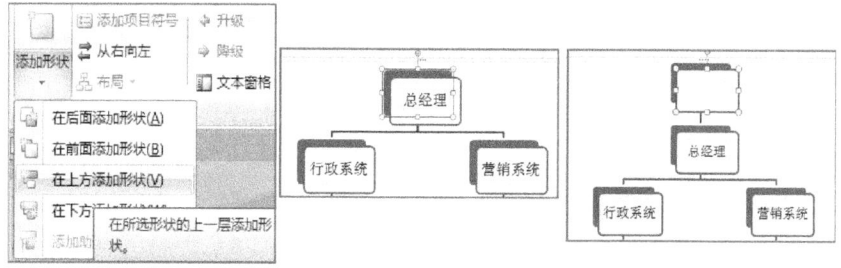

图 2-3-5 在层次结构图上添加形状

2. 选中"财务部"文本框,单击"添加形状"按钮,在下拉列表中选择"在后面添加形状",连续单击三次,则添加三个文本框。选中"企划部"文本框,单击"添加形状"按钮,在下拉列表中选择"在后面添加形状",连续单击四次,则添加四个文本框。效果如图2-3-6所示。

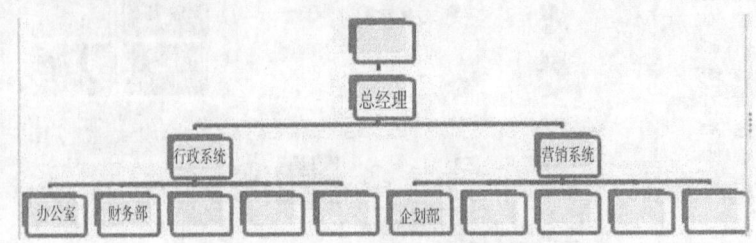

图2-3-6 在层次结构图上添加文本框

3. 分别选中文本框,改变其方向,并设置字号为"24",在各个文本框中分别输入文字,效果如图2-3-7所示。

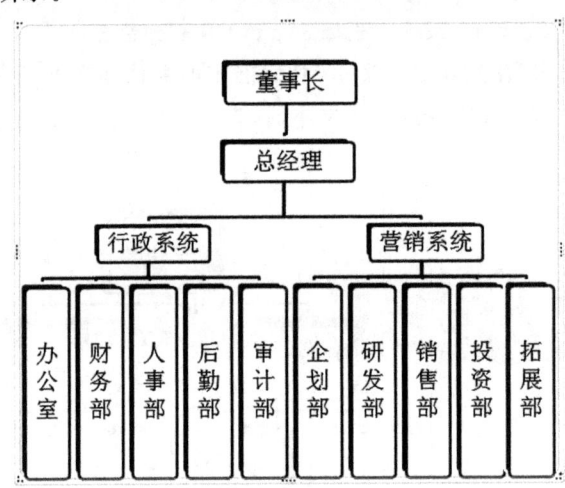

图2-3-7 在层次结构图上输入文字2

小贴士:

按住"Shift"键,同时点选下方各文本框,接着用鼠标拖拽即可获得统一的大小。

4. 更改SmartArt图形颜色。选中SmartArt图形,激活SmartArt工具的"设计"选项卡,单击"设计"选项卡,单击"SmartArt样式"工具栏中的"更改颜色"按钮,在弹出的列表框中选择"彩色-着色"选项,如图2-3-8所示。

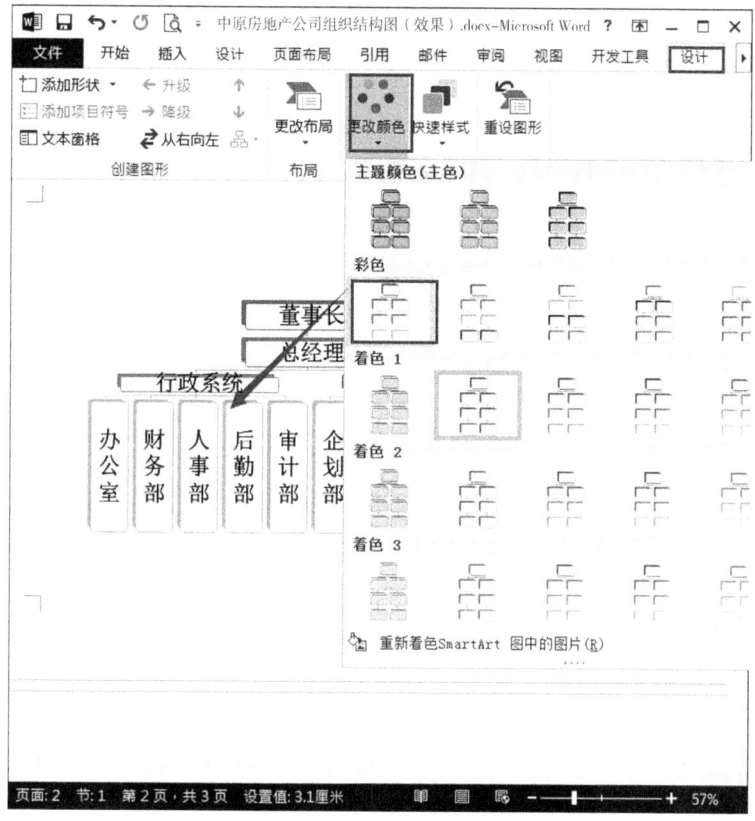

图 2-3-8　更改 SmartArt 图形颜色

5．更改 SmartArt 图形样式。单击"设计"选项卡，从"SmartArt 样式"列表框中选择"三维"栏中的"嵌入"选项，最终完成效果如图 2-3-1 所示。

项目 3　使用 Word 2013 制作求职简历

项目说明

本项目通过建立一个求职简历的 Word 2013 文档,使读者进一步熟悉 Word 2013 文档制作的技巧,了解如何在文档中编辑、格式化文本,插入表格、艺术字、图片和自选图形。制作完成的文档分三页:第一页为封面,插入了图片、艺术字和文本框,并设置了页面边框;第二页为履历表,加上艺术字和两个自选图形组合成标题;第三页为自荐信,并设置了自选图形和图片作为背景。

知识目标

掌握在文档中编辑、格式化文本的方法。
掌握插入和编辑表格的方法。
掌握插入和绘制艺术字的方法。
掌握插入图形和图片的方法。
掌握插入和编辑自选图形的方法。

能力目标

会在文档中编辑、格式化文本。
会在文档中绘制表格并进行编辑。
会使用自选图形。
能灵活使用文本框。
能制作和编辑艺术字。

项目分解

任务 1:制作求职简历封面。
任务 2:制作履历表。

任务 3:制作自荐信。

任务 1　制作求职简历封面

任务目的

本项目是为求职人员制作求职简历的电子书面效果文案,该项任务是制作求职简历的封面,效果如图 3-1-1 所示。

图 3-1-1　求职简历封面效果

任务内容

制作求职简历封面是对求职工作最直接的反映,利用 Word 2013 可以非常方便地在文档中插入表格、自选图形、图片和文本框,并且对插入的艺术字进行编辑和修饰。求职简历封面中的元素有文本、图像和艺术字,完成该项学习任务共有三个子任务。

子任务 1.1:设置页面。
子任务 1.2:插入图片文件。
子任务 1.3:插入艺术字。

任务实施

子任务 1.1　设置页面

1. 新建一个 Word 2013 文档,单击"页面布局"主菜单,打开"页面设置"对话框。在"页面设置"对话框中,选择"纸张"选项卡,在"纸张大小"下拉列表中选择"16 开(18.4×26 厘米)",如图 3-1-2 所示。

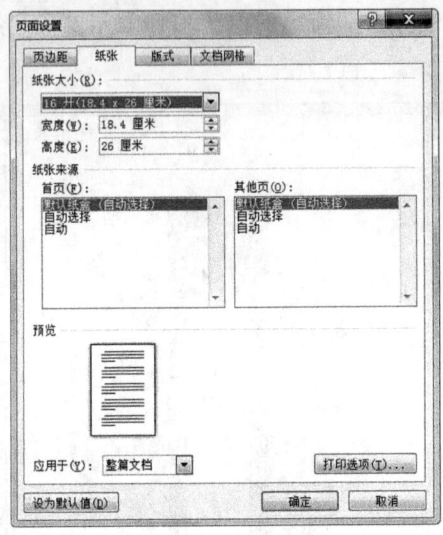

图 3-1-2　纸张设置

2. 在"页面设置"对话框中,选择"页边距"选项卡,在"上""下"数值框中输入"2 厘米",在"左""右"数值框中输入"3 厘米",如图 3-1-3 所示。

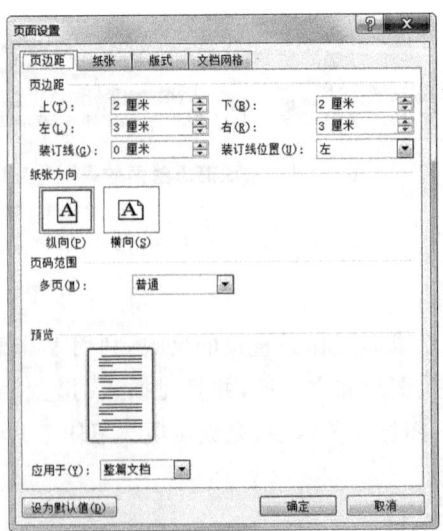

图 3-1-3　页边距设置

3. 设置边框和底纹。单击"设计"主菜单，再单击"页面边框"，如图 3-1-4 所示，打开"边框和底纹"窗口。

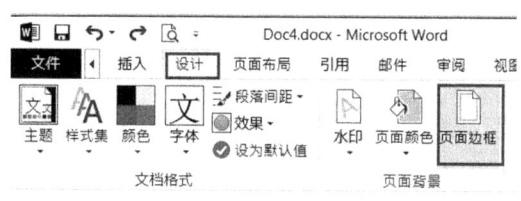

图 3-1-4　页面边框

4. 在"边框和底纹"窗口的"页面边框"选项卡中，选择颜色为红色，宽度为"12 磅"，艺术型为回纹格，如图 3-1-5 所示。

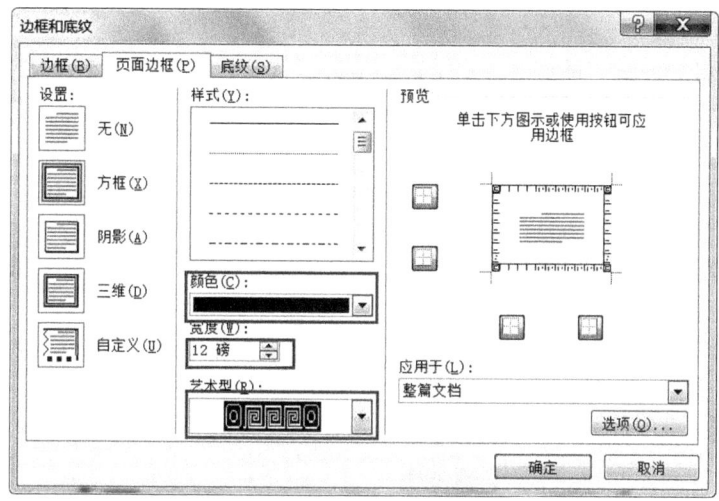

图 3-1-5　页面边框设置

5. 设置完页面边框后，效果如图 3-1-6 所示。

图 3-1-6　页面边框效果

子任务 1.2　插入图片文件

1. 在页面的左上角插入图片文件。选择"插入"→"图片"命令或单击"绘图"工具栏的"插入图片"按钮 ，如图 3-1-7 所示,打开"插入图片"对话框。

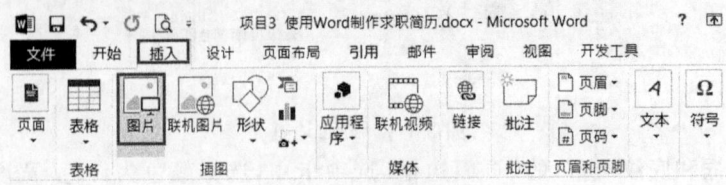

图 3-1-7　插入图片

2. 在"插入图片"对话框中,在"查找范围"下拉列表中切换到文件所在的文件夹,在文件列表中选取需要插入的图片文件,单击"插入"按钮。如果需要在列表中显示出图片的缩略图,单击"插入图片"对话框的"视图"按钮 右边的小三角形,在下拉菜单中选择"大图标",如图 3-1-8 所示。

图 3-1-8　"插入图片"对话框

3. 插入居中图片和底部图片后,分别选中这两张图片,单击右键弹出快捷菜单,单击"大小和位置"菜单打开"布局"窗口,在"文字环绕"选项卡中选择环绕方式为"浮于文字上方",如图 3-1-9 所示。

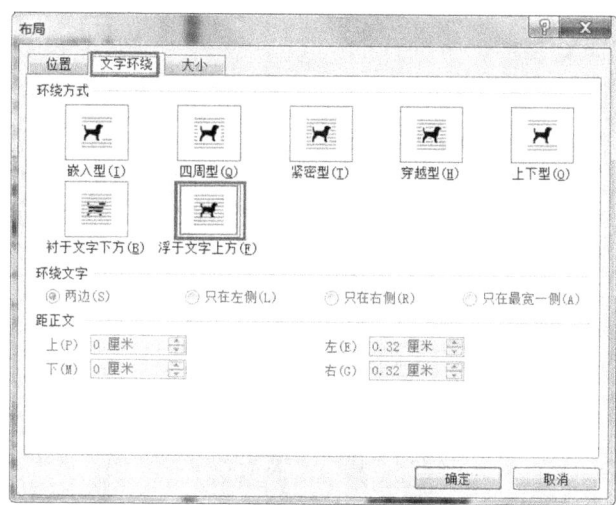

图 3-1-9 "布局"窗口

4. 单击鼠标选中图片后,分别把这两张图片拖拽到居中和底部的位置,如图 3-1-10 所示。

图 3-1-10 放置图片位置

子任务 1.3 插入艺术字

1. 在第一页的中间插入艺术字"求职简历"。选择"格式"→"艺术字样式"命令,单击选中适合的样式,如图 3-1-11 所示。

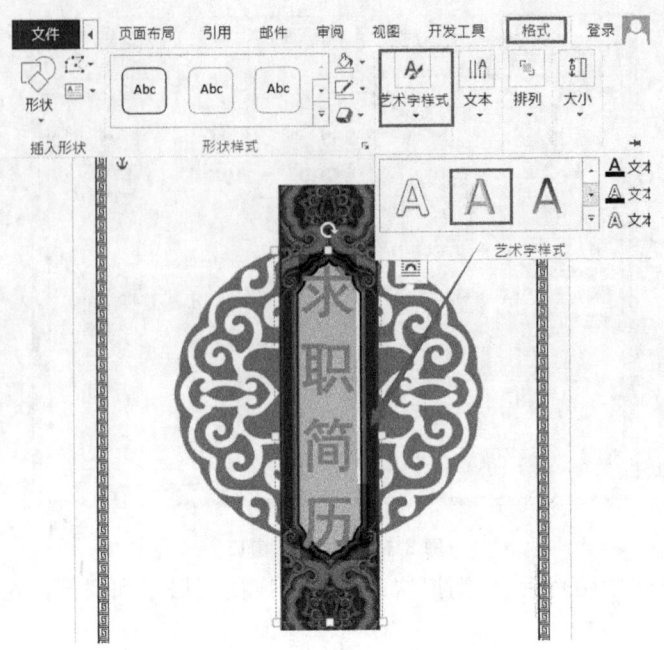

图 3-1-11 选择艺术字样式

2. 将"求职简历"艺术字垂直排列,并设为"黑体""60号",将文本拖拽到背景图片居中处,最终完成效果如图 3-1-1 所示。

任务 2　制作履历表

任务目的

该项任务是制作求职简历的第二页"履历表",效果如图 3-2-1 所示。

项目 3　使用 Word 2013 制作求职简历

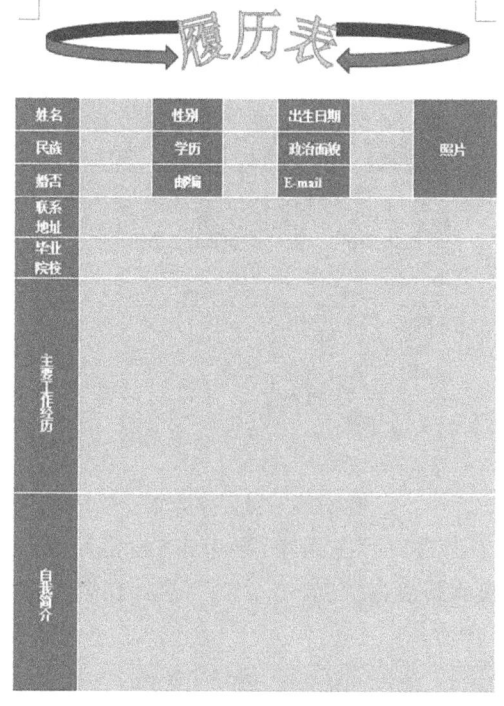

图 3-2-1　履历表效果

任务内容

求职履历表是展现求职者个人具体信息的电子表格,在 Word 2013 中,不仅可以方便地插入表格,还可以编辑、美化表格,同时辅以自选图形和图片可以很好地把求职者的个人信息展现出来。求职履历表中的元素有表格、自选图形、图像和艺术字,完成该项学习任务共有三个子任务。

子任务 2.1:插入分页符。
子任务 2.2:插入自选图形和艺术字。
子任务 2.3:插入表格。

任务实施

子任务 2.1　插入分页符

1. 在上一页内容结束处,单击鼠标,出现输入光标,单击"插入"主菜单,再单击"页面"选项卡,单击"分页"按钮,即插入了一个分页符,如图 3-2-2 所示。

小贴士：

在 Word 2013 中输入文本时，满一页后会自动分页。当已输入的内容未满一页，又需要将新的内容另起一页时，用户可以在文档中插入分页符来分页。

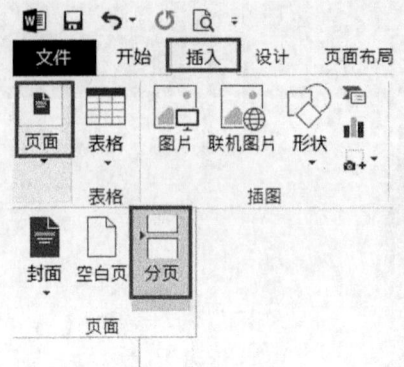

图 3-2-2　插入分页符

2. 更改页面设置。单击"设计"主菜单，再单击"边框和底纹"选项卡，单击"页面边框"按钮，把"应用于"的选项调整为"本节-仅首页"，这样在第二页中就取消了回纹格的边框线，如图 3-2-3 所示。

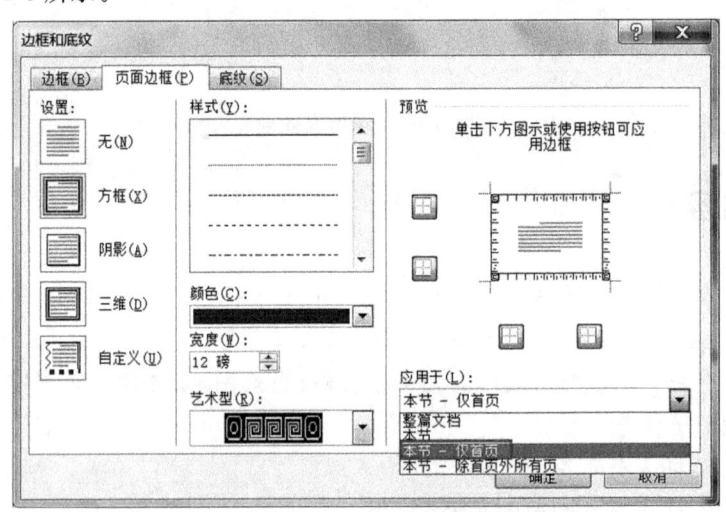

图 3-2-3　更改页面设置

子任务 2.2　插入自选图形和艺术字

1. 插入自选图形。单击"插入"主菜单的"形状"按钮，选择"箭头总汇"中的左弧形箭头，如图 3-2-4 所示，在文档中弹出画布，在画布中有"在此处创建图形"字样。将鼠标移到画布上，拖拽鼠标，插入自选图形。

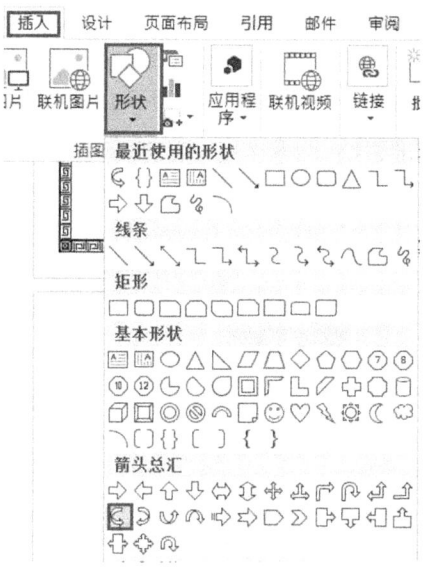

图 3-2-4　插入形状

2. 同理,利用以上步骤,通过自选图形,可以画出右弧线箭头,效果如图 3-2-5 所示。

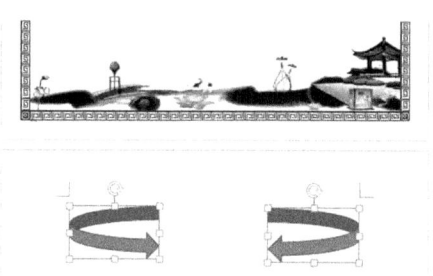

图 3-2-5　插入自选图形

3. 插入艺术字"履历表",采用填充色为"红色"的艺术字样式,设置字体为"华文中宋",字号为"72"。选中艺术字,单击"格式"主菜单,在"快速样式"选项卡中,单击"文字效果"按钮,在下拉菜单中选择"转换"中的"跟随路径"效果,如图 3-2-6 所示。

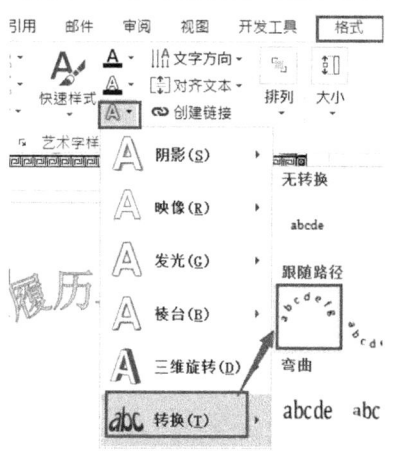

图 3-2-6　艺术字样式设置

4. 将左弧线、右弧线箭头和艺术字组合为一个对象。按住"Shift"键不动,依次用鼠标单击自选图形和艺术字,同时选中三个对象。单击鼠标右键,打开快捷菜单,选择"组合"子菜单中的"组合"命令,将三个图形组合为一个对象。如图 3-2-7 所示。当图形被组合以后,可以作为一个对象来移动、改变大小、设置格式等。如果要重新排列各个对象,在快捷菜单中选择"组合"→"取消组合"命令即可。

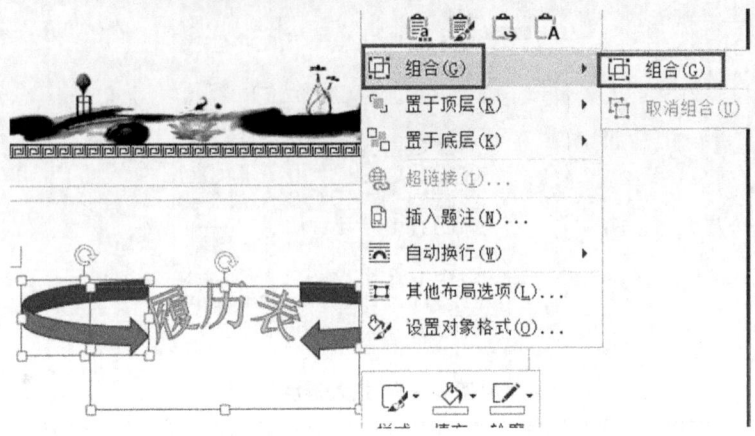

图 3-2-7　对象组合

子任务 2.3　插入表格

1. 单击"插入"主菜单下的"表格"按钮,选中"插入表格",在该窗口的"表格尺寸"的"列数"和"行数"栏输入"7",这样就在页面中添加了一个 7 行 7 列的表格,如图 3-2-8 所示。

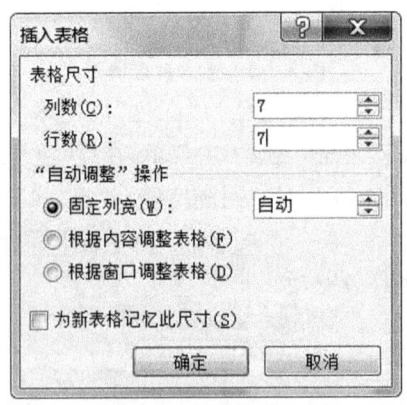

图 3-2-8　插入表格

2. 把鼠标放到表格右下角处,单击左键不放,等鼠标形状变为十字形时进行表格大小拖拽,直到调整到页面合适位置,如图 3-2-9 所示。

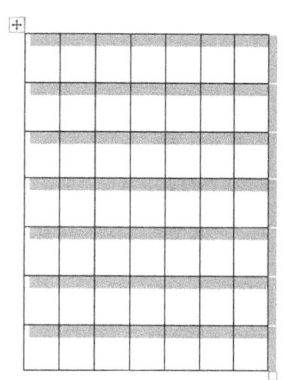

图 3-2-9　调整表格大小

3. 把相应文字信息输入到对应的单元格后,对"毕业院校"第 2 列到第 7 列进行单元格合并,方法是选中"毕业院校"所在行的第 2 列到第 7 列,单击右键,弹出快捷菜单,选中"合并单元格",即可把选中的第 2 列到第 7 列合并为一个单元格,如图 3-2-10 所示。

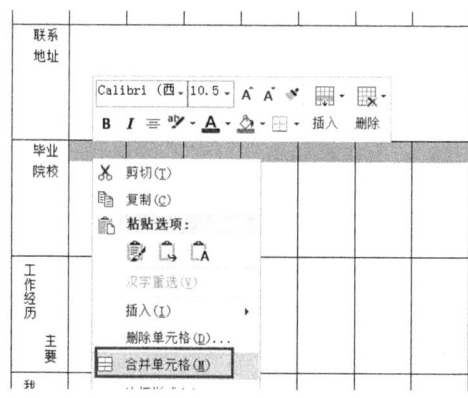

图 3-2-10　合并单元格

4. 对所有需要合并的单元格完成合并后,进行表格背景色设置。用鼠标单击该表格后,在表格左上角会出现十字箭头小方块图标,单击该图标后,即可全选中整个表格,如图 3-2-11 所示。

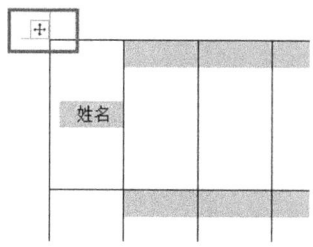

图 3-2-11　全选表格

5. 全选中整个表格后单击鼠标右键,会弹出"表格快捷工具栏",在该工具栏内可进行字体大小、颜色等设置,单击填充图标可以进行表格背景色设置,单击表格框线图标可以进行表格内外边框线的设置,如图 3-2-12 所示。

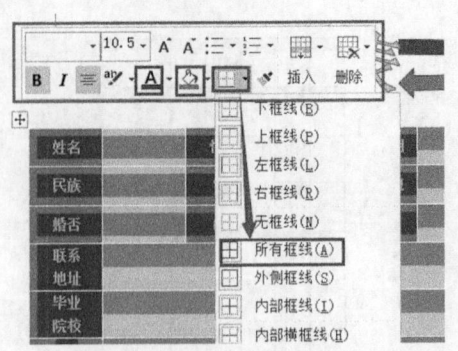

图 3-2-12 设置表格边框线

6. 同时,全选中整个表格后单击鼠标右键,在弹出的快捷菜单中单击"表格属性",可打开"表格属性"窗口,对表格中的尺寸、对齐方式和文字环绕进行设置调整,如图 3-2-13 所示。

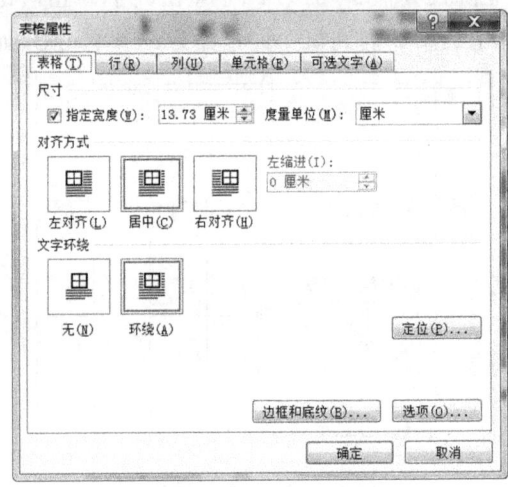

图 3-2-13 表格属性设置

7. 全部设置完成后,效果如图 3-2-1 所示。

任务 3　制作自荐信

任务目的

该项任务是制作求职简历的第三页"自荐信",效果如图 3-3-1 所示。

项目 3　使用 Word 2013 制作求职简历

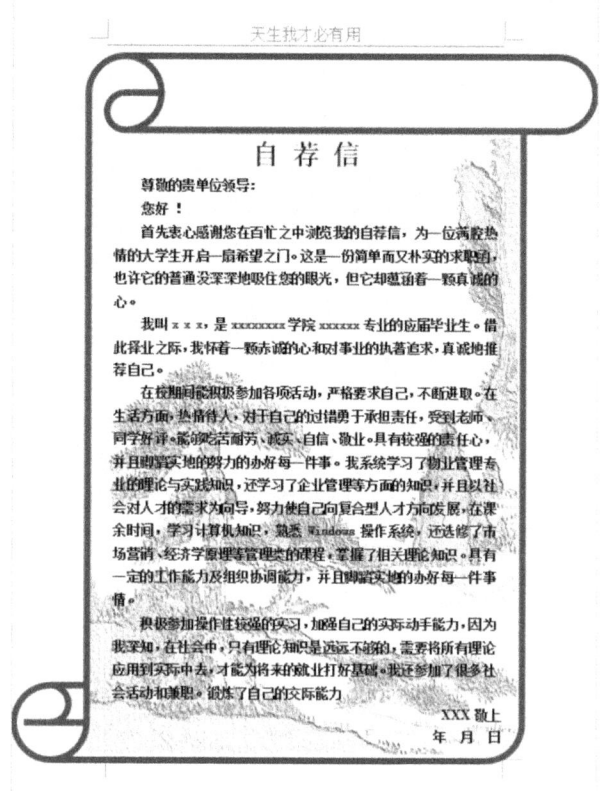

图 3-3-1　自荐信完成效果

任务内容

求职自荐信是求职者根据个人专业、特长、爱好进行自我举荐的电子表格,可以具体详细地把个人情况展示给用人单位。通过自选图形和图片、文字的混合编排和格式设计,可以在 Word 2013 中很好地完成求职自荐信的制作。求职自荐信中的元素有文本、自选图形和图像,完成该项学习任务共有四个子任务。

子任务 3.1:插入自选图形。
子任务 3.2:输入文字并格式化。
子任务 3.3:插入图片。
子任务 3.4:设置页眉和页脚。

任务实施

子任务 3.1　插入自选图形

1. 单击"插入"主菜单,选中"形状"中的"星与旗帜",单击竖卷形图标,将鼠标移到页面中,拖拽鼠标,插入竖卷形图形,如图 3-3-2 所示。

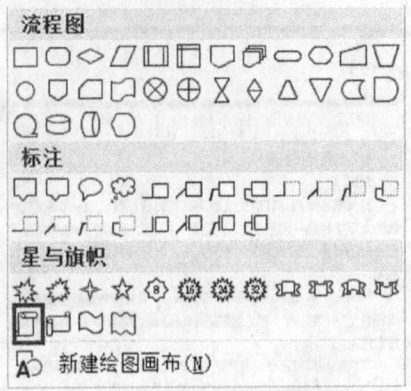

图 3-3-2　插入竖卷形图形

2. 选中竖卷形图形,在"格式"工具栏的"填充颜色"按钮的下拉菜单中选择"无填充颜色",在"形状轮廓"按钮的下拉菜单中选择"深红",在"粗细"按钮的下拉菜单中选择"6 磅"。自选图形效果如图 3-3-3 所示。

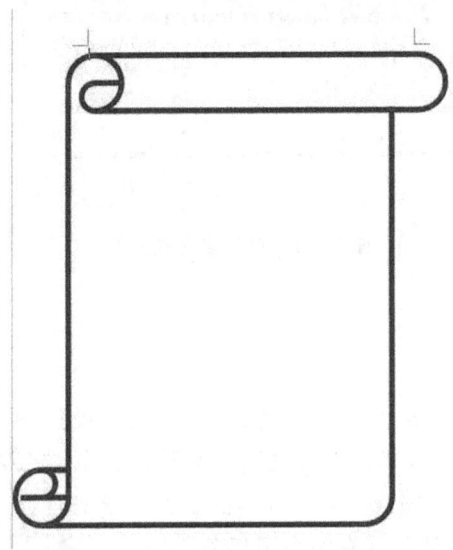

图 3-3-3　自选图形效果

子任务 3.2　输入文字并格式化

1. 选中竖卷形图形,单击右键打开快捷菜单,选择"添加文字"命令,将插入点定位到竖卷形上,输入自荐信的内容,如图 3-3-4 所示。

项目 3　使用 Word 2013 制作求职简历

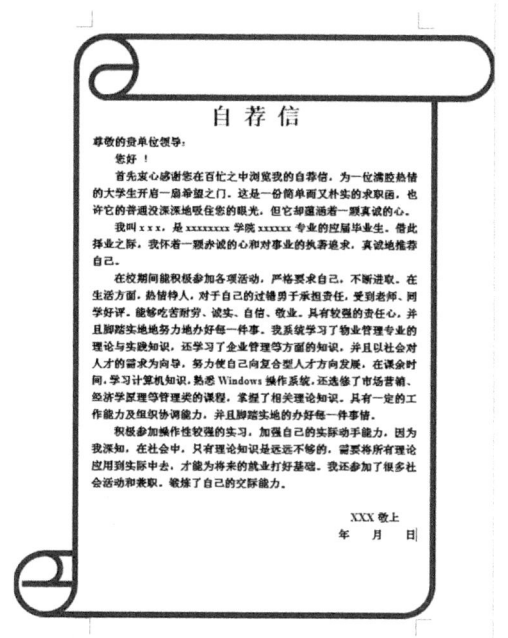

图 3-3-4　输入自荐信的内容

2. 选中所输入的文字，在"格式"工具栏的"字体"下拉列表中选择"宋体"，"字号"下拉列表中选择"小四"。选择"格式"→"段落"命令，打开"段落"对话框，在"缩进"下的"左侧"和"右侧"数值框中输入"0.5 字符"，在"特殊格式"的下拉列表中选择"首行缩进"，在"缩进值"数值框中输入"2 字符"，在"行距"下拉列表中选择"固定值"，在"设置值"数值框中输入"20 磅"，如图 3-3-5 所示。

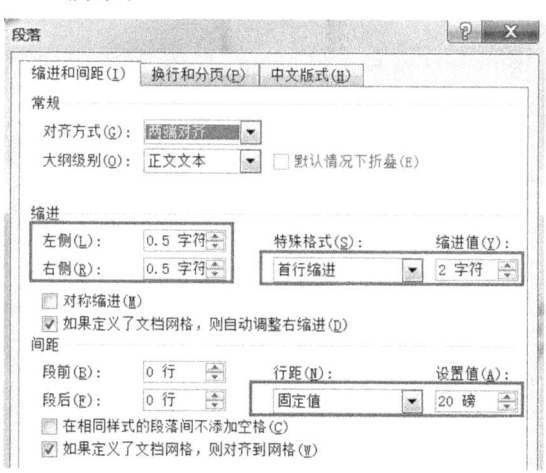

图 3-3-5　自荐信段落设置

3. 选择落款的姓名和日期，单击"格式"工具栏的"右对齐"按钮，如图 3-3-6 所示。

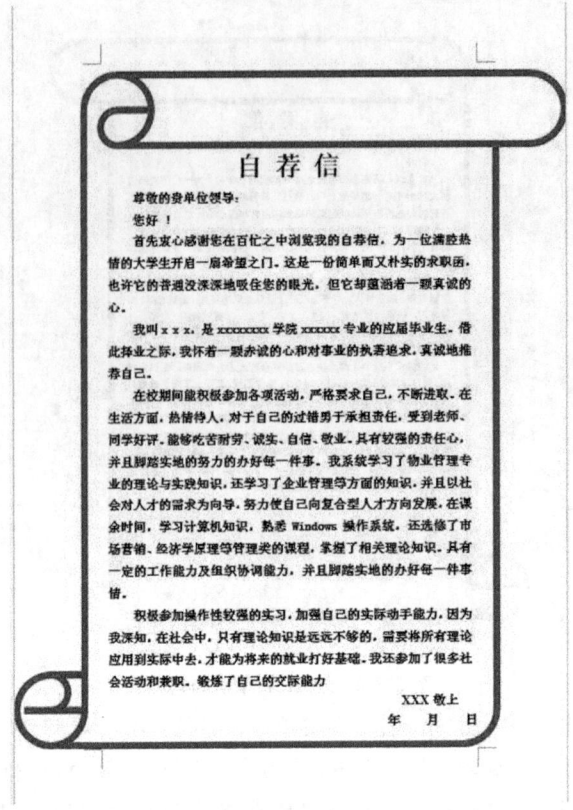

图 3-3-6　段落对齐

子任务 3.3　插入图片

1. 选择"插入"→"图片"→"来自文件"命令，打开"插入图片"对话框，选取需要插入的图片，如图 3-3-7 所示。

图 3-3-7　为自荐信插入图片

2. 选中图片，单击"格式"工具栏的"更正"按钮，在下拉菜单中选择亮度和对比度均为"＋20％"的效果，如图 3-3-8 所示。

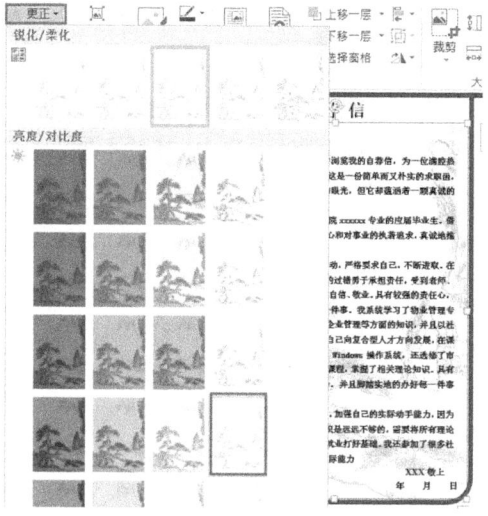

图 3-3-8　调整图片格式

3. 选中该图片,单击右键弹出快捷菜单,选中"大小和位置",打开"布局"窗口,单击"文字环绕"按钮,在下拉菜单中选择"衬于文字下方",完成效果如图 3-3-9 所示。

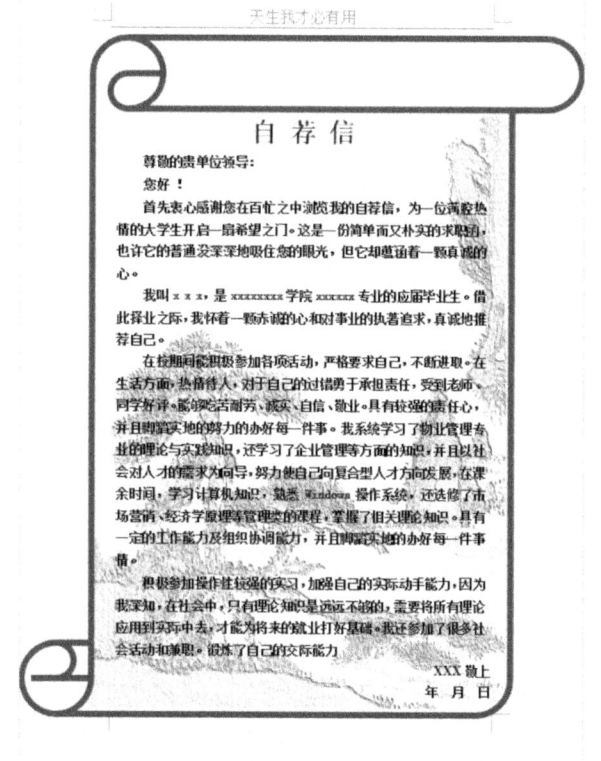

图 3-3-9　图片衬于文字下方效果

子任务 3.4 设置页眉和页脚

1. 选择"页面布局"→"页面设置"命令,打开"页面设置"对话框。在"页面设置"对话框中,选择"版式"选项卡,在"页眉和页脚"下选中"首页不同"复选框,如图 3-3-10 所示。

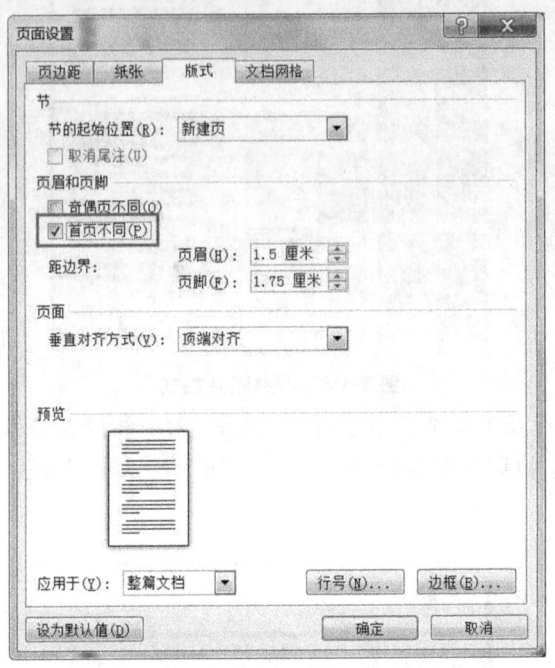

图 3-3-10 首页不同设置

2. 选择"插入"→"页眉和页脚"命令,进入页眉的编辑状态。在第一页的页眉中不输入任何内容,然后单击"设计"主菜单,在"选项"中勾选"首页不同",在"导航"中单击"下一节"按钮,即跳转至下一个页眉或页脚,进入到第二页页眉的编辑状态。在第二页页眉处输入"天生我材必有用",双击鼠标左键即可退出页眉和页脚的编辑状态。如图 3-3-11 所示。这样就做到了第一页没有页眉,但第二页之后的页面都有页眉。

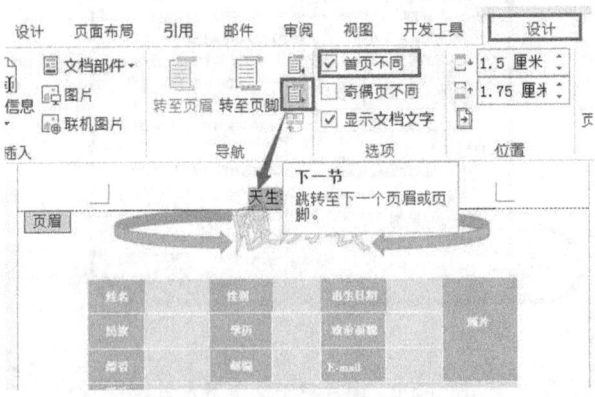

图 3-3-11 页眉、页脚不同页设置

项目 4　使用 Word 2013 进行图文排版与设计

项目说明

在日常使用 Word 2013 的过程中,我们要尽量地规范 Word 2013 文档,这样不仅便于浏览,而且也使得文档看上去更加美观。本项目通过"编排杂志页面""设置个性化文档""打印文档"几项工作任务的完成,使读者充分体验 Word 2013 页面设置和打印的功能,掌握对长文档页面进行美化设置的方法和技巧。

知识目标

熟练掌握进行页面设置的方法和技巧。
理解插入分页符和分节符的作用。
掌握设置页眉和页脚的方法。
掌握首字下沉、分栏等文档的个性化设置方法。
掌握打印文档的方法。

能力目标

会进行页面的相关设置。
会为长文档设置页眉和页脚。
能对文档进行个性化设置。
能完成文档的打印。

项目分解

任务 1:设计活动邀请函。
任务 2:编排杂志页面。
任务 3:设置个性化的文档。
任务 4:打印文档。

任务 1　设计活动邀请函

任务目的

使用 Word 2013 设计一张邀请函,为了使文档的页面更加美观,增强其可读性,可合理地进行页面设置。本任务的主要内容为完成"邀请函"文档的创建、文档内容输入以及格式编辑,效果如图 4-1-1 所示。

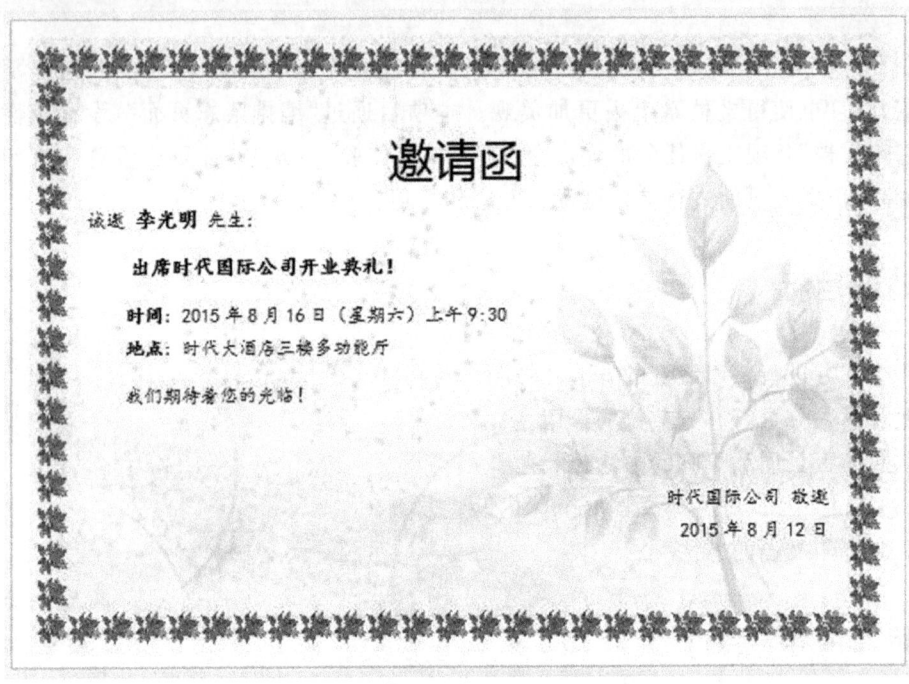

图 4-1-1　邀请函效果

任务内容

完成该项学习任务共有五个子任务。
子任务 1.1:设置纸张页边距、大小和方向。
子任务 1.2:为文字或段落添加边框和底纹。
子任务 1.3:为页面添加边框。
子任务 1.4:为页面添加背景。
子任务 1.5:为页面添加颜色。

任务实施

子任务 1.1 设置纸张页边距、大小和方向

1. 在文档中选择"页面布局"选项卡,在"页面设置"组中单击"页边距"按钮,在弹出的下拉列表中选择"普通"类型,如图 4-1-2 所示。

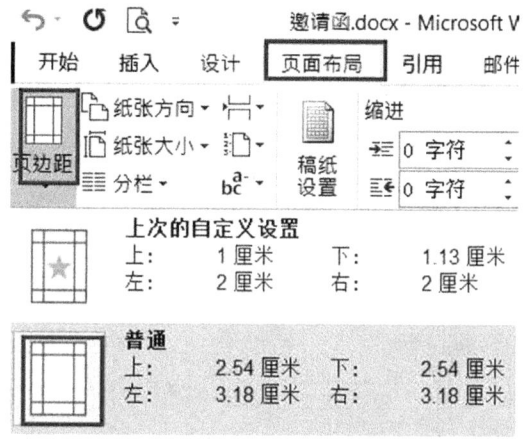

图 4-1-2 页边距设置

2. 在"页面布局"选项卡中,单击"页面设置"组中的"纸张方向"按钮,然后可以在展开的列表中选择自己需要的纸张方向,该任务中选择"横向",如图 4-1-3 所示。

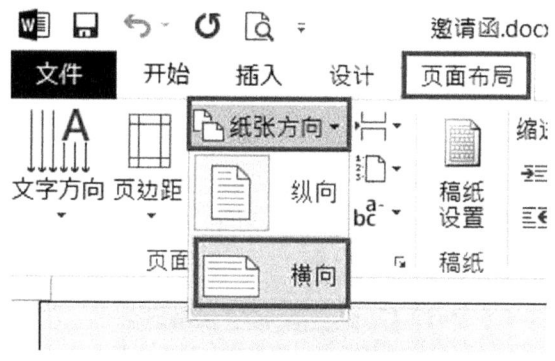

图 4-1-3 纸张方向设置

子任务 1.2 为文字或段落添加边框和底纹

1. 对文档设置边框,首先选定要设置边框的段落,然后切换到"设计"主菜单,单击"页面背景"选项组中的"页面边框"按钮,如图 4-1-4 所示。

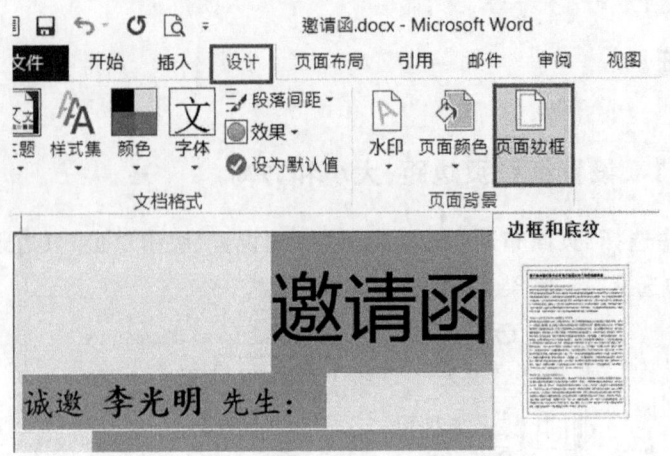

图 4-1-4 页面边框

2. 单击"边框和底纹"选项,弹出如图 4-1-5 所示的"边框和底纹"对话框,设置边框类型、边框线样式、颜色及宽度。

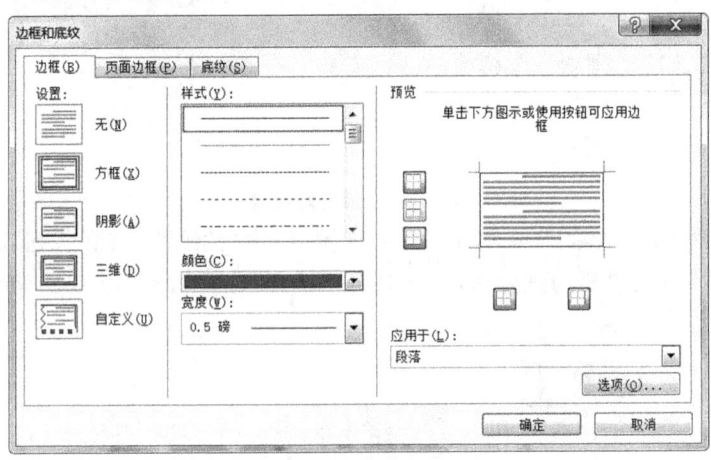

图 4-1-5 "边框和底纹"对话框

3. 设置边框线和段落文字之间的距离,只需要在"边框和底纹"对话框中单击 选项(O)... 按钮,这时将弹出如图 4-1-6 所示的对话框。

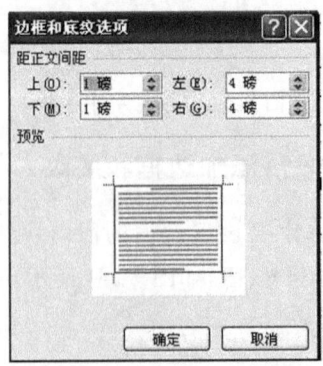

图 4-1-6 距正文间距设置

4. 对整个段落设置底纹,首先选定预设置底纹的段落然后切换到"设计"主菜单,单击"页面背景"选项组中的"页面边框"按钮,再单击"底纹"选项卡,如图 4-1-7 所示。

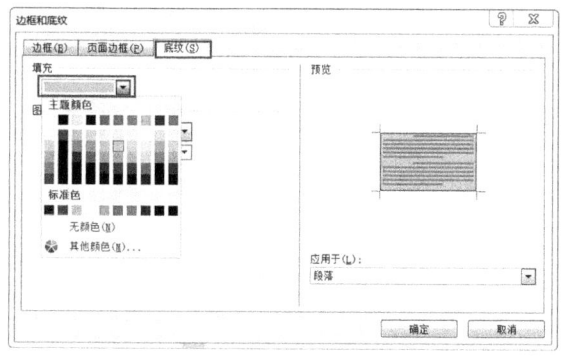

图 4-1-7　底纹填充

5. 在"填充"下拉列表中选择段落的底纹为淡橙色,然后在"应用于"下拉列表中选择"段落"选项,完成后效果如图 4-1-8 所示。

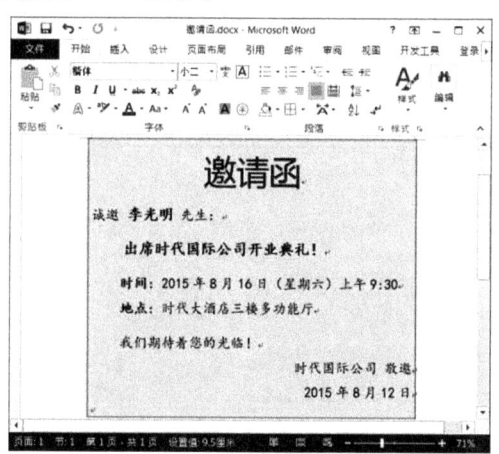

图 4-1-8　底纹填充效果完成图

子任务 1.3　为页面添加边框

1. 对页面设置边框,切换到"设计"选项卡,然后单击"页面背景"选项组中的"页面边框"按钮,这时将弹出如图 4-1-9 所示的"边框和底纹选项"对话框。

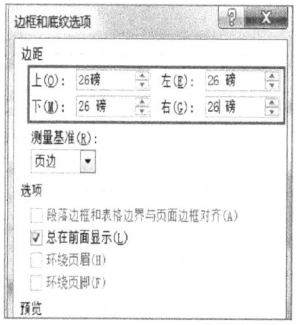

图 4-1-9　添加页面边框

2. 在"边框和底纹"对话框中对边框线的类型、样式、颜色、宽度等进行设置,如图 4-1-10 所示。

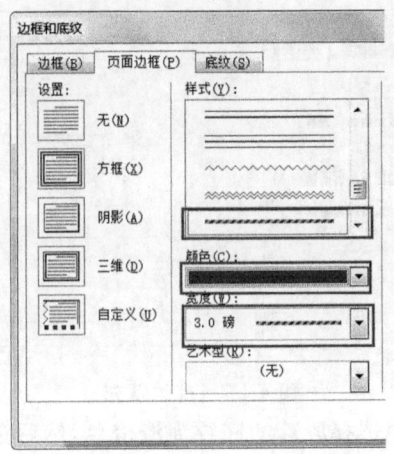

图 4-1-10 页面边框外观设置

3. 在"边框和底纹选项"对话框中,调整边框与页边距的距离,操作结果如图 4-1-11 所示。

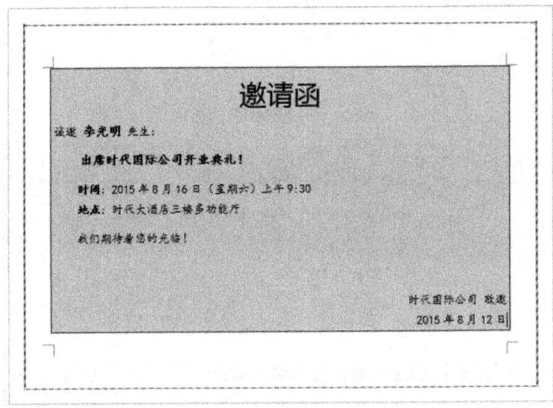

图 4-1-11 调整边框和页边距的距离效果

4. 艺术页面边框设置。按上面所讲的方法打开如图 4-1-12 所示的"边框和底纹"对话框,在"艺术型"下拉列表中选择边框图案,然后在"宽度"微调框内调整图案的大小。

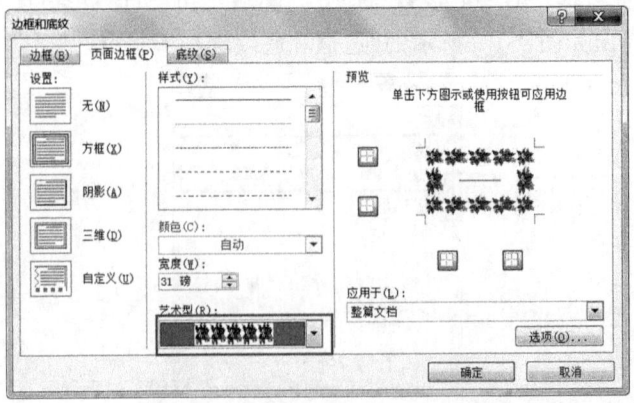

图 4-1-12 艺术型边框设置

5. 操作效果如图 4-1-13 所示。

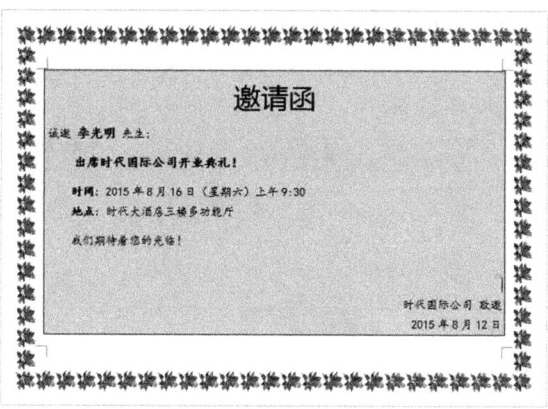

图 4-1-13　艺术型边框效果

子任务 1.4　为页面添加背景

1. 添加水印效果，首先切换到"设计"选项卡，然后单击"页面背景"选项组中的"水印"按钮，弹出如图 4-1-14 所示的对话框。

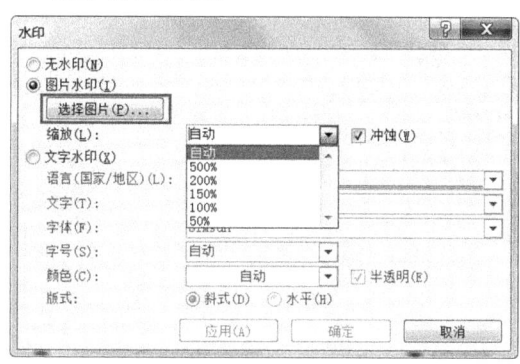

图 4-1-14　添加水印效果

2. 在弹出的对话框中可选择一种系统内置的水印效果，如图 4-1-15 所示是当前文档选择了"样本"后的显示效果。

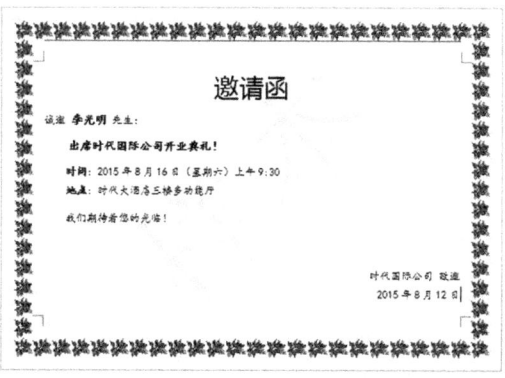

图 4-1-15　水印效果图

3. 如果对当前的水印效果不满意,可以单击"自定义水印"命令,再弹出如图 4-1-16 所示的"水印"对话框。在该对话框中可选择"无水印"选项,也可选择"文字水印"选项,如果选择"文字水印"选项,则可以设置语言、文字、字体等内容,设置结束后单击"确定"按钮返回到当前文档即可看到操作结果。

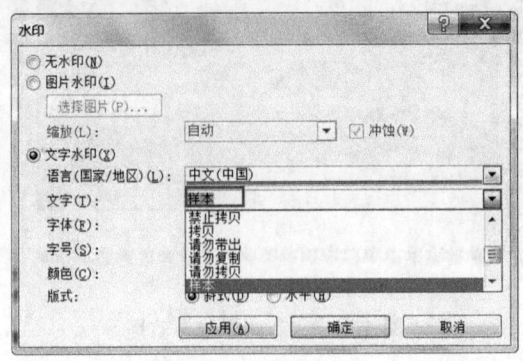

图 4-1-16　水印设置

4. 如果选择"图片水印"选项,单击"选择图片"按钮 选择图片(P)... ,如图 4-1-17 所示,打开"插入图片"对话框。

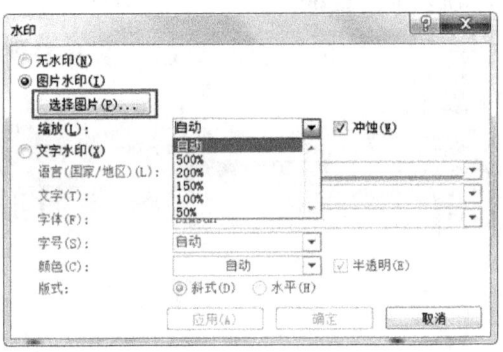

图 4-1-17　选择图片

5. 选择一幅图片后单击"插入"按钮,缩放为 150%,"冲蚀"选项对钩不选,插入图片后的水印效果如图 4-1-18 所示。

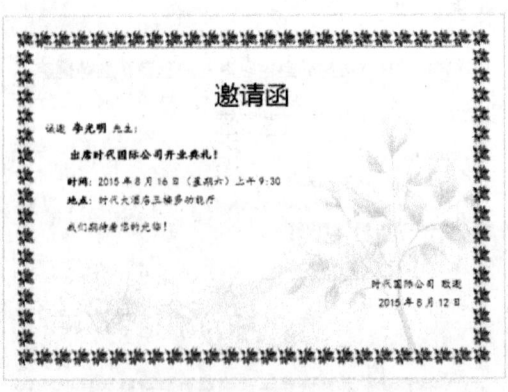

图 4-1-18　插入图片水印效果

子任务 1.5 为页面添加颜色

1. 除了设置水印背景之外，还可以对页面背景设置填充效果，首先切换到"设计"主菜单，然后单击"页面背景"选项组中的"页面颜色"按钮，弹出如图 4-1-19 所示的列表选项。

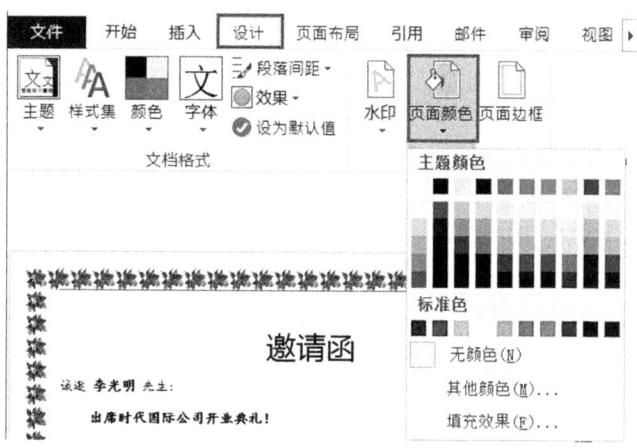

图 4-1-19 页面背景填充颜色

2. 从弹出的下拉列表中选择"填充效果"选项，这时将弹出如图 4-1-20 所示的"填充效果"对话框。

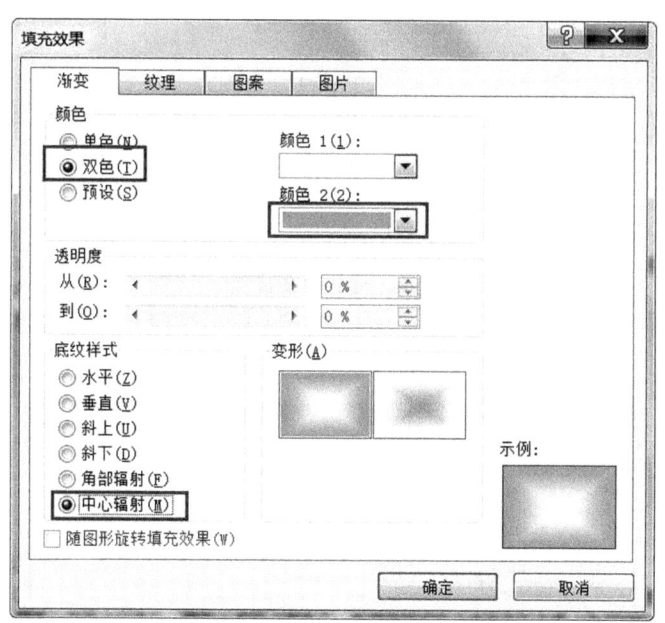

图 4-1-20 "填充效果"对话框

3. 在"填充效果"对话框中，切换到"渐变"选项卡，在"颜色"栏中选择颜色方案如"双色"，"颜色 1"选择白色，"颜色 2"选择橙色，在"底纹样式"栏中选择变形方案"中心辐射"，设置完成后单击"确定"按钮，所设置的效果如图 4-1-21 所示。

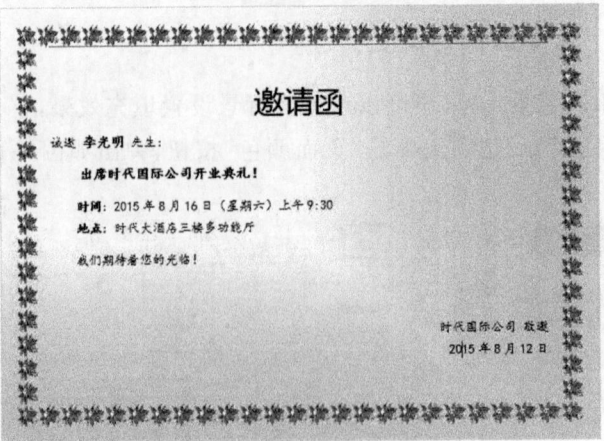

图 4-1-21　渐变填充效果

4．也可将页面设置为"图片"填充,在"填充效果"对话框中,切换到"图片"选项卡,在如图 4-1-22 所示的对话框中进行设置。

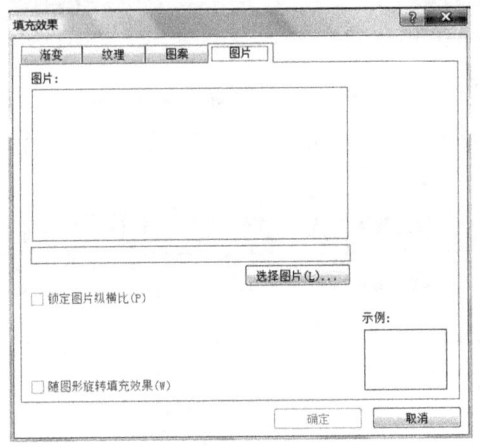

图 4-1-22　图片填充

5．单击"选择图片"按钮,在弹出的对话框中选择一幅图片,然后单击"插入"按钮,如图 4-1-23 所示。

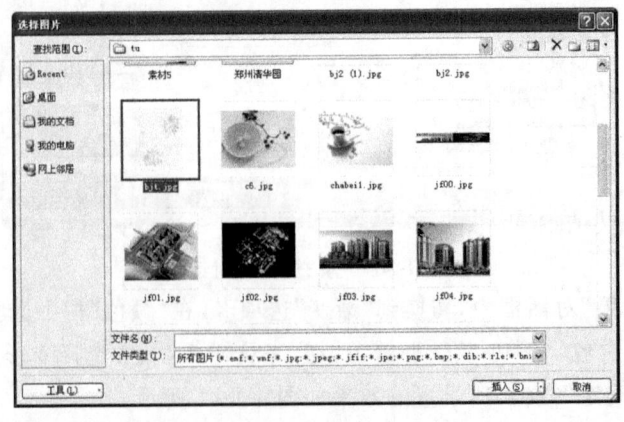

图 4-1-23　选择填充图片

6. 在返回的"填充效果"中单击"确定"按钮,效果如图4-1-24所示。

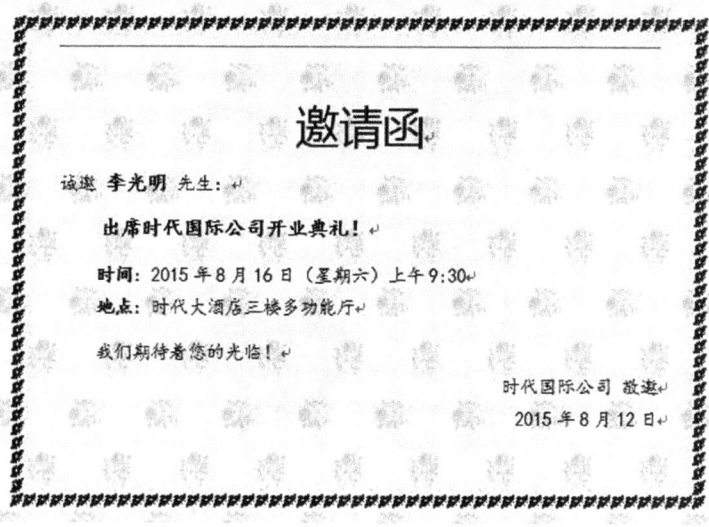

图4-1-24 填充效果完成图

任务2 编排杂志页面

任务目的

该项任务使用Word 2013完成杂志页面的编排。文档是已经美化好的多个页面的长文档,为了阅读方便,为其添加页眉和页脚,并且每一页的页眉不同,这项任务要求完成三个页面的设置,其页眉分别为"帮助别人就是帮助自己""毛驴和白马""身边风景",页码连续,效果如图4-2-1,4-2-2,4-2-3所示。

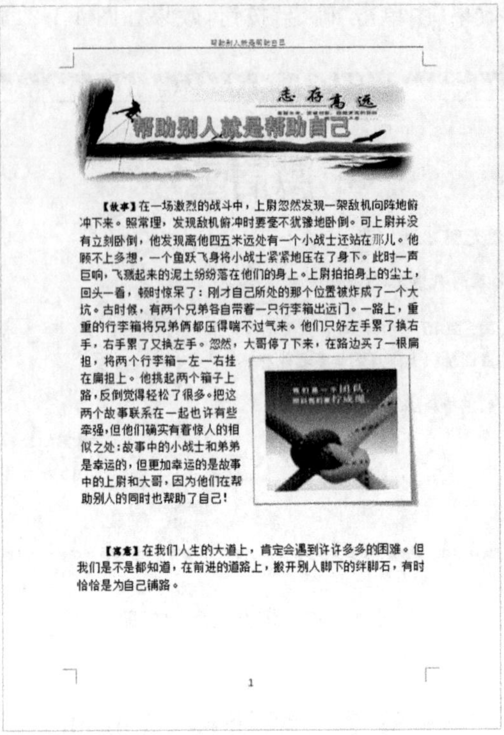
帮助别人就是帮助自己

志存高远

帮助别人就是帮助自己

【故事】在一场激烈的战斗中，上尉忽然发现一架敌机向阵地俯冲下来。照常理，发现敌机俯冲时要毫不犹豫地卧倒。可上尉并没有立刻卧倒，他发现离他四五米远处有一个小战士还站在那儿。他顾不上多想，一个鱼跃飞身将小战士紧紧地压在了身下。此时一声巨响，飞溅起来的泥土纷纷落在他们的身上。上尉拍拍身上的尘土，回头一看，顿时惊呆了：刚才自己所处的那个位置被炸成了一个大坑。古时候，有两个兄弟各自带着一只行李箱出远门。一路上，重重的行李箱将兄弟俩都压得喘不过气来。他们只好左手累了换右手，右手累了又换左手。忽然，大哥停了下来，在路边买了一根扁担，将两个行李箱一左一右挂在扁担上。他挑起两个箱子上路，反倒觉得轻松了很多。把这两个故事联系在一起也许有些牵强，但他们确实有着惊人的相似之处：故事中的小战士和弟弟是幸运的，但更加幸运的是故事中的上尉和大哥，因为他们在帮助别人的同时也帮助了自己！

【寓意】在我们人生的大道上，肯定会遇到许许多多的困难。但我们是不是都知道，在前进的道路上，搬开别人脚下的绊脚石，有时恰恰是为自己铺路。

1

图 4-2-1　实例完成效果图 1

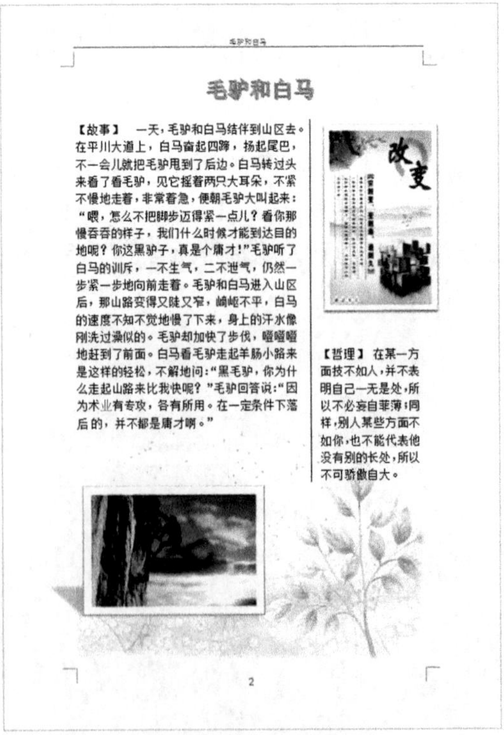
毛驴和白马

毛驴和白马

【故事】　一天，毛驴和白马结伴到山区去。在平川大道上，白马奋起四蹄，扬起尾巴，不一会儿就把毛驴甩到了后边。白马转过头来看了看毛驴，见它摇着两只大耳朵，不紧不慢地走着，非常着急，便朝毛驴大叫起来："喂，怎么不把脚步迈得紧一点儿？看你那慢吞吞的样子，我们什么时候才能到达目的地呢？你这黑驴子，真是个庸才！"毛驴听了白马的训斥，一不生气，二不泄气，仍然一步紧一步地向前走着。毛驴和白马进入山区后，那山路变得又陡又窄，崎岖不平，白马的速度不知不觉地慢了下来，身上的汗水像刚洗过澡似的。毛驴却加快了步伐，噔噔噔地赶到了前面。白马看毛驴走起羊肠小路来是这样的轻松，不解地问："黑毛驴，你为什么走起山路来比我快呢？"毛驴回答说："因为术业有专攻，各有所用。在一定条件下落后的，并不都是庸才啊。"

改变

【哲理】在某一方面技不如人，并不表明自己一无是处，所以不必妄自菲薄；同样，别人某些方面不如你，也不能代表他没有别的长处，所以不可骄傲自大。

2

图 4-2-2　实例完成效果图 2

图 4-2-3　实例完成效果图 3

任务内容

完成页面的设置,要求掌握页眉和页脚的设置、分页符和分节符的应用方法、插入页码的方法,完成该项学习任务共有五个子任务。

子任务 2.1:页面设置。
子任务 2.2:插入分页符和分节符。
子任务 2.3:为文档添加页眉和页脚。
子任务 2.4:为文档添加分栏。
子任务 2.5:为文档添加艺术字和图片。

任务实施

子任务 2.1　页面设置

1. 新建一个"杂志页面.doc"文档。单击"页面布局"按钮,切换到"页面布局"选项卡,然后单击"页面设置"组中的"页边距"按钮,在"页码范围"的"多页"的下拉列表中选择"普通"类型,在"纸张方向"中选择"纵向",如图 4-2-4 所示。

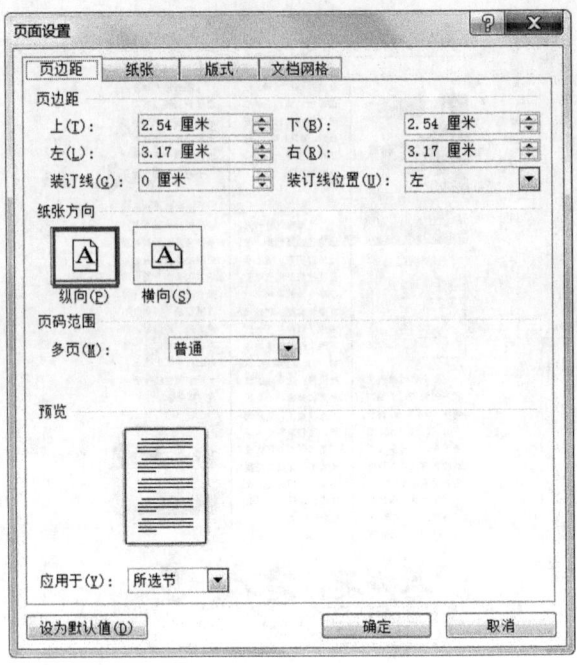

图 4-2-4 纵向页面设置

2. 设置版式。单击"页面布局"按钮,切换到"页面布局"选项卡,在"页面设置"对话框中,单击"版式"标签,将"页眉和页脚"下的选项都打上对钩,在"页眉"数值框中设置页眉距纸张的上边界距离,在"页脚"数值框中设置页脚距纸张的下边界距离,单击"确定"按钮,如图 4-2-5 所示。

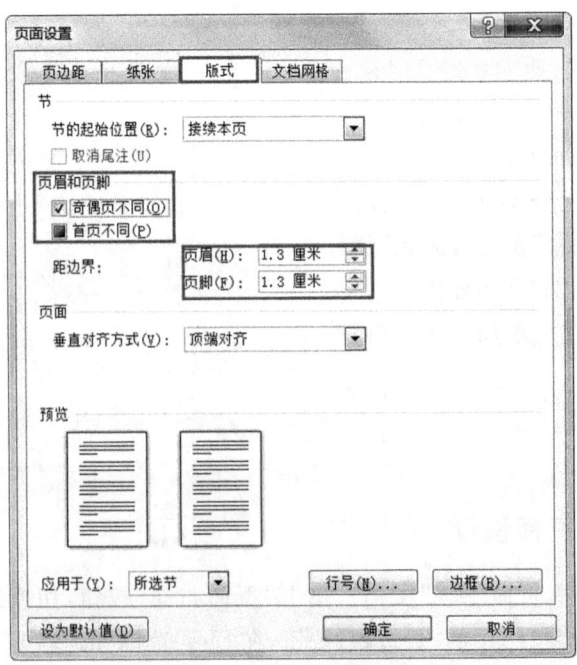

图 4-2-5 版式设置

小贴士：

选中"奇偶页不同"复选框，可以为文档的奇数页和偶数页设置不同的页眉或页脚。选中"首页不同"复选框，可以单独设置首页的页眉和页脚，也可以去掉首页的页眉和页脚。

3. 页面文字段落设置。选中三个页面的所有段落，单击右键弹出快捷菜单，选中"段落"并打开窗口，按照图 4-2-6 所示来进行具体内容设定。

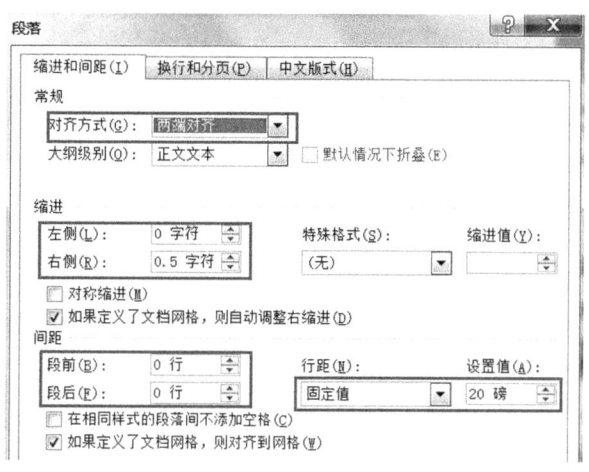

图 4-2-6　段落设置

子任务 2.2　插入分页符和分节符

1. 插入分页符。本项任务中三篇文章要求有不同的格式，为了便于操作，可在文档中加入分页符，当文本或图形等内容没填满一页时，在某个特定位置强制分页，这样可以确保每一篇文章的标题总在新的一页开始。方法是：将插入点置于要插入分页符的位置；打开"页面布局"选项卡，在"页面设置"组中单击"分隔符"按钮，弹出快捷菜单；在快捷菜单中，选择"分页符"即可实现分页的目的。效果如图 4-2-7 所示。

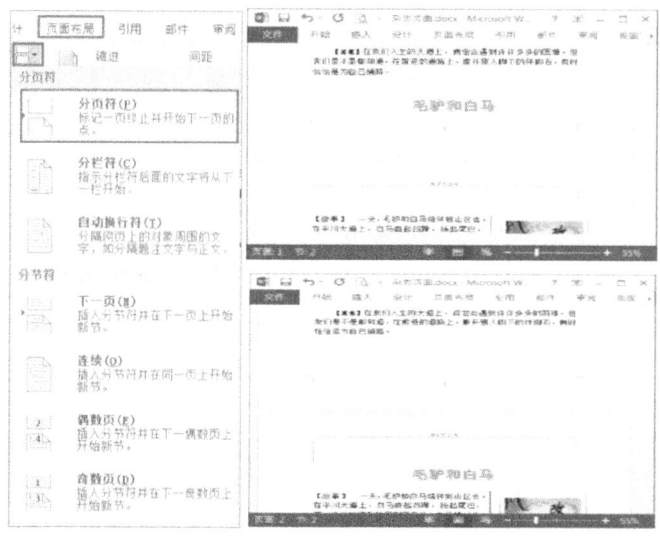

图 4-2-7　插入分页符

2. 同理,用这种方法对第二页、第三页也进行强制分页,如图 4-2-8 所示。

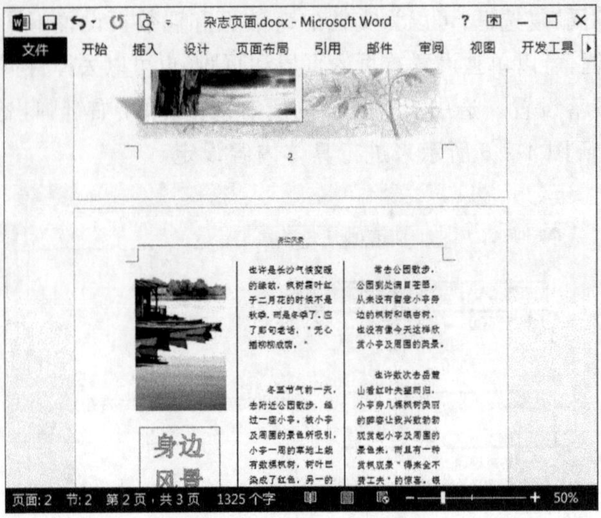

图 4-2-8　页面强制分页

小贴士:

将插入点定位在要分页的段落之前,选择"插入"选项卡,在"页"组中单击"分页"按钮,也可以实现分页操作。按"Ctrl+Enter"组合键也可实现分页操作。建立一个文档,需要设置许多格式,如页边距、页眉、页脚等,如果想要在文档的不同部分采用不同的格式,则可用分节符将整篇文档分割成几节(部分)。分节后,即可单独设置每节的格式和版式,从而使文档的排版和编辑更加灵活。

子任务 2.3　为文档添加页眉和页脚

页眉和页脚位于文档中每个页面的顶部和底部的区域,通常用于显示文档的附加信息,例如页码、日期、作者名称、单位名称、徽标或章节名称等。可以根据自己的需要在页眉和页脚中插入文本或图形。本任务中,要求三个主题对应的三个页面有不同的页眉。

1. 插入页眉。操作步骤如下:打开文档,切换到"插入"选项卡,在"页眉和页脚"工具组单击"页眉"下拉按钮,即弹出下拉列表,如图 4-2-9 所示。

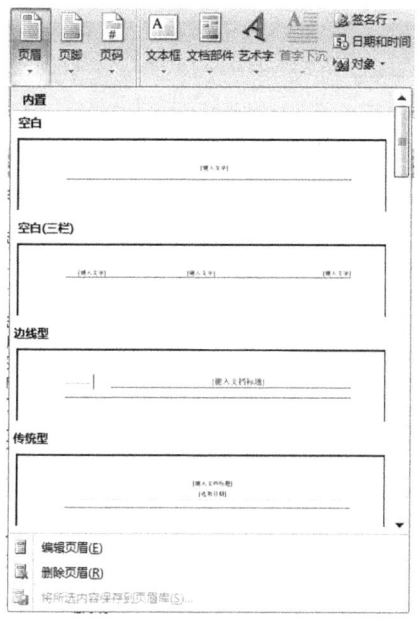

图 4-2-9 插入页眉

2. 在弹出的页眉样式库中,单击一种页眉样式,本任务中选择"编辑页眉"命令,进入页眉编辑状态,在文档的第一页上方的页眉处,添加页眉内容"帮助别人就是帮助自己",这样设置以后,该文档的所有页眉内容都是"帮助别人就是帮助自己",如图 4-2-10 所示。

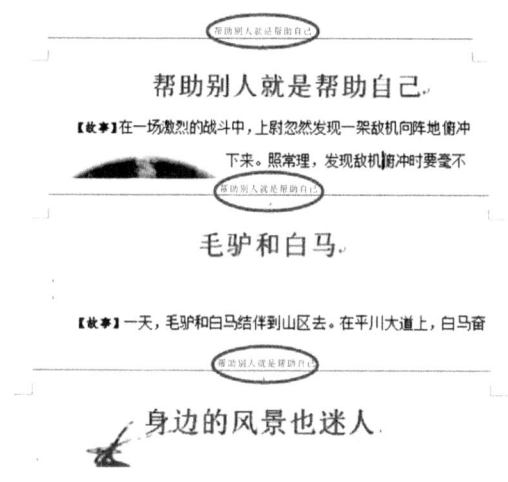

图 4-2-10 输入页眉文字

3. 要想为每个页面设置不同的页眉内容,需要双击页眉内容,进入"页眉和页脚"编辑状态,选中第二页页眉处的内容,在"页眉和页脚工具"选项中单击"链接到前一条页眉",即可断开第二页和第一页的链接,然后在第二页页眉处添加内容"毛驴和白马",这样第二页的页眉内容就和第一页的页眉内容不同了,如图 4-2-11 所示。同样的方法,以后几页的页眉也采用这种方式进行设置即可。

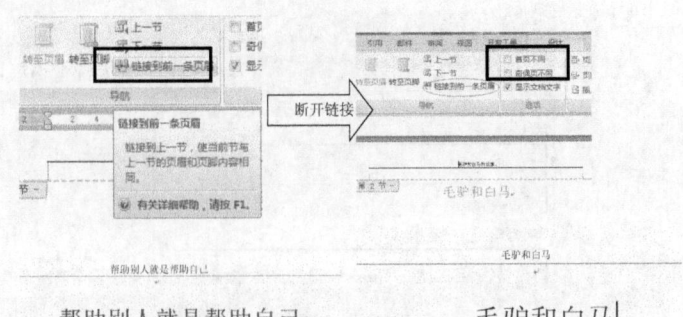

图 4-2-11　设置不同页面页眉内容

小贴士：

双击页眉区，对页眉进行编辑，即可以设置文字格式，也可以插入图片、图形，获得美观大方、富有个性的效果。如果只要求首页不同、奇偶页不同，则不需要分节，直接在"页眉和页脚工具"中进行设置即可。

4. 插入和设置页码。页码是指为文档每页所编排的号码，便于读者阅读和查找，页码一般添加在页脚中。步骤如下：单击"插入"选项卡下"页眉和页脚"组中的"页码"按钮，打开如图 4-2-12 所示的菜单，在菜单中选择页码的位置和样式即可。

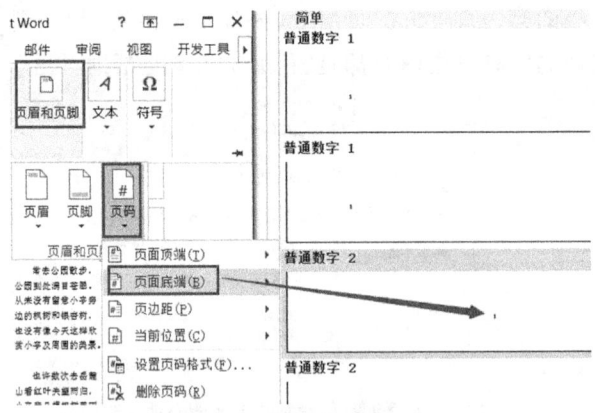

图 4-2-12　页码设置

子任务 2.4　为文档添加分栏

1. 分二栏设置。选中第二页的全部段落内容，单击"页面布局"主菜单，在"页面设置"选项卡中单击"分栏"按钮，选择"偏右"分二栏目，如图 4-2-13 所示。

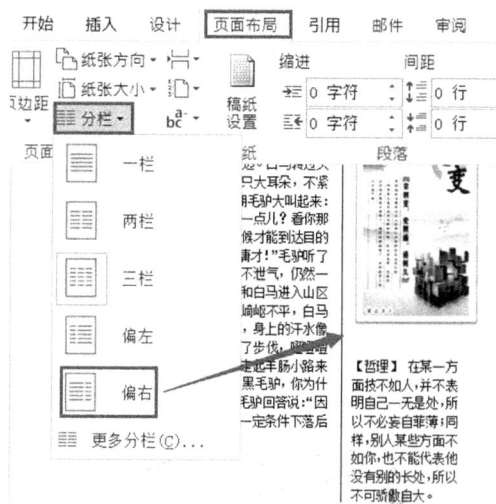

图 4-2-13　页面偏右分栏

2. 单击图 4-2-13 中"更多分栏"菜单,打开"分栏"窗口,选中"分隔线",如图 4-2-14 所示。这样在二栏中间就会自动显示一条竖形的分隔线。

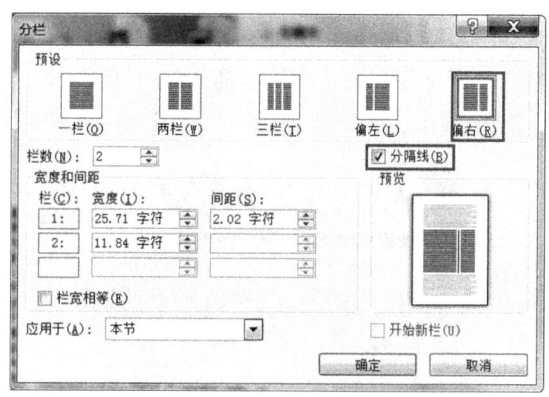

图 4-2-14　页面分栏

3. 同理,选中第三页的全部段落内容,单击"页面布局"主菜单,在"页面设置"选项卡中单击"分栏"按钮,选择"三栏"布局显示,同时添加分栏分隔线,如图 4-2-15 所示。

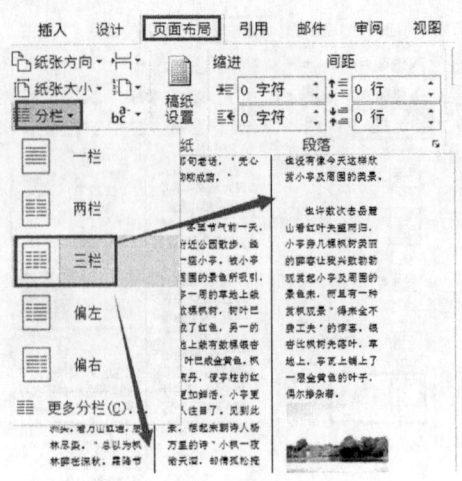

图 4-2-15 页面分三栏

子任务 2.5　为文档添加艺术字和图片

1. 在第一页中,插入图片和艺术字大标题。步骤如下:单击"插入"主菜单下的"图片"按钮,插入顶部图片,选中该图片单击右键弹出快捷菜单,选择"大小和位置"菜单,打开"文字环绕"窗口,选择"衬于文字下方",同时,插入右下角图片,"文字环绕"选择为"紧密型环绕",效果如图 4-2-16 所示。

图 4-2-16　插入图片和艺术字标题

2. 在第一页中对插入图片进行格式外观美化,选中顶部图片,单击"格式"主菜单下的"图片样式"选项卡,单击"图片效果"按钮,选择"柔化边缘"子菜单,值为 25 磅,同理,选中右下角图片,单击"格式"主菜单下的"图片样式"选项卡,选中"快速样式"的适当效果。如图 4-2-17 所示。

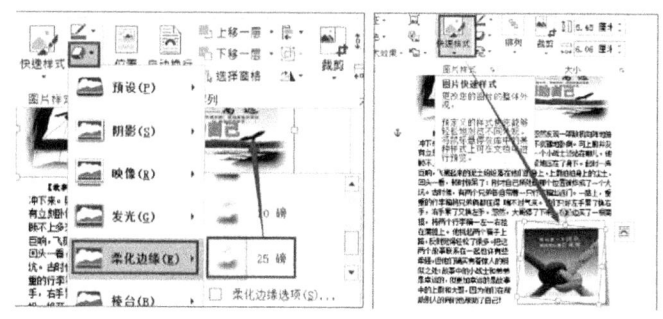

图 4-2-17　图片样式格式设置

3. 在第一页中添加艺术字大标题。单击"插入"主菜单下的"文本"选项组,单击"插入艺术字"按钮,选择适合的艺术字效果,单击并拖拽鼠标将其挪动到顶部图片上方,如图 4-2-18 所示。

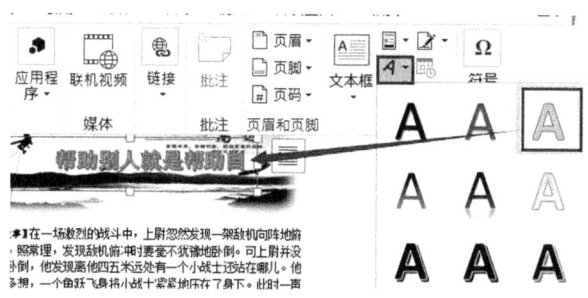

图 4-2-18　艺术字样式

4. 为第二页插入图片和艺术字标题。沿用上述操作方法,分别插入右上角、左下角、底部三张图片,前两张图片文字环绕方式均设为"紧密型环绕",底部图片文字环绕方式设为"衬于文字下方",并分别采用之前讲过的方法在"格式"菜单下进行图片格式和艺术字的美化,如图 4-2-19 所示。

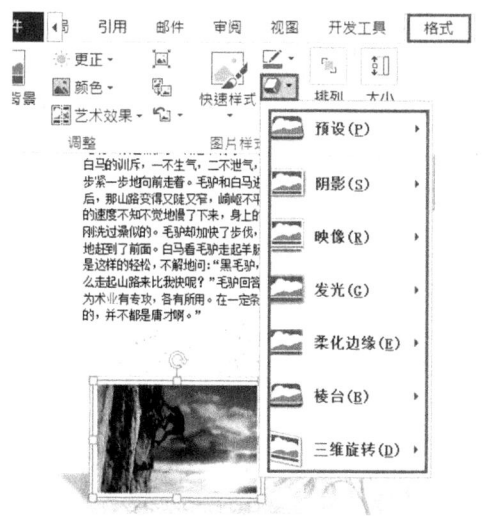

图 4-2-19　图片样式

5. 编辑和美化完成后，第二页显示效果如图 4-2-20 所示。

图 4-2-20　第二页完成效果图

6. 为第三页插入图片和艺术字标题。沿用上述操作方法，分别插入左上角、右下角、底部三张图片，前两张图片文字环绕方式均设为"紧密型环绕"，底部图片文字环绕方式设为"衬于文字下方"，并分别采用之前讲过的方法在"格式"菜单下进行图片格式和"身边风景"艺术字的美化。最终效果如图 4-2-21 所示。

图 4-2-21　第三页完成效果图

任务 3　设置个性化的文档

任务目的

一般报纸杂志都需要创建具有特殊效果的文档,这时就需要使用一些特殊的排版方式。Word 2013 提供了多种特殊的排版方式,例如首字下沉、带圈字符和分栏排版等方法,可以美化文档,使文档更具观赏性,实现文档个性化的排版效果。本任务使用 Word 2013 的特殊排版功能对文档进行个性化的排版,效果如图 4-3-1 所示。

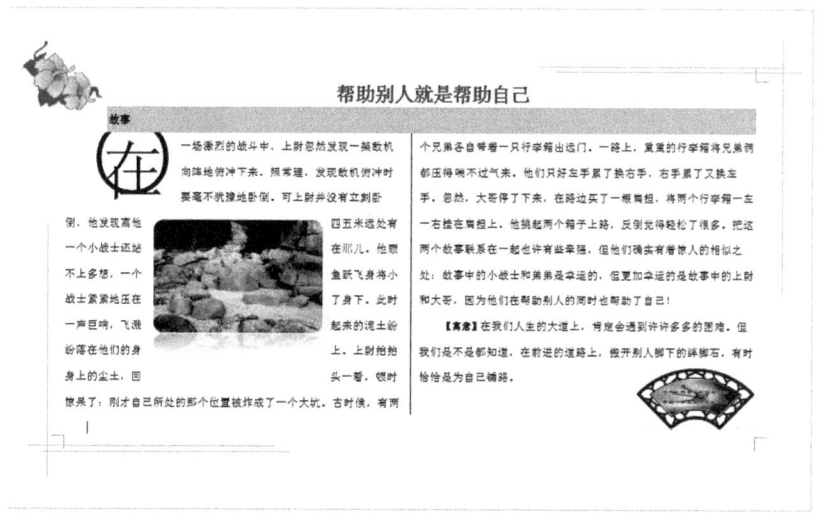

图 4-3-1　个性化排版完成效果图

任务内容

本任务的完成过程中,用到了分栏排版、首字下沉、带圈字符等设置方法,完成该项学习任务共有三个子任务。

子任务 3.1:分栏排版。
子任务 3.2:设置首字下沉。
子任务 3.3:设置字体特殊效果。

任务实施

子任务 3.1　分栏排版

1. 分栏排版。选定要进行分栏排版的文档,选择"页面布局"命令标签中"页面设置"组的"分栏"按钮,弹出分栏下拉菜单,在下拉菜单中选择"更多分栏"命令,打开"分栏"对话框,在"预设"中选择"两栏",在"分隔线"前面的复选框中打钩,然后单击"确定"按钮,即可完成该项任务的要求,如图 4-3-2 所示。

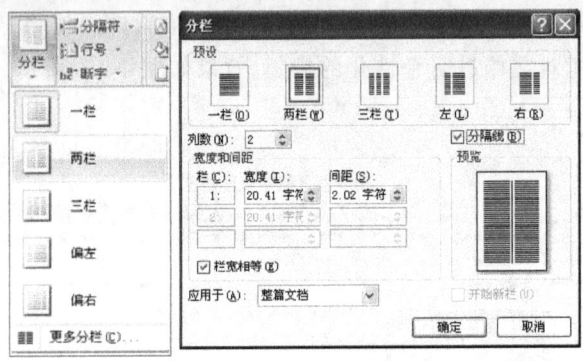

图 4-3-2　页面分两栏

2. 分栏后效果如图 4-3-3 所示。

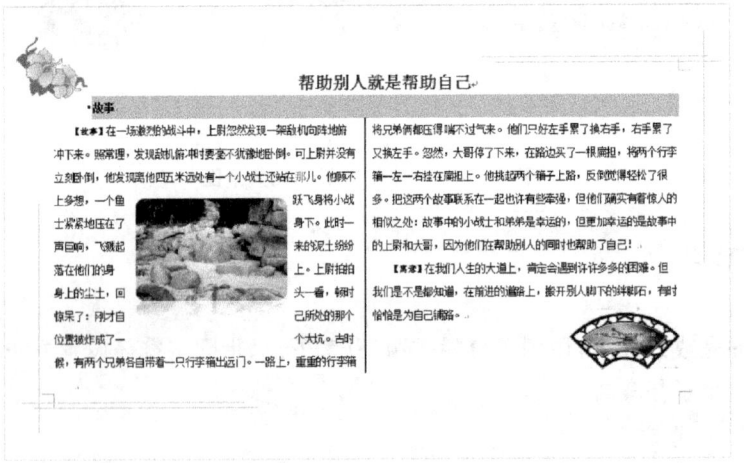

图 4-3-3　分栏完成效果图

子任务 3.2　设置首字下沉

首字下沉是指将 Word 2013 文档中段首的一个文字放大,并进行下沉或悬挂设置,以凸显段落或整篇文档的开始位置。

1. 设置首字下沉或悬挂。步骤如下:打开 Word 2013 文档窗口,将插入点光标定位到需要设置首字下沉的段落中,然后切换到"插入"功能区,在"文本"分组中单击"首字下沉选项"命令,如图 4-3-4 所示。

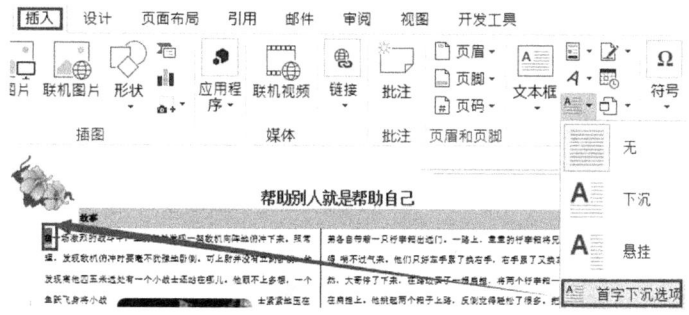

图 4-3-4　设置首字下沉

2. 在打开的"首字下沉"菜单中单击"下沉"或"悬挂"选项,设置首字下沉或首字悬挂效果,如图 4-3-5 所示。

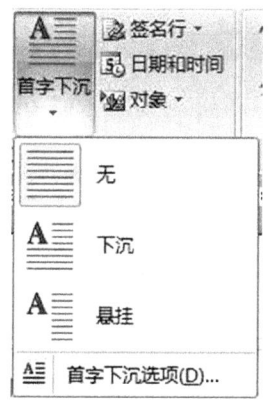

图 4-3-5　选择首字下沉效果

3. 在首字下沉菜单中单击"首字下沉选项",打开"首字下沉"对话框。选中"下沉"选项,并选择字体为"华文新魏",设置下沉行数为"2",完成设置后单击"确定"按钮,如图 4-3-6所示。

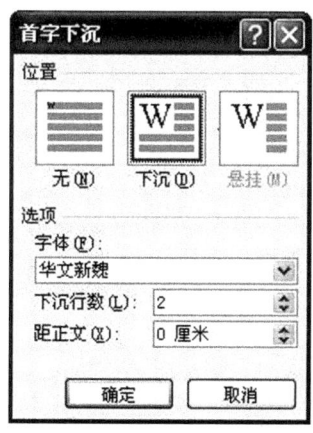

图 4-3-6　"首字下沉"对话框

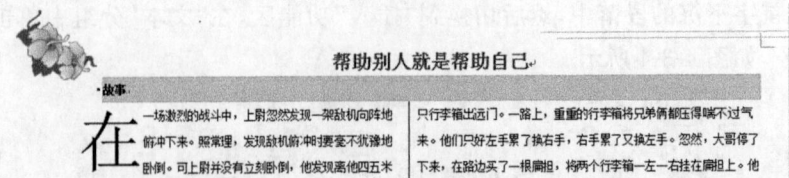

图 4-3-7　首字下沉完成效果图

4. 最终效果如图 4-3-7 所示。

子任务 3.3　设置字体特殊效果

1. 为字符加上圈号。操作步骤如下：先选中需要设置"带圈字符"的文本内容，单击"开始"选项卡下的"字体"组中的"带圈字符"按钮，即可弹出"带圈字符"对话框，在对话框中的"样式"选项组中单击"增大圈号"按钮，然后单击"确定"按钮，即可设置成功，如图 4-3-8 所示。

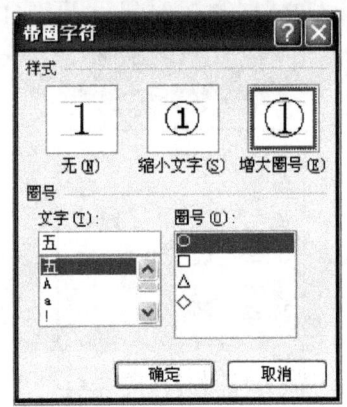

图 4-3-8　带圈字符设置

2. 最终效果如图 4-3-1 所示。

任务 4　打印文档

任务目的

实现在上一任务中完成的"个性化文档"的打印。

任务内容

完成该项学习任务共有两个子任务。
子任务 4.1：打印预览。

子任务 4.2：打印文档。

任务实施

子任务 4.1　打印预览

在打印文档之前需要进行打印预览，方便对文档进行修改和调整，效果满意后再将文档打印出来，避免浪费时间和纸张。

打开需要打印的文档，打开"自定义快速访问工具栏"，选中"打印预览"项，快速访问工具栏上新增了"打印预览"工具按钮。单击"打印预览"按钮即可进入打印预览状态查看文档打印后的效果。进入打印预览状态后，可单击各功能选项进行相关设置。如图 4-4-1 所示。

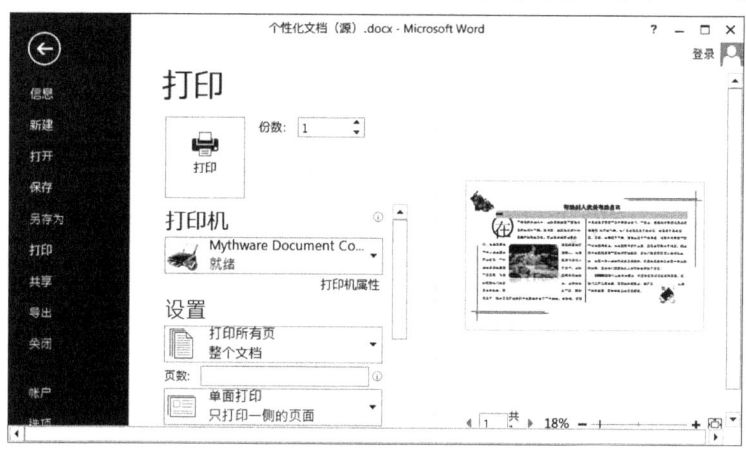

图 4-4-1　打印预览

子任务 4.2　打印文档

预览文档后，确认文档已不需要修改就可以将其打印输出。打印文档的方法如下：预览文档后选择"打印"命令；打开"打印"对话框，在其中选择打印机的名称、设置打印页面的范围以及打印的份数等，如图 4-4-2 所示，单击"打印"按钮，与电脑连接的打印机将自动打印输出文档。

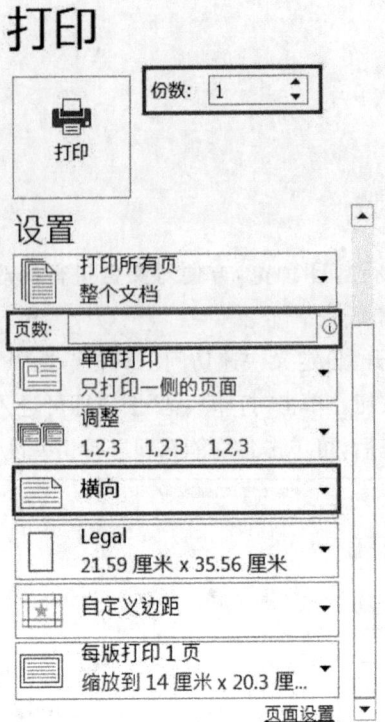

图 4-4-2　打印设置

项目 5　使用 Word 2013 设计销售统计表格

项目说明

设计表格也是 Word 2013 的重要功能之一,掌握一些常用的方法和技巧,会使我们做出新颖、独特的表格,操作起来事半功倍,大大提高工作效率。在 Word 2013 中,对表格的控制可以更为自由。本项目将完成"店庆促销清单表"和"产品销售业绩表"的设计。

知识目标

掌握建立表格的方法。
掌握编辑表格的方法。
掌握美化表格的方法。
掌握表格中数据的简单运算。

能力目标

会制作常用的表格。
能对表格进行编辑。
能对表格中的数据进行操作。
能制作美观大方的表格。

项目分解

任务 1:建立"店庆促销清单表"。
任务 2:制作"产品销售业绩表"。

任务1　建立"店庆促销清单表"

任务目的

Word 2013提供了强大的表格处理功能,利用Word 2013可以创建行、列规则的表格,也可以手工绘制不规则的表格。本例使用Word 2013设计一张"店庆促销清单表",效果如图5-1-1所示。

图5-1-1　店庆促销清单表效果完成图

任务内容

完成该项学习任务共有四个子任务。
子任务1.1:使用表格网格框创建表格。
子任务1.2:使用"插入表格"对话框创建表格。

子任务1.3:使用手动绘制表格的方式创建表格。
子任务1.4:输入表格内容。

任务实施

子任务1.1 使用表格网格框创建表格

1. 使用表格网格框。操作步骤如下:将光标移到待插入表格的位置,切换到"插入"选项卡,然后单击"表格"选项组中的"表格"按钮。在弹出的下拉菜单中有一个虚拟表格,此时移动鼠标可以选择表格的行和列,如图5-1-2所示。

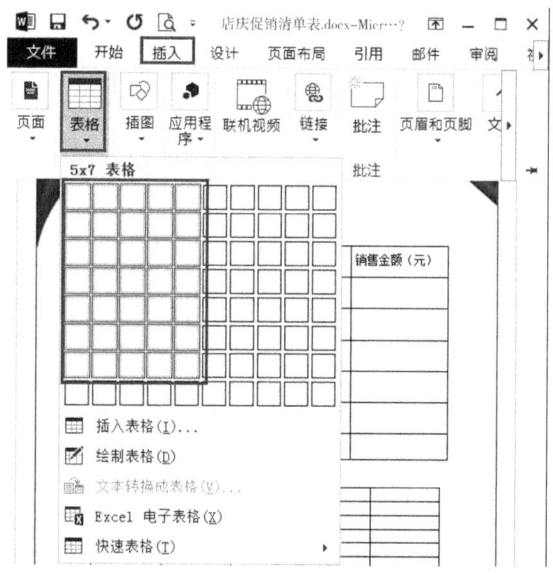

图5-1-2 使用表格网格框

2. 单击鼠标左键,即可在文档中插入一个7行5列的表格,效果如图5-1-3所示。

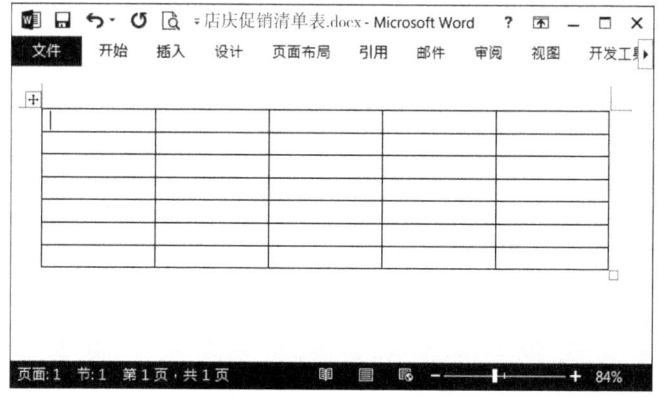

图5-1-3 插入7行5列表格

小贴士：

被选定表格区域呈现为橙色，同时在上方显示"5×7 表格"的提示文字，并在文档中模拟出所选表格，但此时并没有真正插入到文档中。用这种方法最多只能创建 10×8 的表格。

子任务 1.2　使用"插入表格"对话框创建表格

1. 使用"插入表格"对话框。当表格范围超出 10×8 时，可以用"插入表格"命令灵活插入所需要的表格。操作步骤如下：将光标移到待插入表格的位置，切换到"插入"选项卡，然后单击"表格"选项组中的"表格"按钮，在弹出的下拉列表中选择"插入表格"选项，如图 5-1-4 所示，这时将弹出"插入表格"对话框。

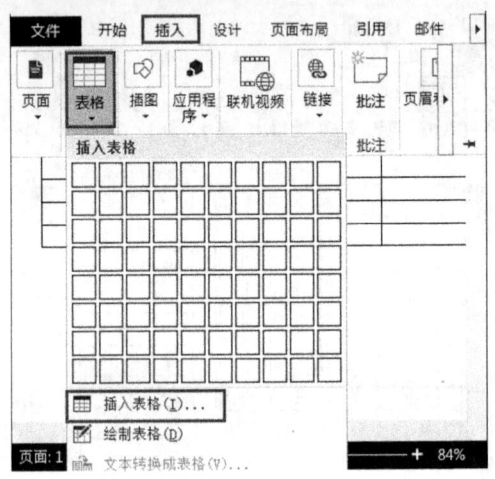

图 5-1-4　使用"插入表格"对话框

2. 在如图 5-1-5 所示的对话框中通过"列数"和"行数"微调框分别设置表格的列数为 5、行数为 7，单击"确定"按钮即可插入一个表格。

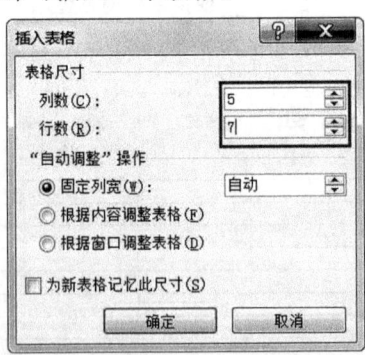

图 5-1-5　设置插入表格的列数和行数

子任务 1.3　使用手动绘制表格的方式创建表格

1. 手动绘制表格。可使用手动绘制表格的方式"画"出自己需要的表格，手动绘制表格的操作步骤如下：将插入点定位在需要插入表格的位置，单击"表格"工具组中的"表格"

按钮;在弹出的列表中,选择"绘制表格"选项;此时鼠标光标变成 ℓ 形状,按住鼠标左键不放并拖动鼠标,出现一个表格的虚框,待达到合适大小后,释放鼠标,生成一个表格的边框,如图 5-1-6 所示。

图 5-1-6　手绘表格

2. 在边框的任意位置按住鼠标左键不放,向下、向右或斜向拖动绘制表格的竖线、横线或斜线,如图 5-1-7 所示;按相同方法绘制出表格的各个边框线,完成表格的绘制。双击文档的任意位置,可退出绘制表格状态,使光标变回原样。

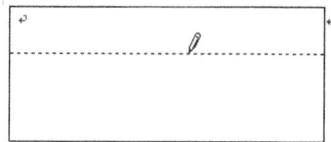

图 5-1-7　绘制表格操作

子任务 1.4　输入表格内容

表格创建好之后就要向表格中输入内容,其方法与在文档中输入文本的方法相同,只需将鼠标光标定位到相应单元格中,然后输入所需文本,并对文本格式进行设置。

1. 定位单元格。要向表格中输入内容,首先要将光标插入点定位到表格的单元格中,定位单元格的操作如表 5-1-1 所示。

表 5-1-1　定位单元格的操作及意义

定位方式	意义
单击左键	可定位到任何一个指向的单元格
←或→	定位到当前单元格的前一个或后一个单元格
↑或↓	定位到当前单元格的上一个或下一个单元格
【Tab】	定位到当前单元格的后一个单元格
【Shift+Tab】	定位到当前单元格的前一个单元格
【Alt+Home】	移动到本行的第一个单元格
【Alt+End】	移动到本行的最后一个单元格
【Alt+PageUp】	移动到本列的第一个单元格
【Alt+PageDown】	移动到本行的最后一个单元格

2. 输入内容。定位好插入点后就可以向表格中输入内容了,在单元格中可以输入文本、数字、符号、图片等内容。这些内容的输入方式跟前面讲过的 Word 2013 的内容输入

相同，在此不再描述。效果如图 5-1-8 所示。

店庆促销清单表

客户	产品	单价（元）	数量	销售金额（元）
王霞	硬盘	300	5	
赵刚	CPU	1200	6	
张明	显示器	850	7	
王霞	音箱	240	3	
赵刚	键盘	560	4	
张明	装机	4320	5	

图 5-1-8　输入表格内容

3. 设置表格样式。表格中的每个单元格类似于一个小的文档，可以在其中进行字体格式化、段落格式化以及添加边框、底纹等操作。设置的方法与在文档中进行文本格式设置的方法相同。选中该表格后，主要外观设置是在"设计"主菜单中套用"表格样式"完成的。在单元格中也可以插入图片、剪贴画、艺术字等对象，对象的编辑方法和技巧同前。效果如图 5-1-9 所示。

图 5-1-9　设置表格样式

任务 2　制作"产品销售业绩表"

任务目的

使用 Word 2013 设计第一季度"产品销售业绩表",如图 5-2-1 所示。

图 5-2-1　实例效果完成图 1

同时完成"店庆促销清单表"中销售金额的计算,并按降序进行排序,效果如图 5-2-2 所示。

图 5-2-2　实例效果完成图 2

任务内容

完成该项学习任务共有四个子任务。

子任务 2.1：在表格中绘制斜线表头。

子任务 2.2：对表格中的数据进行计算。

子任务 2.3：将表格中的数据快速排序。

子任务 2.4：美化表格。

任务实施

子任务 2.1 在表格中绘制斜线表头

表头总是位于所选表格的第 1 行第 1 列的单元格中，斜线表头是指在表格的第 1 个单元格中以斜线划分多个项目标题，分别对应表格的行和列。

1. 创建 5 行 5 列的表格，为该表格绘制斜线表头的操作步骤如下：将插入点定位在第 1 行第 1 列的单元格中，为了方便制作表头后输入文字，将首行拖拽成双行文字高度。选中第 1 个单元格，切换到"插入"→"表格"选项卡，单击"绘制表格"按钮，此时鼠标会变成"铅笔"形状，在该单元格中依对角线画一条斜线，如图 5-2-3 所示。

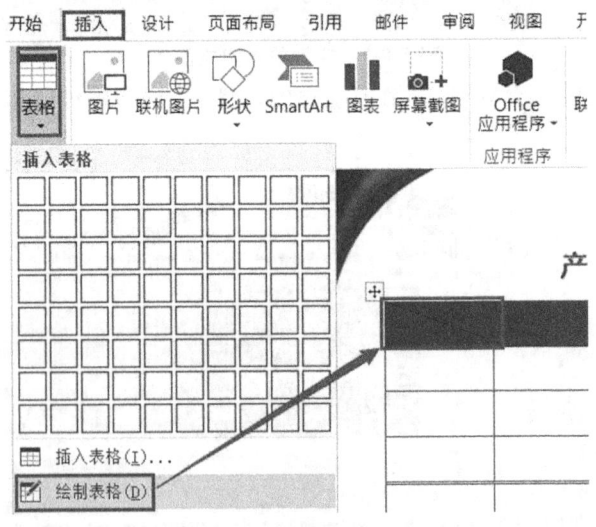

图 5-2-3 绘制斜线表头

2. 在第 1 个单元格的两个分行中分别输入文字"月份"和"品名"，如图 5-2-4 所示。

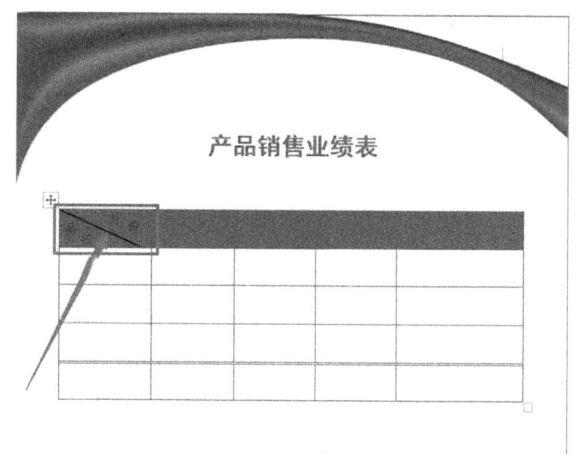

图 5-2-4 输入表头内容

子任务 2.2 对表格中的数据进行计算

1. 利用前面所掌握的方法输入表格内容,如图 5-2-5 所示。

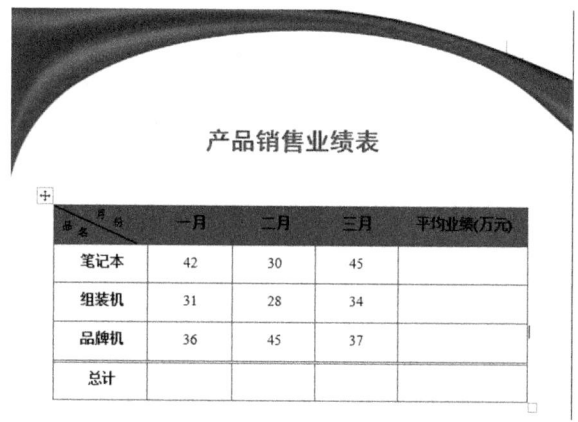

图 5-2-5 输入表格内容

2. 将光标插入点定位在第 5 行第 2 列的单元格中,切换到"布局"主菜单,然后单击"数据"选项组中的"公式"按钮,如图 5-2-6 所示。

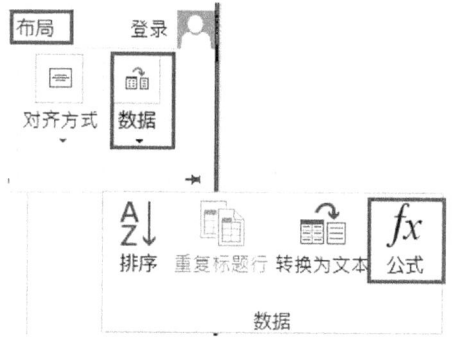

图 5-2-6 使用公式

3. 求和运算。单击"公式"按钮，弹出如图 5-2-7 所示的"公式"对话框，在"公式"文本框中输入运算公式，当前单元格的公式应为"＝SUM(ABOVE)"，即求当前单元格以上所有数据的和，公式输入结束后单击"确定"按钮。

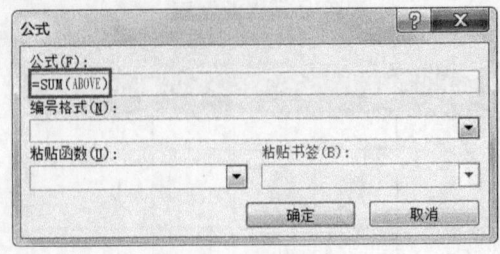

图 5-2-7　求和公式

4. 用同样方法可计算出各月的总计，运算结果如图 5-2-8 所示。

产品销售业绩表

月份\品名	一月	二月	三月	平均业绩(万元)
笔记本	42	30	45	
组装机	31	28	34	
品牌机	36	45	37	
总计	109	103	116	

图 5-2-8　各月总计

5. 求平均值的运算。操作步骤如下：将光标插入点定位在第 2 行第 5 列的单元格中，切换到"表格工具"→"布局"选项卡，然后单击"数据"选项组中的"公式"按钮；在打开的"公式"对话框中，在"粘贴函数"下拉列表框中选择"AVERAGE"选项，将"公式"文本框中的内容修改为"＝SUM(LEFT)/3"或者"＝AVERAGE(LEFT)"；公式输入结束后单击"确定"按钮。如图 5-2-9 所示。

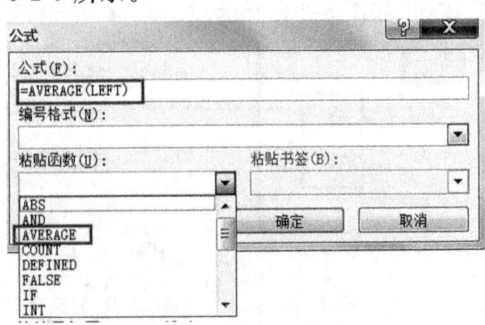

图 5-2-9　求平均值公式

6. 按同样的方法计算其他平均业绩,运算结果如图 5-2-10 所示。

产品销售业绩表

月份 名称	一月	二月	三月	平均业绩(万元)
笔记本	42	30	45	39
组装机	31	28	34	31
品牌机	36	45	37	39
总计	109	103	116	109

图 5-2-10 计算平均值

小贴士:

在 Word 2013 中对表格的单元格描述范围时需要对表格进行编号。编号规定行的代号从上向下依次为 1、2、3,列的代号从左到右依次为 A、B、C,组合时列在前、行在后,如 B2 表示第 2 行第 2 列的单元格。"B2:D2"代表要引用从第 2 行第 2 列的单元格到第 2 行第 4 列单元格的数据。上例中求平均值用的公式也可为"=AVERAGE(B2:D2)"。

子任务 2.3 将表格中的数据快速排序

表格中的数据排序就是按照数字大小、字母顺序、汉字拼音顺序、汉字笔画多少或日期先后等对表中的数据进行升序或降序排列。根据需要可以对表格中指定的列进行排序,也可以选择两个或多个列进行排序。

1. 数据快速排序。操作步骤如下:打开"店庆促销清单表",选中需要排序的表格区域;选择表格工具的"布局"选项卡,在"数据"选项组中单击"排序"按钮,打开"排序"对话框;在对话框中的"主要关键字"的选项区中选择"销售金额(元)",在"类型"下拉列表框中选择"数字"选项,并且选中"降序"单选按钮,如图 5-2-11 所示,参数设置结束后,单击"确定"按钮。

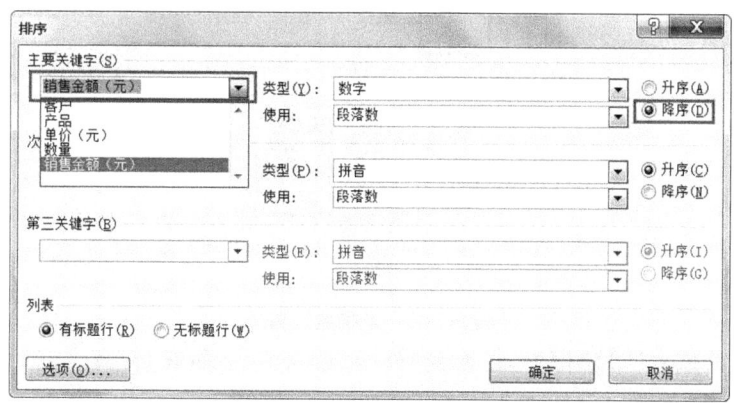

图 5-2-11 数据快速排序

2. 操作后的结果如图 5-2-12 所示。

客户	产品	单价（元）	数量	销售金额（元）
张明	装机	4320	5	21600
赵刚	CPU	1200	6	7200
张明	显示器	850	7	5950
赵刚	键盘	560	4	2240
王霞	硬盘	300	5	1500
王霞	音箱	240	3	720

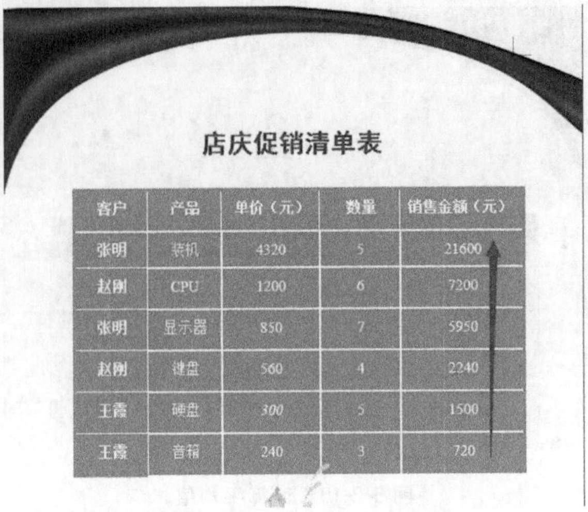

图 5-2-12　排序操作结果

小贴士：

当主要关键字数据相同时，可以按照另外的关键字进行排序，也就是说可以使用多个关键字对表格进行排序。此时，只需在如图 5-2-11 所示的对话框中先设置主要关键字的排序规则，再设置一下次要关键字排序规则就行了，如果有必要，还可以设置第三关键字。

子任务 2.4　美化表格

在表格中添加完数据后，通常还需对其进行一定的修饰操作。为了使表格整齐、美观，可以对其设置相应的格式，如对齐方式、样式与边框等。

1. 设置表格的对齐方式。更改对齐方式的操作方法如下：将光标定位在表格中，切换到“布局”主菜单，然后单击“表”选项组中的“属性”按钮，将弹出“表格属性”对话框。如图 5-2-13 所示。

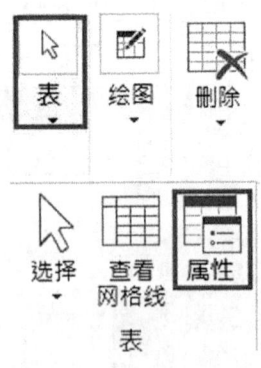

图 5-2-13　表格属性选择

2. 在“表格属性”对话框中，切换到“表格”选项卡，然后在“对齐方式”选项组中选择需要的对齐方式，设置完成后单击“确定”按钮即可，如图 5-2-14 所示。

项目 5　使用 Word 2013 设计销售统计表格　　·101·

图 5-2-14　"表格属性"对话框

3. 设置文本对齐方式的具体步骤如下：选择需要设置对齐方式的一个或多个单元格；切换到"布局"主菜单，在"对齐方式"选项组中有 9 种方式可供选择，单击需要的按钮即可，如图 5-2-15 所示。

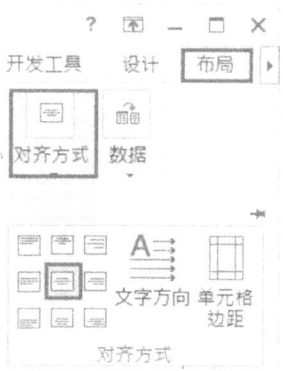

图 5-2-15　对齐方式居中

小贴士：

单元格"对齐方式"也可采用快捷菜单来做，在选择的单元格上单击鼠标右键，从弹出的快捷菜单中选择"单元格对齐方式"命令，在其子菜单中选择合适的方式即可。要想改变文字方向，只需单击"文字方向"，在弹出的对话框中进行设置。这 9 种对齐方式的含义分别是：

靠上左对齐　：文字靠单元格左上角对齐。

靠上居中对齐　：文字居中，并靠单元格顶部对齐。

靠上右对齐　：文字靠单元格右上角对齐。

中部左对齐　：文字居中，并靠单元格左侧对齐。

中部居中　：文字在单元格内水平和垂直都居中。

中部右对齐 :文字垂直居中,并靠单元格右侧对齐。
靠下左对齐 :文字靠单元格左下角对齐。
靠下居中对齐 :文字垂直居中,并靠单元格底部对齐。
靠下右对齐 :文字靠单元格右下角对齐。

4. 套用表格样式。创建表格后,除了表格的"布局"选项卡被激活外,"设计"选项卡也被激活,其中有许多表格样式,用户可直接套用,如图 5-2-16 所示。套用表格样式的操作步骤如下:将插入点定位在选定表格,激活"设计"选项卡,再选中该选项卡;单击"表格样式"选项组中的下拉按钮,滚动查看表格样式。

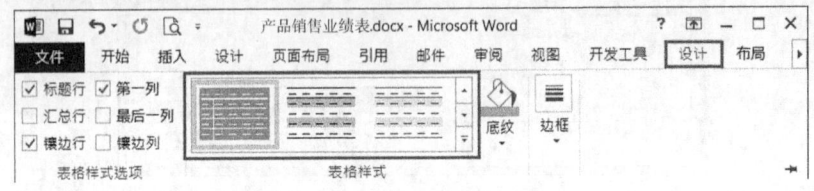

图 5-2-16　套用表格样式

5. 在弹出的下拉列表中选择某个表格样式时,可以预览效果,对其单击即可应用到当前表格,如图 5-2-17 所示是应用了表格样式后的产品销售业绩表。

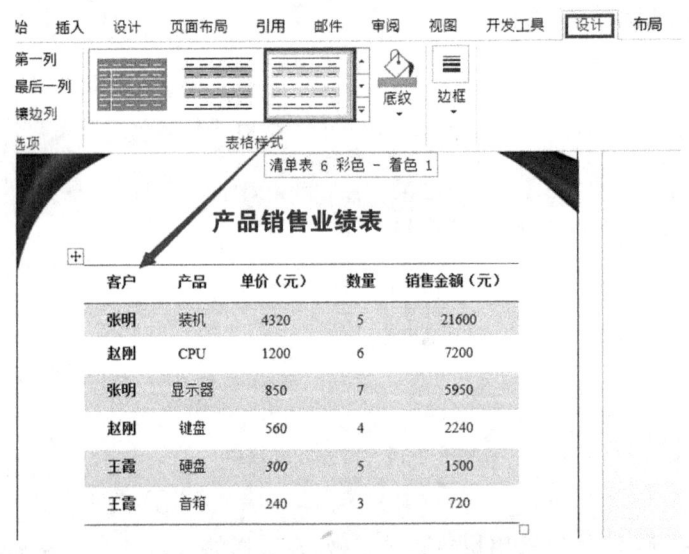

图 5-2-17　应用表格样式效果

6. 设置边框和底纹。可根据需要对表格进行边框和底纹设计,操作步骤如下:选中表格或者单元格后,单击"设计"主菜单,在"表格样式"选项组中单击"边框"下拉按钮,在展开的下拉菜单中选择"边框和底纹"菜单命令,打开"边框和底纹"对话框,单击"边框"选项卡,对边框的"样式""颜色"和"宽度"进行设置,如图 5-2-18 所示。

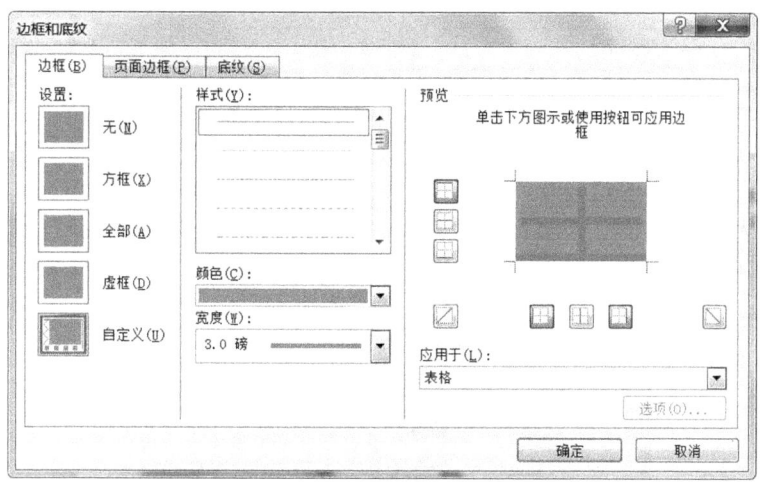

图 5-2-18　边框和底纹设置

7. 单击"底纹"选项卡,在"填充"下拉列表框中选择单元格底纹的填充颜色,如图 5-2-19 所示,单击"确定"按钮。

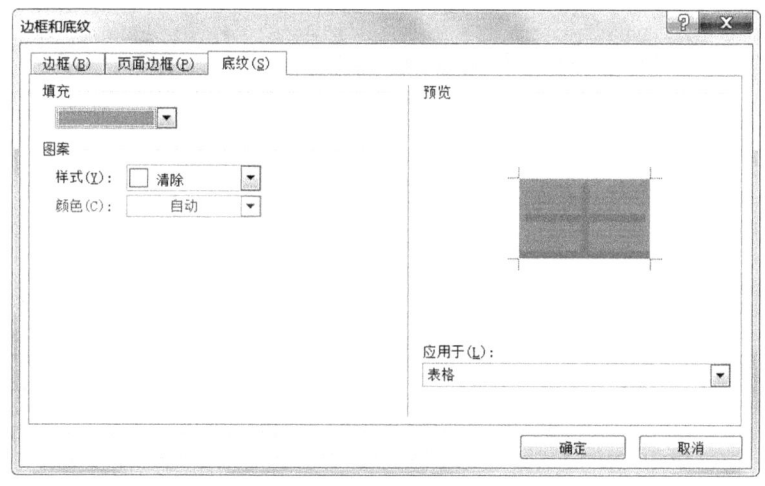

图 5-2-19　填充操作

8. 删除边框线。在"绘图边框"选项组中单击"擦除"按钮,如图 5-2-20 所示。然后在要擦除的边框线上单击即可,操作如图 5-2-21 所示。擦除后的效果如图 5-2-22 所示。

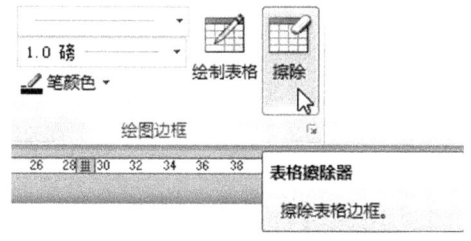

图 5-2-20　选择擦除

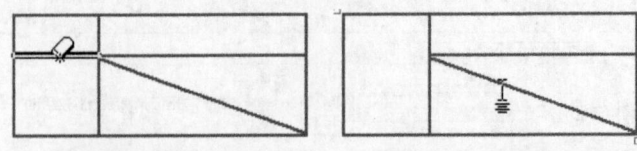

图 5-2-21　应用擦除　　　图 5-2-22　擦除后效果

9. 缩放表格。将鼠标移动到表格上，直到表格右下角的尺寸控制柄□出现，如图 5-2-23 所示。将鼠标再移动到表格尺寸控制柄上，鼠标指针变成一个双向箭头↘，拖拽鼠标即可调整表格的大小。

客户	产品	单价（元）	数量	销售金额（元）
张明	装机	4320	5	21600
赵刚	CPU	1200	6	7200
张明	显示器	850	7	5950
赵刚	键盘	560	4	2240
王霞	硬盘	300	5	1500
王霞	音箱	240	3	720

图 5-2-23　缩放表格大小

10. "产品销售业绩表"最终效果如图 5-2-1 所示。

项目6 使用 Excel 2013 制作学生成绩信息档案

项目说明

我们知道 Word 具有强大的文字编辑功能,但数据的计算能力较弱,然而 Office 组件中 Excel 的计算能力却是非常强大的。

本项目通过使用 Excel 2013 完成"学生信息档案"和"学生成绩档案"两项工作任务,使读者初步体验 Excel 2013 友好的工作界面,熟悉工作簿的新建、保存、打开及程序的退出等基本操作,掌握数据输入、修饰,数据计算,数据分析的方法和技巧。

知识目标

掌握创建新工作簿的方法。
掌握输入数据的方法。
掌握工作簿中数据计算与分析的方法。
理解如何提高数据的输入效率。

能力目标

会制作简单的工作簿。
能在工作表中准确输入各种数据。
能根据不同数据设置数据格式。
能对数据表进行编辑美化。
能对数据表进行数据分析。

项目分解

任务1:制作"学生信息档案"。
任务2:美化"学生信息档案"。
任务3:制作"学生成绩档案"。

任务 1　制作"学生信息档案"

任务目的

Excel 2013 是最强大的电子表格制作软件,它不仅具有强大的数据组织、计算、分析和统计功能,还可以通过图表、图形等多种形式对处理结果加以形象的显示,更能够方便地与 Office 2013 其他组件相互调用数据,实现资源共享。中文 Excel 2013 具有很强的图表、图形功能,有丰富的命令和函数,并且支持 Internet 的开发功能,不仅对于从事统计、财务、会计、金融和贸易工作的人员是一种非常方便的工具,而且对于非专业人员所做的大部分表格也可适用,同时排序、分类汇总、检索等操作也非常方便。

本项任务使用 Excel 2013 制作"学生信息档案",效果如图 6-1-1 所示。

图 6-1-1　实例完成效果图

任务内容

完成该项学习任务共有三个子任务。

子任务 1.1:启动 Excel 2013,新建工作簿。

子任务 1.2:在工作表中输入数据。

子任务 1.3:设置页面,保存工作簿。

任务实施

子任务 1.1　启动 Excel 2013，新建工作簿

1. 启动 Excel 2013，单击"文件"选项卡，打开"新建"对话框，再单击对话框中的"空白工作簿"按钮，即可创建新的工作簿，如图 6-1-2 所示。

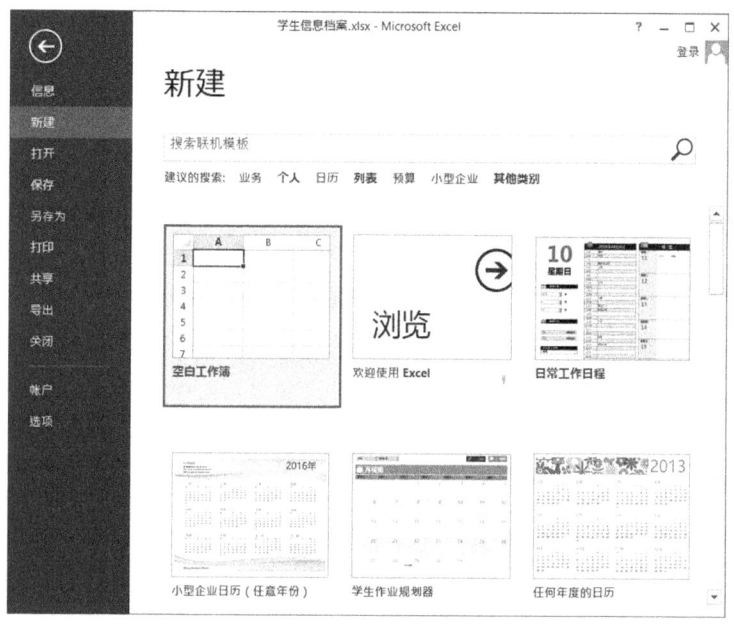

图 6-1-2　新建工作簿

2. 启动 Excel 2013 时出现的工作界面与 Word 2013 相似，如图 6-1-3 所示，它由标题栏、快速访问工具栏、功能区、编辑栏、垂直滚动条、工作表标签和状态栏等组成。

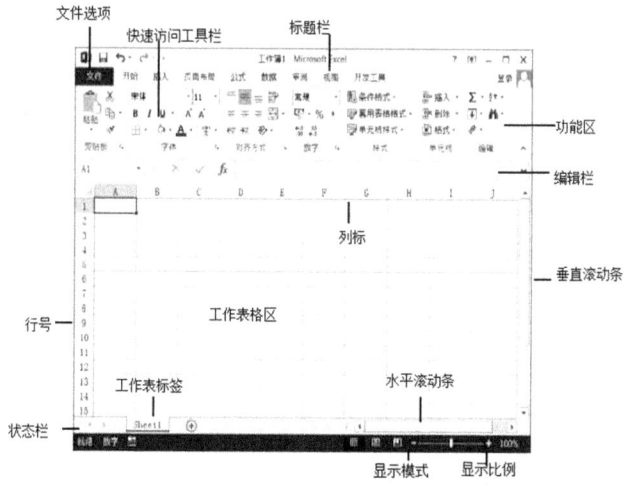

图 6-1-3　Excel 2013 工作界面

小贴士:

工作簿是工作表、图表的集合,它以文件的形式存放在计算机的磁盘中,其默认扩展名为".xlsx"。新创建的工作簿,Excel 2013 将自动为其命名为工作簿 1、工作簿 2……存盘时,用户可重新赋予工作簿有意义的名字,如"学生信息档案"。

工作表是用于输入、编辑、显示和分析数据的表格,由行和列组成,存储在工作簿中,每一个都用一个工作表标签来标识。新建工作簿时,Excel 将自动为工作表命名为 Sheet1、Sheet2……用户亦可重新为其命名,如"网络班""软件开发班""计算机应用班"等。

单元格是工作表中的小方格,它是工作表的基本元素,也是 Excel 2013 独立操作的最小单位。每个单元格用于输入、显示和计算数据。如果输入的是文字或数字,则原样显示,如果输入的是公式或函数,则显示其结果。

单元格地址是用来标识一个单元格的坐标,用列号和行号组合表示,列号在前、行号在后。其中行号用 1、2、3……表示,显示在工作簿窗口的左侧一列,列号用 A、B、C……表示,显示在工作簿窗口工作区的上面,如第 6 列第 2 行的单元格地址为 F2。

活动单元格是指当前正在使用的单元格,屏幕上带黑色粗线的方框指示其位置。活动单元格地址在编辑栏中的名称框显示。

单元格区域是指相邻的多个单元格,其表示方法是"区域左上角单元格地址:区域右下角单元格地址",其中":"为英文状态下的冒号。

子任务 1.2 在工作表中输入数据

1. 命名工作表。在 Sheet1 工作表标签上,单击鼠标右键,在弹出的快捷菜单上单击"重命名"命令,如图 6-1-4 所示,然后输入工作表的名称,在这里输入"某某班学生档案表";也可以直接双击 Sheet1 工作表标签,输入工作表的名称。

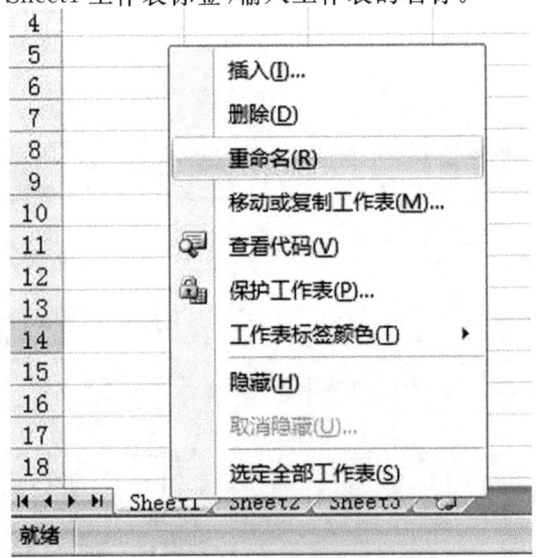

图 6-1-4 工作表重命名

2. 输入列标题名称。单击 A1 单元格，选择输入法，输入"学号"，按键盘上的制表位键"Tab"，输入"姓名"，然后依次输入"性别""出生日期""QQ 号码""籍贯"和"联系电话"等字符，如图 6-1-5 所示。

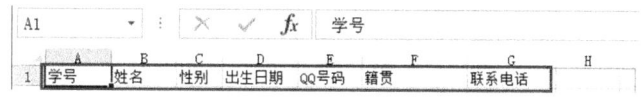

图 6-1-5　输入列标题

3. 学号数据的输入。在直接输入学号"01601"回车后，却显示成了"1601"。此时我们可以先选中 A2:A9 单元格区域，单击"开始"选项卡中的"数字"组的下拉箭头，弹出"设置单元格格式"对话框。在"设置单元格格式"对话框中的"数字"选项卡中，选定"分类"列表框中的"自定义"，在"类型"文本框中输入"0####"，然后单击"确定"按钮，完成单元格的格式设置，如图 6-1-6 所示。此时再输入"1601"，单元格中会显示"01601"。

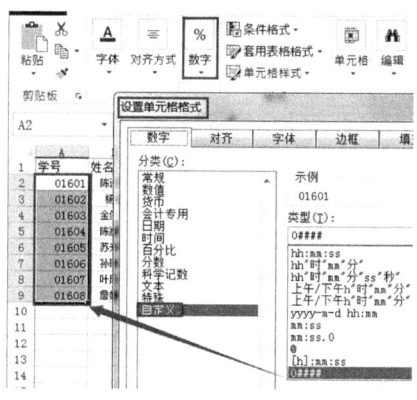

图 6-1-6　自定义数字类型

4. 单击 A2 单元格，移动鼠标指针至 A2 单元格右下角小黑方块（称为填充柄）上，待鼠标指针由空心十字形✥变为实心十字形＋时，按住鼠标左键拖至 A9 单元格，松开鼠标，单击智能标记"自动填充选项"，在弹出的快捷菜单中单击"填充序列"，如图 6-1-7 所示。

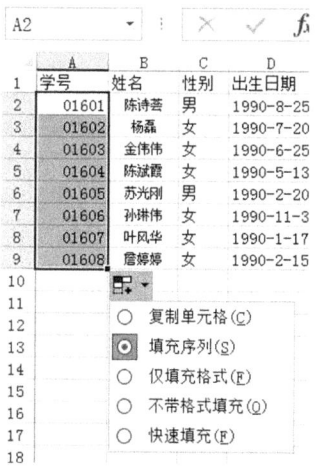

图 6-1-7　填充序列

5. 出生日期的输入。可以直接输入"1990-8-25",也可输入"1990/8/25",显示效果相同。在数据具有一定规律时,如绝大部分学生出生在1990年,我们可以采用自动填充的功能快速输入,然后双击需要修改的单元格,移动光标进行修改,如图6-1-8所示。

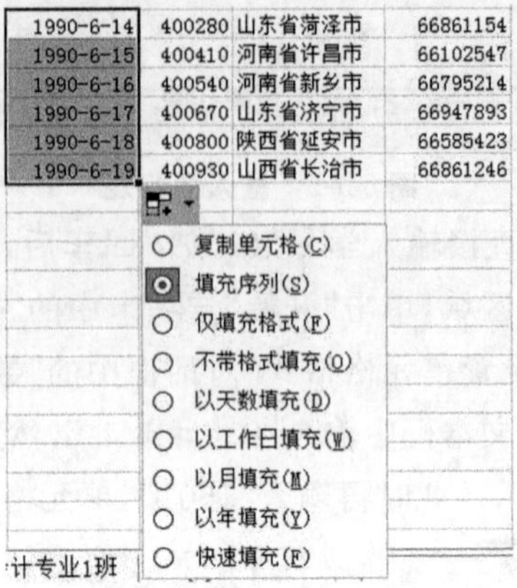

图6-1-8 自动填充

6. 联系电话的输入。联系电话要求为8位,我们能否在数据输入前进行提示,如显示"请输入8位整数",当用户输入数据不为8位时,显示警告信息,如"请确认您输入的数据为8位"。回答是肯定的,这就要用到数据的有效性。

具体操作如下:选中单元格区域"G2:G9",切换至"数据"选项卡,单击"数据工具"组,再单击"数据验证"命令组中的"数据验证"命令,弹出"数据验证"对话框;在"允许"列表框中选择"文本长度",在"数据"列表框中选中"等于",在"长度"列表框中输入数字"8",如图6-1-9所示;单击"输入信息"选项卡,在"输入信息"列表框中输入"请输入8位整数";单击"出错警告"选项卡,在"错误信息"列表框中输入"请确认您输入的数据为8位",单击"确定"按钮。

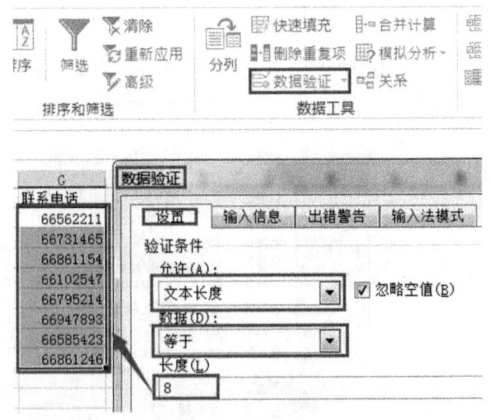

图6-1-9 数据验证

小贴士:
在Excel 2013中,我们把数据分为三类,即标签、数值和公式。
标签数据是指表格中的文字,只能对其编辑和修改,不能计算。标签数据的输入可以包括文字、数字(不可计算的数值)和符号。对于全部由数字组成的字符串,如邮政编码、电话号码、身份证号等,为了避免被 Excel 2013 认为是数字型数据,可以在数字串前加单引号"'"(英文状态下的单引号),当然,也可以事先将单元格的数字格式设置为"文本",然后再输入。

数值数据是指由阿拉伯数字和小数点组成的数字。它有大小,可以进行计算,时间和日期也是数值数据。

输入的数值型数据默认对齐方式是单元格内靠右对齐。输入数值型数据,当数字长度超过单元格的宽度时,会用科学计数法显示该数字,如"5.3E+17"。输入分数时,先依次输入数字"0"和空格,再输入分数,如"0 1/3",如果直接输入"1/3",显示的是"1 月 3 日"。输入日期(数值型数据,可以参与运算)时,可以使用斜杠"/"或字符"-"分隔年、月、日,如 1992 年 5 月 10 日,可以输入"1992/05/10"。如果输入的是当前日期可以直接按"Ctrl+;"组合键。输入时间(数值型数据,可以参与运算)时,采用"时间+空格+pm 或 am"的方式输入,如下午六点,可以输入"6 pm"。如果输入的是当前时间可直接按"Ctrl+Shift+;"组合键。

公式数据是指以等号"="开头,由单元格、运算符和数组成的字符串。在工作表中,如果某一个单元格的数据为公式,则单击该单元格使它的公式显示在编辑栏内,而单元格显示的是该公式计算的结果。输入公式以等号"="开头,接着输入公式即可。编辑复杂的公式将在项目 9 中介绍。

子任务 1.3 设置页面,保存工作簿

1. 根据现有实际纸张大小设置页面。单击"页面布局"选项卡,单击"页面设置"窗口中的"纸张大小"命令,选择合适的纸张,如"A4",如图 6-1-10 所示。

图 6-1-10 设置纸张大小

2. 在 Excel 2013 中保存工作簿和 Word 2013 的保存操作相似。Excel 2013 默认保存文件扩展名为".xlsx",而之前版本的文件扩展名为".xls",所以文件采用默认保存类型的话,低版本的 Excel 程序是打不开的。对于已经保存过的工作簿,单击快速访问工具栏中的保存按钮，不会弹出"另存为"对话框,而是直接覆盖前次保存的工作簿。

3. 另存为其他类型工作簿。Excel 2013 的新格式为其以前版本所不容。为了兼容版本,Excel 2013 在保存格式选择中提供了一种兼容模式"Excel 97-2003 工作簿",如图 6-1-11 中所示,只要将文档保存为这种格式,就可以被以前版本的 Excel 打开。保存为兼容模式的工作簿在标题栏会显示"[兼容模式]"。

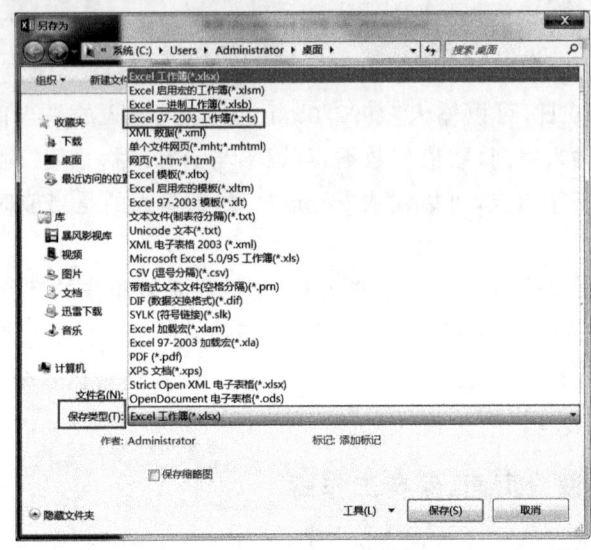

图 6-1-11　文件保存格式

任务 2　美化"学生信息档案"

任务目的

使用 Excel 2013 对任务 1 中的"学生信息档案"进行美化,效果如图 6-2-1 所示。

	A	B	C	D	E	F	G
1	学号	姓名	性别	出生日期	QQ号码	籍贯	联系电话
2	01601	陈 诗 荟	男	1990-8-25	400020	湖南省长沙市	66562211
3	01602	杨 磊	女	1990-7-20	400150	陕西省临潼市	66731465
4	01603	金 伟 伟	女	1990-6-25	400280	山东省菏泽市	66861154
5	01604	陈 斌 霞	女	1990-5-13	400410	河南省许昌市	66102547
6	01605	苏 光 刚	男	1990-2-20	400540	河南省新乡市	66795214
7	01606	孙 琳 伟	女	1990-11-3	400670	山东省济宁市	66947893
8	01607	叶 凤 华	女	1990-1-17	400800	陕西省延安市	66585423
9	01608	詹 婷 婷	女	1990-2-15	400930	山西省长治市	66861246

图 6-2-1 美化"学生信息档案"效果

任务内容

完成该项学习任务共有四个子任务。

子任务 2.1：打开"学生信息档案"工作簿。

子任务 2.2：修饰列标题行格式。

子任务 2.3：设置列标题行下方数据格式。

子任务 2.4：给数据添加边框，调整行高，保存工作簿。

任务实施

子任务 2.1 打开"学生信息档案"工作簿

打开已经存在的工作簿通常有两种方法：如果 Excel 2013 已经启动，我们可以通过单击"文件"选项中的"打开"命令（或直接用快捷键"Ctrl＋O"），寻找到工作簿存储路径，然后打开，如图 6-2-2 所示；如果 Excel 2013 未启动，我们可以寻找到要打开的工作簿，双击它即可打开该工作簿。

图 6-2-2　打开文件

子任务 2.2　修饰列标题行格式

1. 选中单元格区域"A1:G1"，如图 6-2-3 所示。

	A	B	C	D	E	F	G
1	学号	姓名	性别	出生日期	QQ号码	籍贯	联系电话
2	01601	陈诗荟	男	1990-8-25	400020	湖南省长沙市	66562211
3	01602	杨磊	女	1990-7-20	400150	陕西省临潼市	66731465
4	01603	金伟伟	女	1990-6-25	400280	山东省菏泽市	66861154
5	01604	陈斌霞	女	1990-5-13	400410	河南省许昌市	66102547

图 6-2-3　选中列标题

2. 在"开始"选项卡中，单击"字体"组中的"加粗"按钮，设置列标题字号为"12"，对齐方式选择水平居中、垂直居中。在"开始"选项卡中，单击"字体"组中的"填充颜色"下拉箭头，选择橙色。效果如图 6-2-4 所示。

	A	B	C	D	E	F	G
1	学号	姓名	性别	出生日期	QQ号码	籍贯	联系电话
2	01601	陈诗荟	男	1990-8-25	400020	湖南省长沙市	66562211
3	01602	杨磊	女	1990-7-20	400150	陕西省临潼市	66731465

图 6-2-4　填充背景色

子任务 2.3　设置列标题行下方数据格式

选中单元格区域"A2:G9"，在"开始"选项卡中，单击"对齐方式"组中的"居中"按钮。选中单元格区域"B2:B9"，在"开始"选项卡中，单击"对齐方式"组对话框启动器箭头，弹出"设置单元格格式"对话框，在"水平对齐"列表框中选择"分散对齐(缩进)"，并勾选"两端分散对齐"选项，单击"确定"按钮，如图 6-2-5 所示。

项目 6　使用 Excel 2013 制作学生成绩信息档案

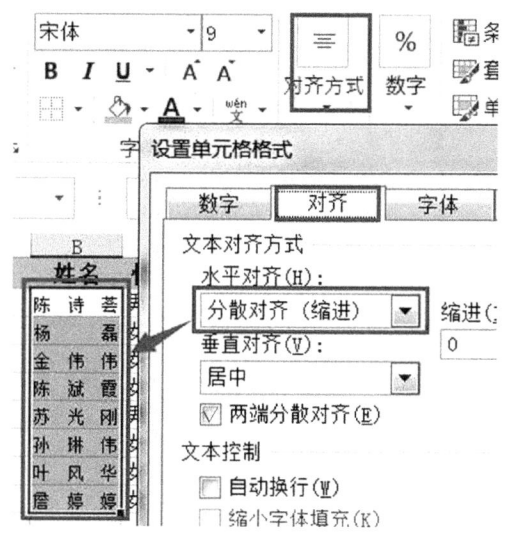

图 6-2-5　分散对齐

子任务 2.4　给数据添加边框,调整行高,保存工作簿

1. 选中单元格区域"A1:G9"。在"开始"选项卡中,单击"字体"组对话框启动器箭头,弹出"设置单元格格式"对话框,切换至"边框"选项,在"样式"区域中选择双实线,在"颜色"下拉列表中选择红色,单击双边框,如图 6-2-6 所示;选择单实线、绿色,单击"内部",单击"确定"按钮。

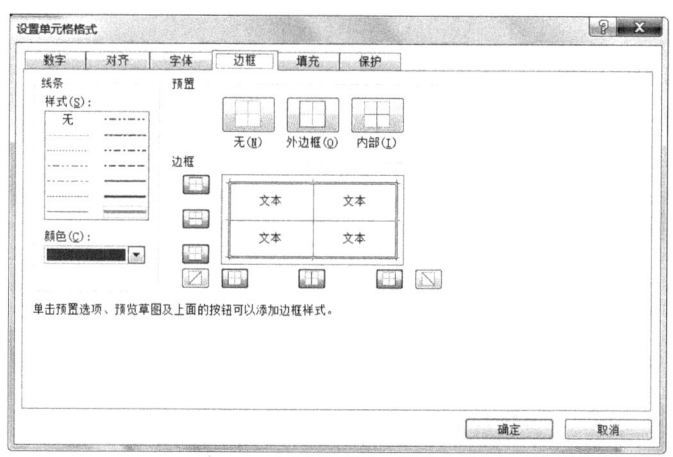

图 6-2-6　设置边框

2. 将光标置于行号 1 上,按住鼠标左键拖动到行号 9,释放鼠标,这样就选择了 1～9 行;移动光标到 1～9 行中任意行号的边界位置,当光标变成双向箭头"✚"时向下拖动鼠标可以调整行高,行高符合要求之后释放鼠标。

3. 单击保存按钮,将最终结果保存为原位置工作簿。至此,"学生信息档案"的修饰工作已经完成,效果如图 6-2-1 所示。

任务 3 制作"学生成绩档案"

任务目的

使用 Excel 2013 中的函数计算如图 6-3-1 所示表格中的数据。

	A	B	C	D	E	F
1	姓名	语文	数学	英语	体育	总分
2	陈诗荟	55	67	88	60	
3	杨磊	67	71	60	87	
4	金伟伟	79	75	63	68	
5	陈斌霞	91	79	66	72	
6	苏光刚	63	83	69	76	
7	孙琳伟	69	87	90	75	
8	叶风华	75	91	75	84	
9	詹婷婷	81	95	78	88	
10	陈剑寒	87	99	81	92	
11	鲁迪庆	93	88	76	96	
12	王明	87	69	69	88	
13	平均分					
14	最高分					
15	最低分					

图 6-3-1 实例完成效果

任务内容

完成该项学习任务共有六个子任务。
子任务 3.1：新建"学生成绩统计表"。
子任务 3.2：运用常用函数计算学生总分。
子任务 3.3：运用常用函数计算学生单科平均分。
子任务 3.4：运用常用函数计算学生单科最高分。
子任务 3.5：运用常用函数计算学生单科最低分。
子任务 3.6：保存工作簿。

任务实施

子任务 3.1 新建"学生成绩统计表"

在"学生信息档案.xlsx"工作簿中，单击底部状态栏的十字圆圈图标，添加并新建"学生成绩统计表"，如图 6-3-2 所示。

项目 6 使用 Excel 2013 制作学生成绩信息档案

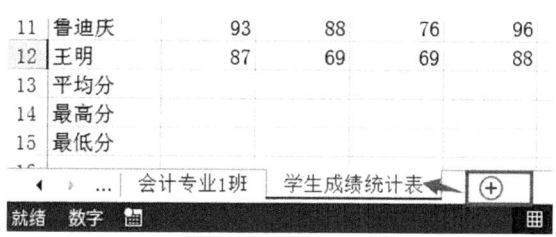

图 6-3-2 添加工作表

子任务 3.2 运用常用函数计算学生总分

1. 单击 F2 单元格,单击"开始"选项卡"编辑"组中的"自动求和"按钮 Σ 自动求和·,选中弹出菜单中的"求和"命令,如图 6-3-3 所示。

图 6-3-3 函数求和

2. 拖动 F2 单元格填充柄复制公式至 F12 单元格,如图 6-3-4 所示。对本表中的总分也可这样快速计算:选中单元格区域"B2:F12",单击"求和"命令,使用"公式"选项卡中的"自动求和"进行计算。

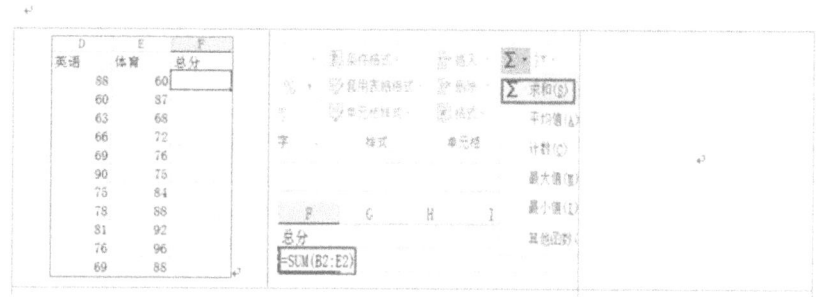

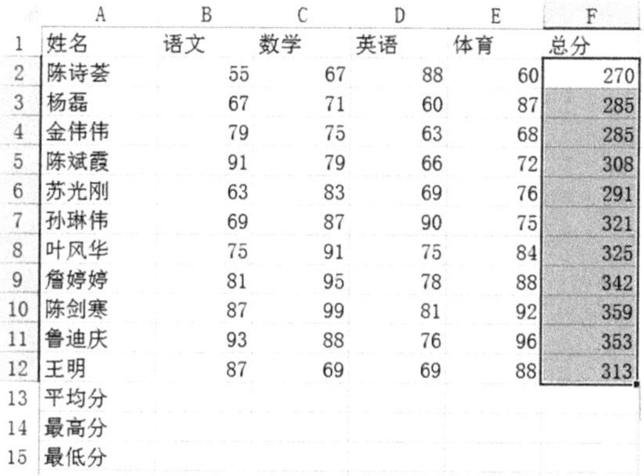

图 6-3-4 自动求和

子任务 3.3 运用常用函数计算学生单科平均分

1. 单击 B13 单元格,单击"开始"选项卡"编辑"组中的求和按钮右侧的下拉箭头,单击"平均值",如图 6-3-5 所示。

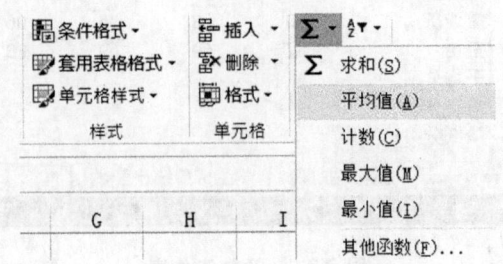

图 6-3-5 求平均值

2. 拖动 B13 单元格填充柄复制公式至 E13 单元格，完成后效果如图 6-3-6 所示。

	A	B	C	D	E	F
4	金伟伟	79	75	63	68	285
5	陈斌霞	91	79	66	72	308
6	苏光刚	63	83	69	76	291
7	孙琳伟	69	87	90	75	321
8	叶风华	75	91	75	84	325
9	詹婷婷	81	95	78	88	342
10	陈剑寒	87	99	81	92	359
11	鲁迪庆	93	88	76	96	353
12	王明	87	69	69	88	313
13	平均分	77	82	74	81	314

图 6-3-6 求平均值完成效果

子任务 3.4 运用常用函数计算学生单科最高分

1. 单击"开始"选项卡"编辑"组中的求和按钮右侧的下拉箭头，单击"最大值"。重新选取数据区域"B2:B13"，如图 6-3-7 所示。

	A	B	C	D
1	姓名	语文	数学	英语
2	陈诗荟	55	67	88
3	杨磊	67	71	60
4	金伟伟	79	75	63
5	陈斌霞	91	79	66
6	苏光刚	63	83	69
7	孙琳伟	69	87	90
8	叶风华	75	91	75
9	詹婷婷	81	95	78
10	陈剑寒	87	99	81
11	鲁迪庆	93	88	76
12	王明	87	69	69
13	平均分	77	82	74
14	最高分	=MAX(B2:B13)		90

图 6-3-7 选取数据区域

2. 拖动 B14 单元格填充柄复制公式至 E14 单元格，如图 6-3-8 所示。

项目6 使用Excel 2013制作学生成绩信息档案

	A	B	C	D	E
1	姓名	语文	数学	英语	体育
2	陈诗荟	55	67	88	60
3	杨磊	67	71	60	87
4	金伟伟	79	75	63	68
5	陈斌霞	91	79	66	72
6	苏光刚	63	83	69	76
7	孙琳伟	69	87	90	75
8	叶凤华	75	91	75	84
9	詹婷婷	81	95	78	88
10	陈剑寒	87	99	81	92
11	鲁迪庆	93	88	76	96
12	王明	87	69	69	88
13	平均分	77	82	74	81
14	最高分	93	99	90	96

图6-3-8 求最大值完成效果

子任务3.5 运用常用函数计算学生单科最低分

单击B15单元格,单击"开始"选项卡"编辑"组中的求和按钮右侧的下拉箭头,单击"最小值"。重新选取数据区域"B2:B12",拖动B15单元格填充柄复制公式至E15单元格,如图6-3-9所示。

姓名	语文	数学	英语	体育	总分
陈诗荟	55	67	88	60	270
杨磊	67	71	60	87	285
金伟伟	79	75	63	68	285
陈斌霞	91	79	66	72	308
苏光刚	63	83	69	76	291
孙琳伟	69	87	90	75	321
叶凤华	75	91	75	84	325
詹婷婷	81	95	78	88	342
陈剑寒	87	99	81	92	359
鲁迪庆	93	88	76	96	353
王明	87	69	69	88	313
平均分	77	82	74	81	
最高分	93	99	90	96	
最低分	55	67	60	60	

图6-3-9 求最小值完成效果

子任务3.6 保存工作簿

单击左上角保存按钮,以原文件名保存,如图6-3-10所示。

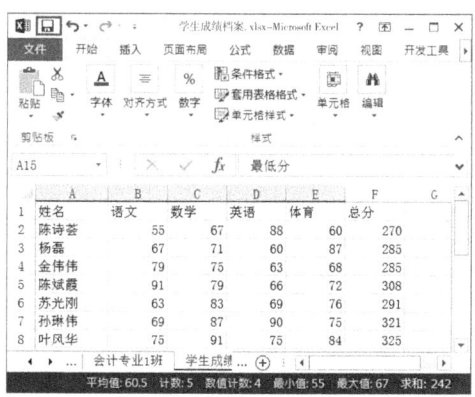

图6-3-10 保存"学生成绩档案"

项目 7　使用 Excel 2013 进行超市商品销售管理

项目说明

现代超市都会利用计算机来辅助完成商品的销售、清点、统计分析以及员工的工资发放。本项目通过制作超市商品销售清单及收银单、制作超市销售日报表两个任务,完成简易的超市商品销售管理系统的构建,实现超市商品销售的计算机管理。通过本实例的学习使读者能够体会到 Excel 2013 强大的计算功能,并掌握公式、常用函数和一般函数的使用方法和技巧,能够体会到 Excel 2013 在数据统计分析上的强大功能。本项目对数据清单的排序、筛选、分类汇总等进行了详尽的操作描述。

知识目标

理解相对引用、绝对引用和混合引用的概念。
掌握用公式和常用函数对数据进行计算的方法。
掌握排序、筛选、分类汇总等工具在管理数据清单中的应用。

能力目标

会用公式进行数据的简单计算。
会用五种常用函数对数据进行计算。
会使用排序、筛选、分类汇总工具管理数据清单中的数据。

项目分解

任务 1:制作超市商品销售清单及收银单。
任务 2:制作超市销售日报表。

任务1 制作超市商品销售清单及收银单

任务目的

制作超市商品销售清单、收银单的示例如图 7-1-1,7-1-2 所示。完成该任务除了需要在项目 5 中已学会的 Excel 工作表创建、数据编辑等知识和技能,还要进一步学会 Excel 工作表格式排版、公式与函数使用的知识和技能。商品销售清单就是一个 Excel 表,表中通常包含商品的编码、名称、单价等信息。在超市购物时,可发现收银员要做的工作是输入商品编码、购买数量、实付款,商品的名称、单价、应收款、找零等信息是自动生成的。因此,在制作收银单时,除了要包含商品的编码、名称、单价等信息外,还要包含交易时间、交易数量、应收款、实付款、找零等信息,并且根据收银员输入的数据能自动生成所需的数据。

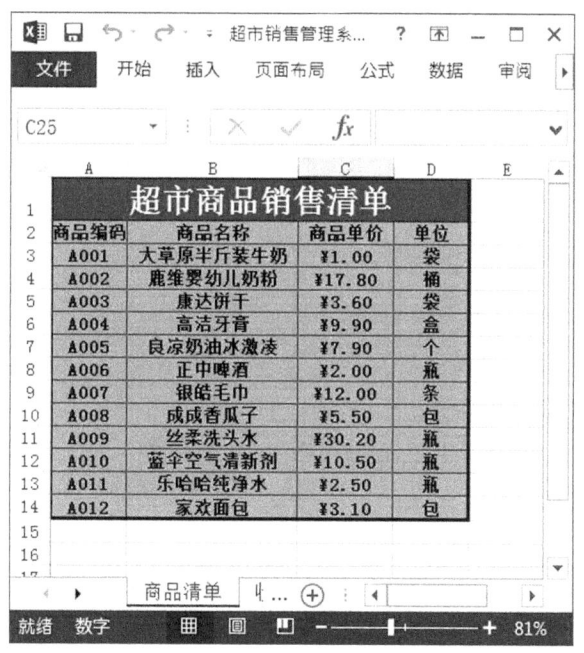

图 7-1-1 超市商品销售清单

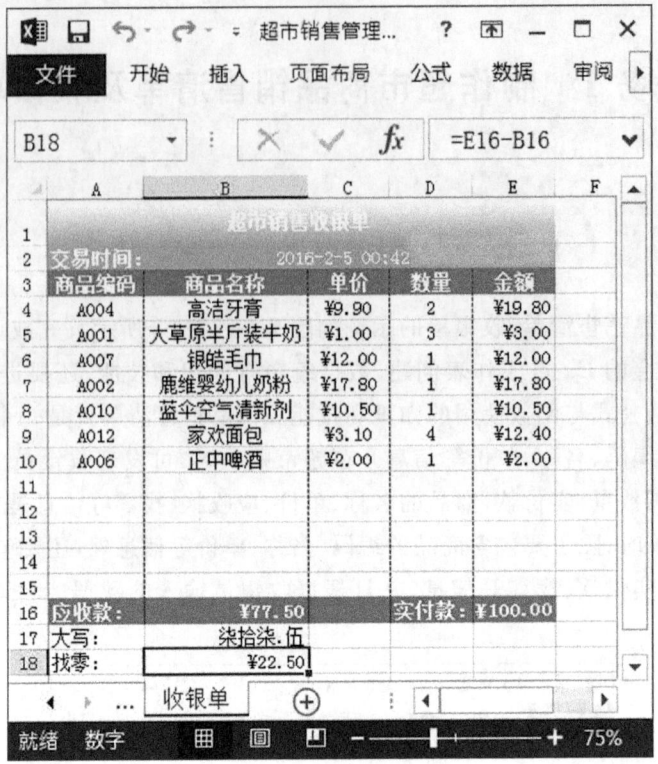

图 7-1-2 超市销售收银单

任务内容

完成该项学习任务共有三个子任务。
子任务 1.1：制作商品销售清单。
子任务 1.2：制作收银单雏形。
子任务 1.3：在收银单中使用公式与函数。

任务实施

子任务 1.1 制作商品销售清单

1. 新建一个 Excel 2013 工作簿。选择"开始"→"所有程序"→"Microsoft Office"→"Microsoft Office Excel 2013"菜单命令，新建一个 Excel 2013 工作簿，将 Excel 2013 工作簿命名为"超市销售管理系统"，将 Sheet1 重命名为"商品清单"、Sheet2 重命名为"收银单"，删除 Sheet3，如图 7-1-3 所示。

项目 7　使用 Excel 2013 进行超市商品销售管理

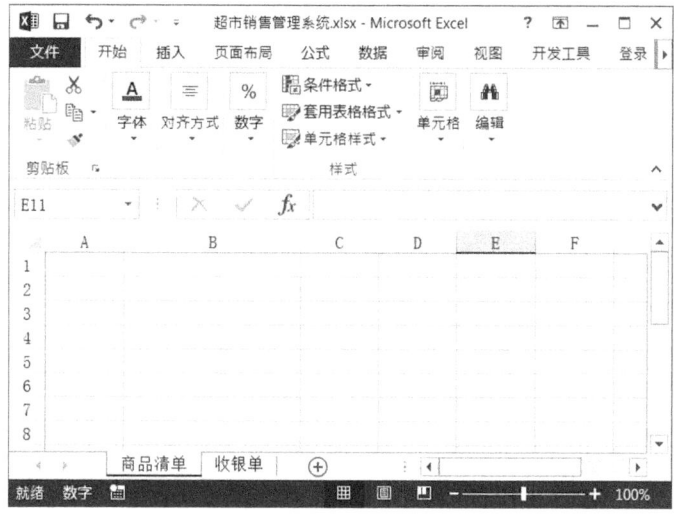

图 7-1-3　新建工作簿

2. 录入商品销售清单数据。单击"商品清单",在第 1 行录入标题"超市商品销售清单",在第 2 行的 A~D 字段分别录入"商品编码""商品名称""商品单价""单位"。根据超市的商品信息,从第 3 行起依次完成各商品信息的录入,如图 7-1-4 所示。单击常用工具栏上的保存按钮,保存录入的文字信息。

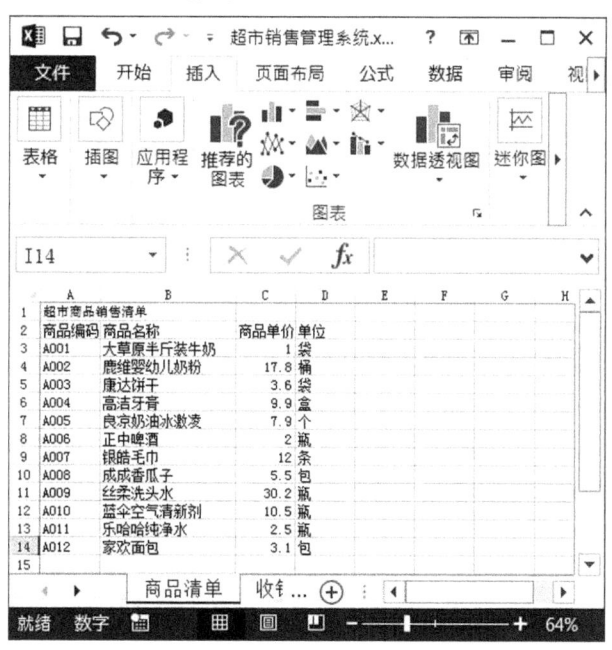

图 7-1-4　录入商品信息

3. 设置标题格式。选中标题行"超市商品销售清单"要合并的单元格区域"A1:D1",单击工具栏上的"合并后居中"按钮,将标题行合并及居中显示,如图 7-1-5 所示。

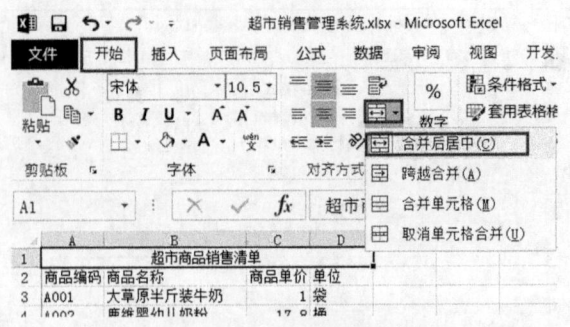

图 7-1-5　设置商品清单标题格式

4．设置字段名称格式。选中字段名称行区域"A2:D2"，单击格式工具栏上的"加粗"按钮，将字段名称设置为加粗字体。单击鼠标右键弹出快捷菜单，选择"设置单元格格式"命令，打开"设置单元格格式"对话框；单击该对话框中的"填充"选项卡，单击蓝色，如图7-1-6 所示。单击"确定"按钮，将字段名称填充为蓝色。

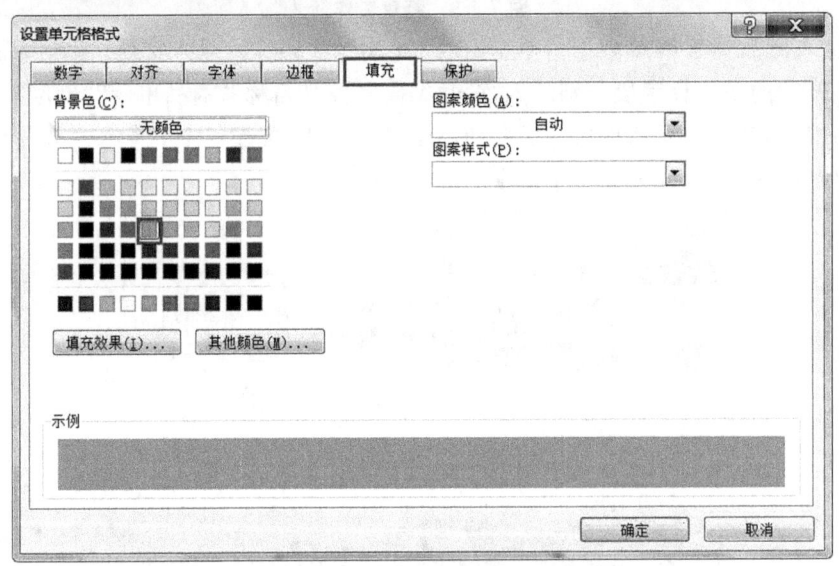

图 7-1-6　为字段名称填充颜色

5．设置数据区域格式。选中数据区域"A2:D14"，单击鼠标右键弹出快捷菜单，选择"设置单元格格式"命令，打开"设置单元格格式"对话框，单击该对话框中的"边框"选项卡，将外边框设置为黑色双线，内边框设置为白色单线。单击"确定"按钮，完成数据区域的边框设置，如图7-1-7 所示。

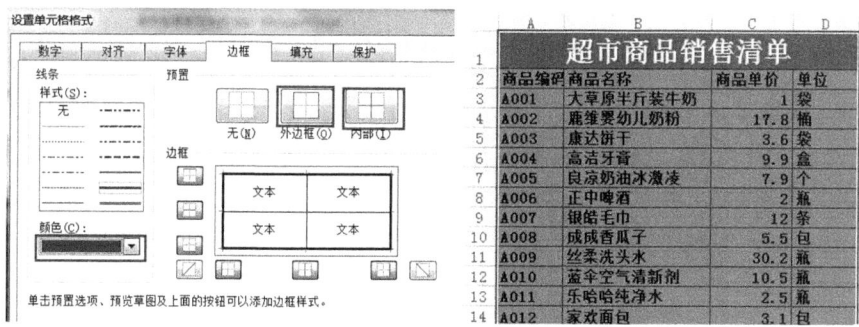

图 7-1-7　设置数据区域边框格式

6．商品销售清单设置。用鼠标左键单击左上角行标号和列标号的交叉处，选中整个工作表；单击鼠标右键弹出快捷菜单，选择"设置单元格格式"命令，打开"设置单元格格式"对话框，单击该对话框中的"对齐"选项卡，如图 7-1-8 所示；将"水平对齐""垂直对齐"都设置为"居中"后，单击"确定"按钮。

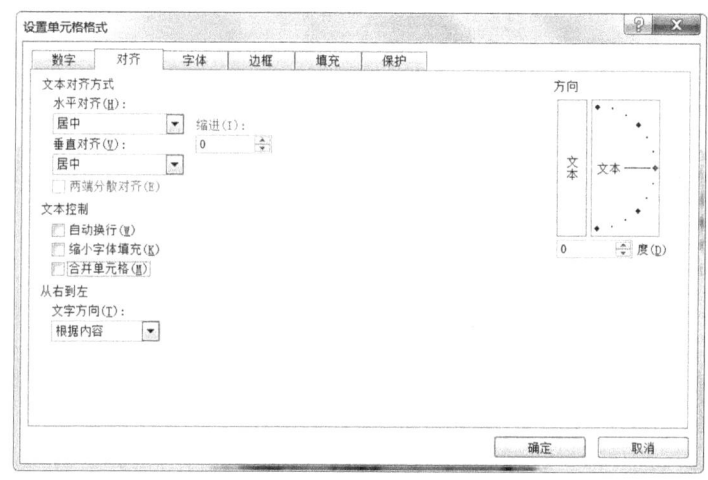

图 7-1-8　设置对齐方式

7．选中"C3:C14"区域，单击鼠标右键弹出快捷菜单，选择"设置单元格格式"命令，打开"设置单元格格式"对话框；单击该对话框中的"数字"选项卡，在"分类"选项中单击"货币"，在"小数位数"文本框中输入"2"，在"货币符号"组合框的下拉选项中单击人民币符号"￥"，如图 7-1-9 所示，最后单击"确定"按钮，完成设置。

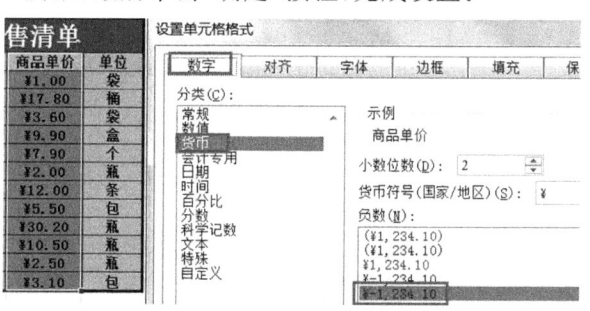

图 7-1-9　设置数字格式

子任务 1.2　制作收银单雏形

1. 录入收银单中的文字信息。单击"收银单",在第 1 行录入标题"超市销售收银单",在第 2 行录入"交易时间:",在第 3 行的 A~E 字段分别录入"商品编码""商品名称""单价""数量""金额"。在 A16 录入"应收款:",在 D16 录入"实付款:",在 A17 录入"大写:",在 A18 录入"找零:",在 A19 录入"货款请当面点清,职院超市欢迎您再次光临!",如图 7-1-10 所示。

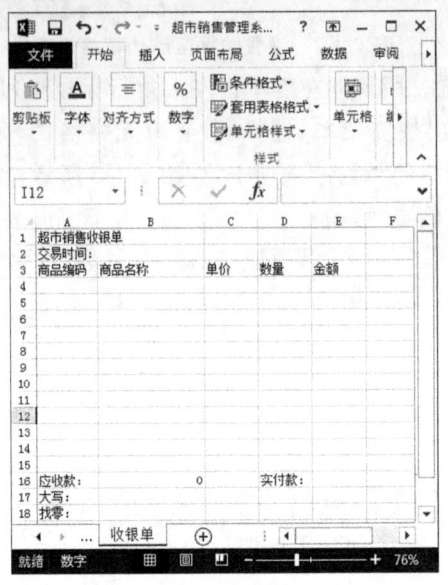

图 7-1-10　制作收银单

2. 设置格式。选中标题行"超市销售收银单"要合并的单元格区域"A1:E1",单击工具栏上的"合并后居中"按钮,将标题行合并及居中显示,如图 7-1-11 所示;选中"超市销售收银单",将标题行文字设置为"黑体""14 号""加粗"。

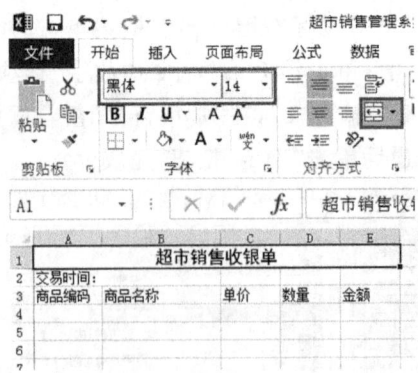

图 7-1-11　设置收银单标题格式

3. 选中"A1:E1"区域,单击鼠标右键弹出快捷菜单,选择"设置单元格格式"命令,打开"设置单元格格式"对话框;单击该对话框中的"填充"选项卡,再单击"填充效果",打开"填充效果"对话框;在"双色"中单击白色和橙色,选择一种单元格底纹的渐变样式。如图

7-1-12 所示。同样的方法来设置其他单元格的背景色和内外框线效果。

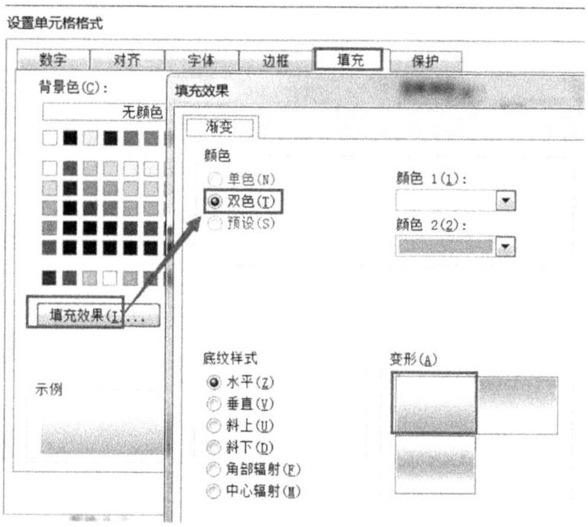

图 7-1-12 设置背景色

4. 选中"B2:E2"区域,单击工具栏上的"合并后居中"按钮,将交易发生的时间值居中显示。选中 B16,打开"设置单元格格式"对话框中的"数字"选项卡,在"分类"选项中单击"货币",在"小数位数"文本框中输入"2",在"货币符号"组合框的下拉选项中单击人民币符号"￥",单击"确定"按钮;选中 E16,用同样的方法设置其货币格式。完成后效果如图 7-1-13 所示。

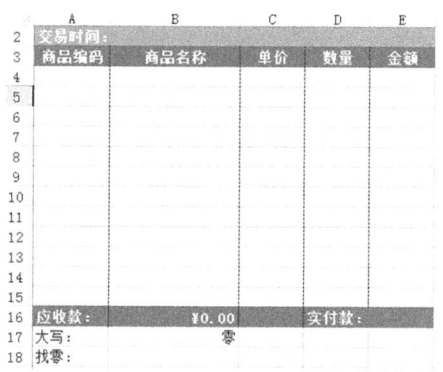

图 7-1-13 设置单元格货币符号

5. 选中 B17,在单元格应用公式"= B16",单击鼠标右键弹出快捷菜单,选择"设置单元格格式"命令,打开"设置单元格格式"对话框;单击该对话框中的"数字"选项卡,并在"分类"选项中单击"特殊",在"类型"中单击"中文大写数字",如图 7-1-14 所示;最后,单击"确定"按钮。

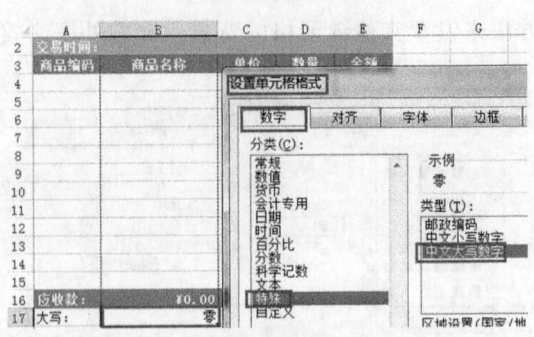

图 7-1-14　设置"中文大写数字"

子任务 1.3　在收银单中使用公式与函数

1. 自动生成商品名称、单价。在"A4:A15"区域内任一单元格中输入商品编码,对应的商品清单表中的商品名称、单价会自动显示在收银单中。操作步骤如下:选中 B4 单元格,单击"公式"主菜单,单击"插入函数"按钮,打开"插入函数"对话框,如图 7-1-15 所示;在"选择函数"中找到"VLOOKUP"函数。

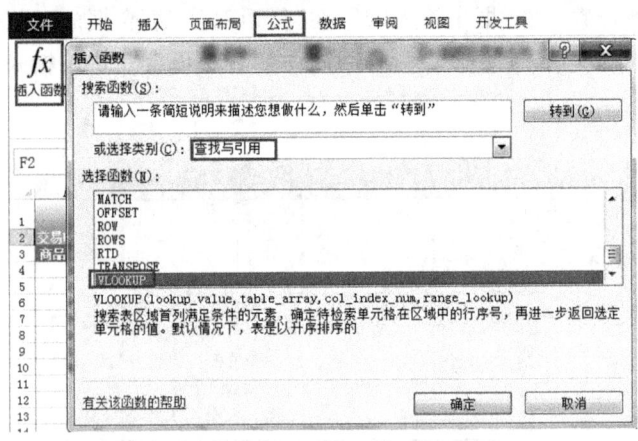

图 7-1-15　选择"VLOOKUP"函数

2. 单击"确定"按钮,打开"选定参数"对话框;继续单击"确定"按钮,打开"函数参数"对话框,如图 7-1-16 所示;在第一个参数"Lookup_value"的文本框中输入"A4",在第二个参数"Table_array"的文本框中输入"商品清单!A3:B14",在第三个参数"Col_index_num"的文本框中输入"2",第四个参数省略,即 B4 单元格公式为"=VLOOKUP(A4,商品清单!A3:B14,2,0)",再选中函数括号中的"商品清单!A3:B14",然后单击"F4"快键键,使"商品清单!A3:B14"由相对引用变成"商品清单!$A$3:$B$14"绝对引用。

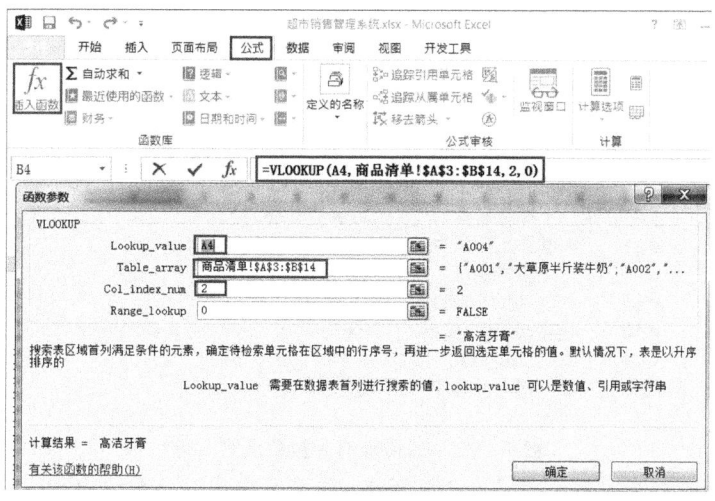

图 7-1-16 "函数参数"对话框

小贴士:

第一个参数为在数据表首列需要搜索的值,即在"商品编码"列要输入的商品编码,当前的参数应确定为 A4。

第二个参数为需要在其中搜索数据的信息表,即为"商品清单"表中的商品信息区域"A3:B14"。

第三个参数为满足条件的单元格在第二个参数区域的序列号。此处,需要返回的是商品名称,为信息表的第 2 列,所以参数值应为"2"。同理,若是返回商品单价,则参数值应确定为"3"。

3. 单击"确定"按钮;输入商品编码;将鼠标移至当前的 B4 单元格的右下角,鼠标呈现十字架实心的形状,按住鼠标左键并拖动至 B15 单元格,松开鼠标,如图 7-1-17 所示。

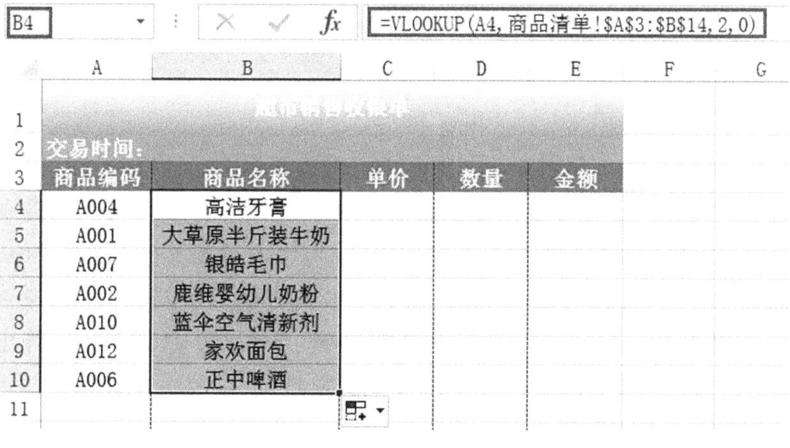

图 7-1-17 查询函数运用

4. 同样以 VLOOKUP() 方法来显示 C4:C10 的数据,如图 7-1-18 所示。

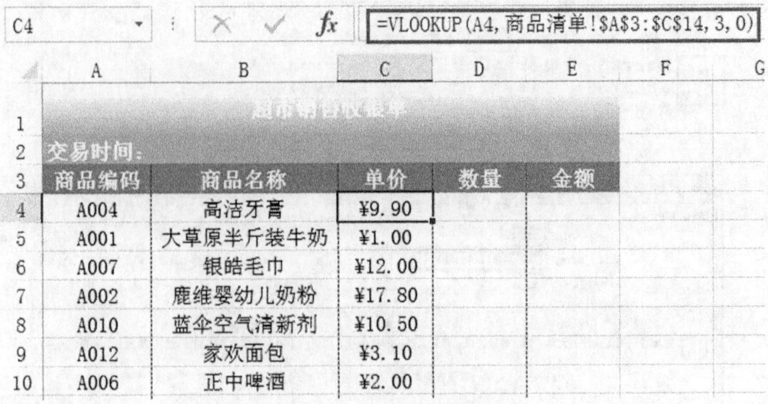

图 7-1-18　运用查询函数显示第 3 列

5. 自动生成购买时间。选中 B2 单元格,在单元格内输入"＝NOW()",按下回车键"Enter",即可返回当前的系统时间,如图 7-1-19 所示。

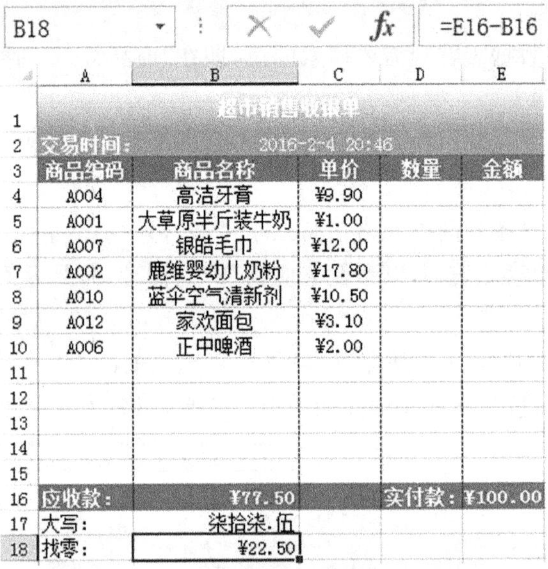

图 7-1-19　时间函数运用完成效果

6. 自动计算应收款。根据输入的商品编码、购买数量,自动计算应收款的操作步骤如下:选中 E4 单元格,在单元格内输入"＝C4＊D4",完成后按下回车键"Enter"。将鼠标移至当前的 E4 单元格的右下角,鼠标呈现十字架实心的形状,按住鼠标左键并拖动至 E15 单元格,松开鼠标。输入顾客购买的商品数量,如图 7-1-20 所示,计算出相应的金额。选中 B16 单元格,插入使用"SUM"函数,"函数参数"设置为"E4:E15",即可自动计算出应付款,如图 7-1-20 所示。

B16　=SUM(E4:E10)

	A	B	C	D	E
2	交易时间：				
3	商品编码	商品名称	单价	数量	金额
4	A004	高洁牙膏	¥9.90	2	¥19.80
5	A001	大草原半斤装牛奶	¥1.00	3	¥3.00
6	A007	银皓毛巾	¥12.00	1	¥12.00
7	A002	鹿维婴幼儿奶粉	¥17.80	1	¥17.80
8	A010	蓝伞空气清新剂	¥10.50	1	¥10.50
9	A012	家欢面包	¥3.10	4	¥12.40
10	A006	正中啤酒	¥2.00	1	¥2.00
11					
12					
13					
14					
15					
16	应收款：	¥77.50		实付款：	
17	大写：	柒拾柒.伍			
18	找零：				

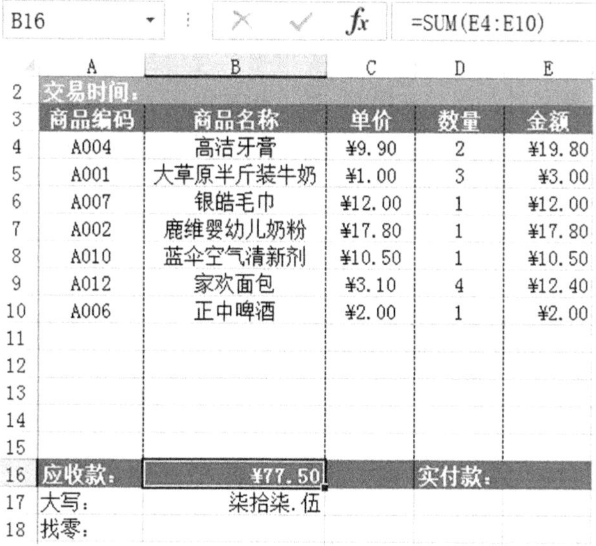

图 7-1-20　自动计算应收款

7. 自动计算找零。根据输入的实付款，自动计算找零的操作步骤为：选中 B18 单元格，在单元格内输入“＝E16－B16”，按下回车键“Enter”，结果如图 7-1-21 所示。至此，收银单制作完毕。

B18　=E16-B16

	A	B	C	D	E
1					
2	交易时间：	2016-2-4 20:48			
3	商品编码	商品名称	单价	数量	金额
4	A004	高洁牙膏	¥9.90	2	¥19.80
5	A001	大草原半斤装牛奶	¥1.00	3	¥3.00
6	A007	银皓毛巾	¥12.00	1	¥12.00
7	A002	鹿维婴幼儿奶粉	¥17.80	1	¥17.80
8	A010	蓝伞空气清新剂	¥10.50	1	¥10.50
9	A012	家欢面包	¥3.10	4	¥12.40
10	A006	正中啤酒	¥2.00	1	¥2.00
11					
12					
13					
14					
15					
16	应收款：	¥77.50		实付款：	¥100.00
17	大写：	柒拾柒.伍			
18	找零：	¥22.50			

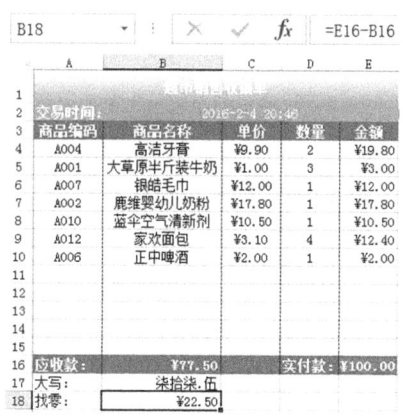

图 7-1-21　收银单制作完成

任务 2　制作超市销售日报表

任务目的

超市销售日报表是对超市一天销售的商品做一个统计分析。报表通常包含商品编码、商品名称、销售时间、销售数量、商品单价、(销售)金额等信息，数据来自收银单。为便于掌握顾客的购买习惯、商品的受欢迎程度,需要对销售数据按商品编码、销售时间进行排序,并分类汇总,制成图表。超市的管理者根据这些信息提示,可以合理地调配人员,补充适销商品,撤换滞销商品。制作思路是:在工作表中录入当日的商品销售数据,制作"超市销售日报表";然后,对表中数据按商品编码、销售时间进行排序;最后,对表中数据进行分类汇总、筛选查看,并制作成图表。如图7-2-1、7-2-2所示。

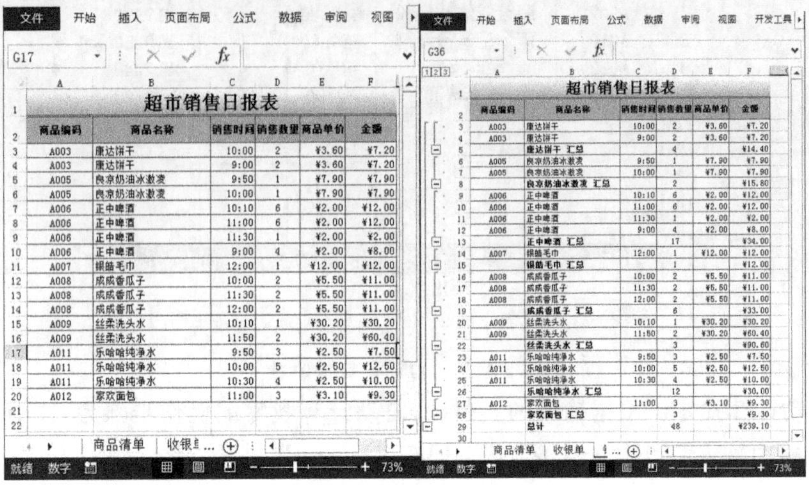

图 7-2-1　实例完成效果 1

图 7-2-2　实例完成效果 2

任务内容

完成该项学习任务共有五个子任务。
子任务 2.1:制作超市销售日报表。

子任务 2.2:排序超市销售日报表。
子任务 2.3:分类汇总超市销售日报表。
子任务 2.4:筛选查看超市销售日报表。
子任务 2.5:制作超市销售日报图表。

任务实施

子任务 2.1 制作超市销售日报表

1. 新建一个 Excel 2013 工作表。打开名字为"超市销售管理系统"的工作簿,单击底部状态栏的十字圆圈图标,新建一个名字为"销售日报表"的工作表,如图 7-2-3 所示。

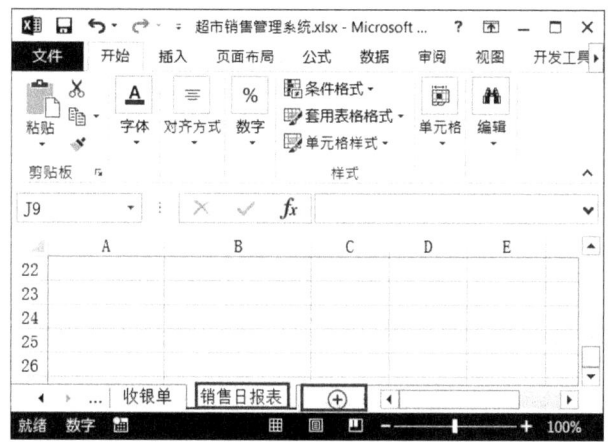

图 7-2-3 新建"销售日报表"

2. 录入报表数据。根据任务 1 中的收银单,完成超市一天商品销售信息的录入,如图 7-2-4 所示。录入完毕后,单击常用工具栏上的保存按钮,保存录入的数据。

图 7-2-4　超市销售日报表

3．编排格式。将标题行合并居中、文字加粗，给数据清单区域添加边框；根据数据类型，将数据设置成相应的时间型或货币型；调整对齐方式、字体、字号，调整单元格的宽度、高度。编排后的效果如图 7-2-5 所示。

图 7-2-5　编排后的超市销售日报表

子任务 2.2　排序超市销售日报表

1. 选中排序操作的区域。鼠标指向 A2 单元格，按下鼠标左键拖动到 F20 单元格，松开鼠标左键，即选中排序操作的区域"A2：F20"。选择"数据"→"排序"菜单命令，打开"排序"对话框，如图 7-2-6 所示。

小贴士：

排序是对数据表中数据清单的操作，数据清单是由字段名和每一条记录组成的。在超市销售日报表中，排序的选定区域应该是"A2：F20"。

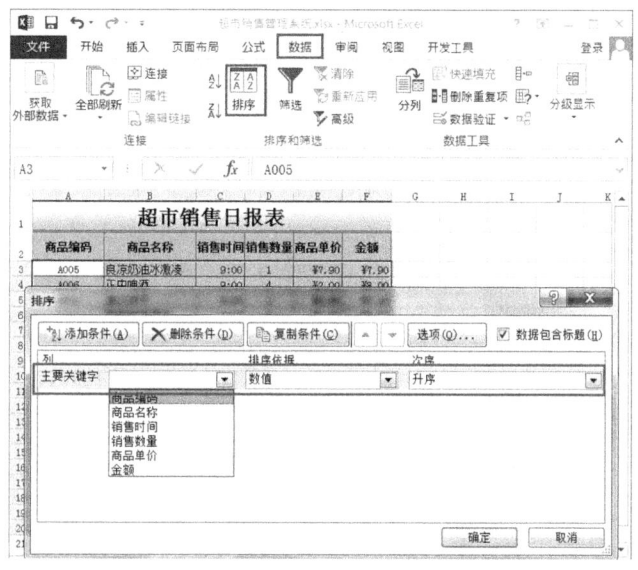

图 7-2-6　"排序"对话框

2. 设置排序关键字。单击"主要关键字"组合框，在下拉列表中选择"商品编码"选项，将主要关键字设置为"商品编码"，将"次序"设置为"升序"。单击"次要关键字"组合框，在下拉列表中选择"销售时间"选项，在主要关键字相同的情况下将"次要关键字"设置为"销售时间"，将"次序"设置为"升序"。如图 7-2-7 所示。

图 7-2-7　确定排序关键字

3. 完成排序。设置好排序关键字后，单击"排序"对话框中的"确定"按钮，完成排序操作。排序后的超市销售日报表，如图7-2-8所示。

图7-2-8　排序后的超市销售日报表

子任务2.3　分类汇总超市销售日报表

1. 选中分类汇总操作的区域。鼠标指向A2单元格，按下鼠标左键拖动到F20单元格，松开鼠标左键，即选中分类汇总操作的区域"A2:F20"。选择"数据"→"分类汇总"菜单命令，打开"分类汇总"对话框，如图7-2-9所示。

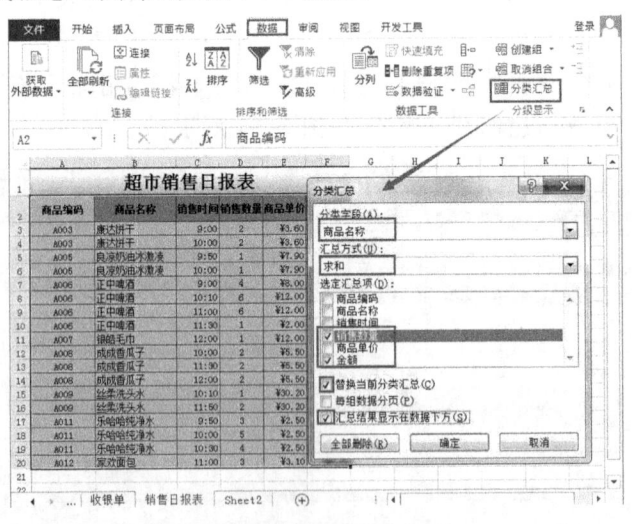

图7-2-9　"分类汇总"对话框

2. 设置分类汇总选项。单击"分类字段"组合框的下拉按钮，在下拉选项中选择"商品名称",将分类字段设为"商品名称"。单击"汇总方式"组合框的下拉按钮,在下拉选项中选择"求和",将汇总方式设置为"求和"。在"选定汇总项"列表中,选中"销售数量"和"金额"前的复选框;接着分别选中"替换当前分类汇总""汇总结果显示在数据下方"前的复选框。单击"确定"完成分类汇总,效果如图 7-2-10 所示。

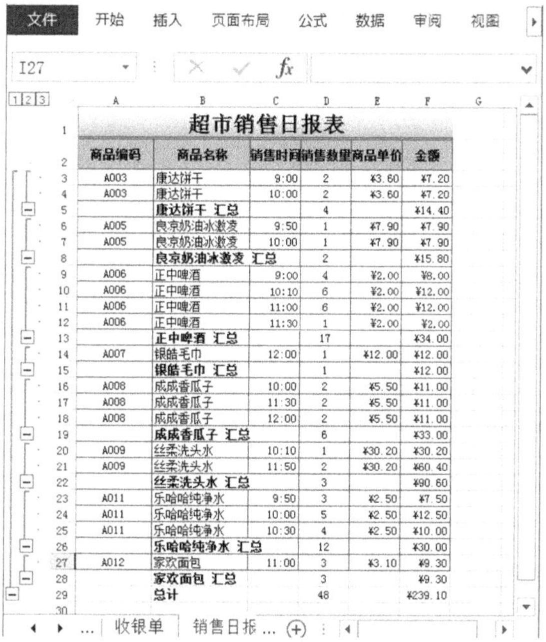

图 7-2-10　分类汇总效果图

3. 分级查看 2 级汇总结果。单击数据表左上方的"2",查看每种商品的销售总量,如图 7-2-11 所示。

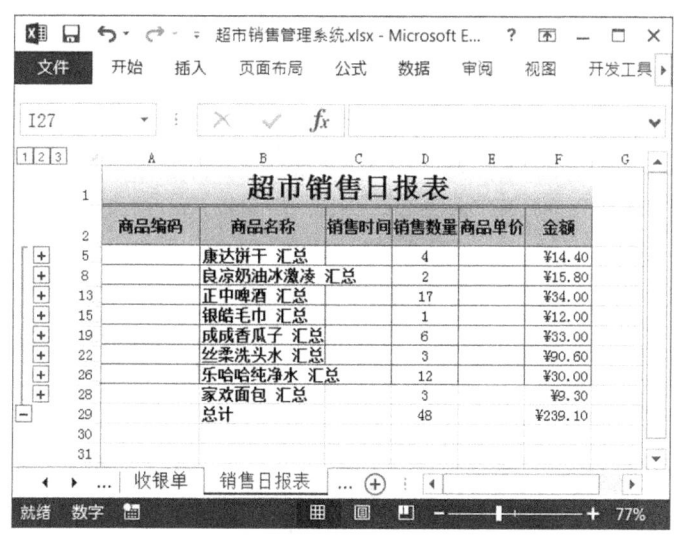

图 7-2-11　每种商品的销售汇总

4. 分级查看 1 级汇总结果。单击数据表左上方的"1",查看商品销售总量,如图 7-2-12所示。

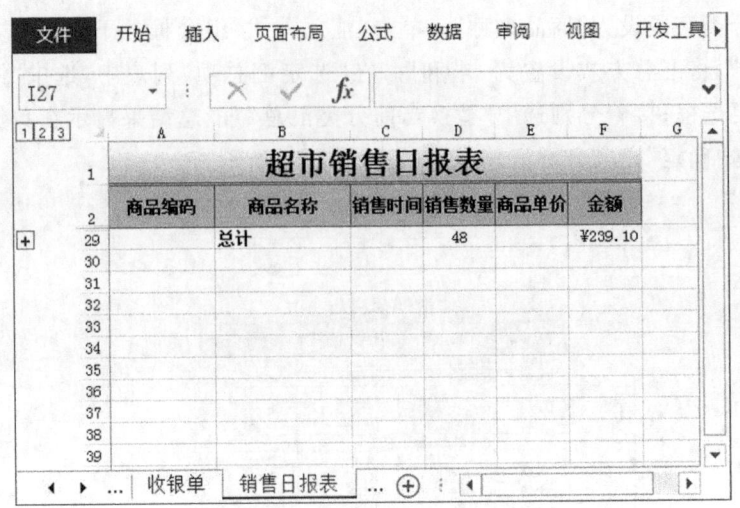

图 7-2-12　商品销售总量

子任务 2.4　筛选查看超市销售日报表

1. 设置筛选方式。选择"数据"→"筛选"→"自动筛选"菜单命令，设置筛选方式为"自动筛选"，如图 7-2-13 所示。

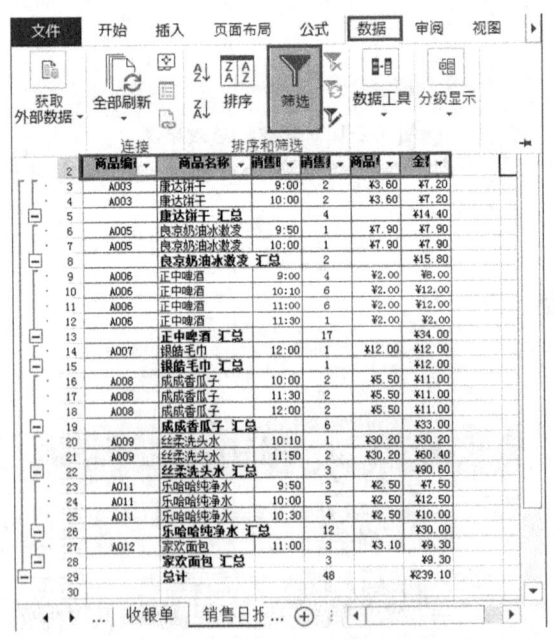

图 7-2-13　设置"自动筛选"

2. 查看自动筛选结果。单击字段名称后的下拉按钮，例如"商品名称"后的下拉按钮 ；在下拉选项中选择要查看的选项，例如"乐哈哈纯净水"，查看"乐哈哈纯净水"的销售情况，如图 7-2-14 所示。

项目 7 使用 Excel 2013 进行超市商品销售管理

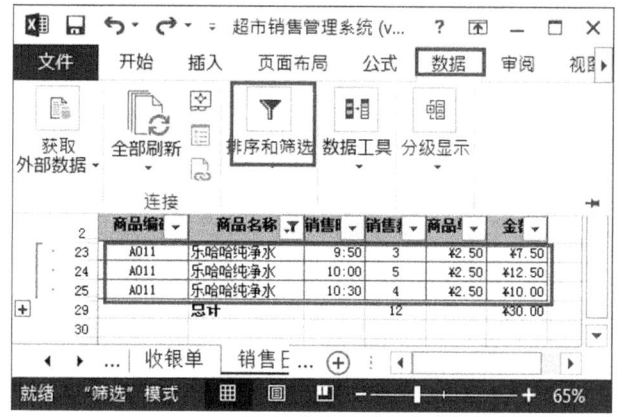

图 7-2-14 查看"乐哈哈纯净水"的销售情况

3. 查看自定义筛选结果。单击字段名称后的下拉按钮,例如"销售时间"的下拉按钮,打开下拉选项,单击"数字筛选"下的"自定义筛选"菜单,如图 7-2-15 所示。

图 7-2-15 选择"自定义筛选"菜单

4. 在弹出的"自定义自动筛选方式"对话框中,如图 7-2-16 所示,在"销售时间"选项中,单击第 1 行左边的下拉按钮,在下拉选项中选择"大于或等于",再单击第 1 行右边的组合框,输入时间,例如"10:10"。选中"与"单选按钮;单击第 2 行左边的下拉按钮,在下拉选项中选择"小于或等于",再单击第 2 行右边的组合框,输入时间,例如"11:50"。

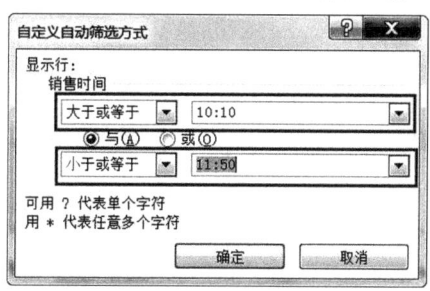

图 7-2-16 "自定义自动筛选方式"对话框

5. 单击"确定"按钮，查看到"10:10～11:50"时间段的销售情况，如图7-2-17所示。

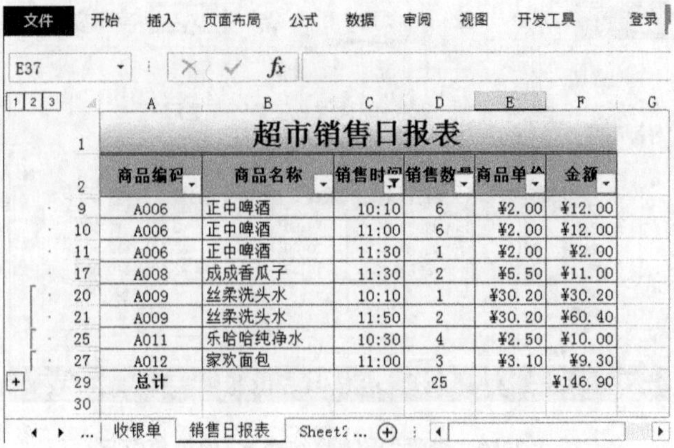

图 7-2-17 自定义筛选结果

子任务 2.5 制作超市销售日报图表

1. 制作超市销售日报图。首先将已经完成的"销售日报表"的自动筛选和自定义筛选清除，返回到分类汇总完成的状态下，如图7-2-10所示。

2. 单击"销售日报表"左上方的数字"2"，选中"A2:F29"区域，如图7-2-18所示，单击菜单栏上的"插入"菜单。

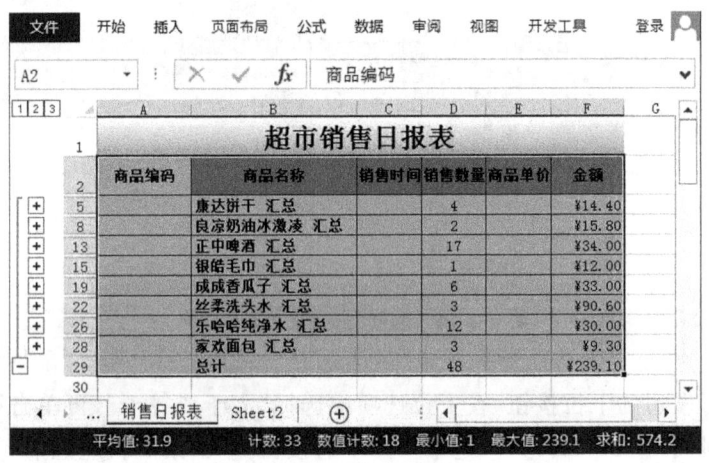

图 7-2-18 插入图表准备

3. 单击"图表"选项组中的"柱形图"按钮，选中二维柱形图样式，如图7-2-19所示。

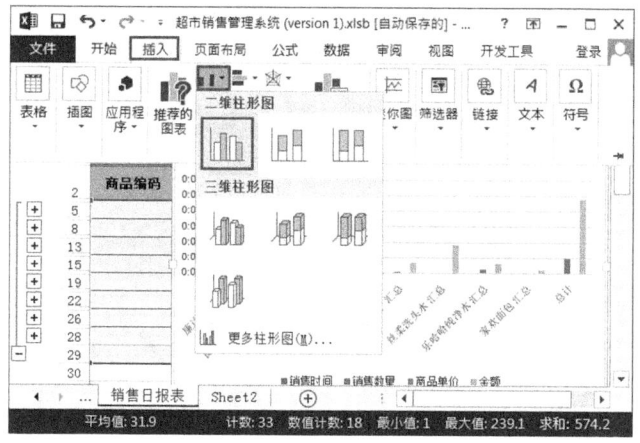

图 7-2-19　选择二维柱形图

4. 选中自动创建好的图表，单击右键，弹出快捷菜单，单击其中的"选择数据…"子菜单，如图 7-2-20 所示。

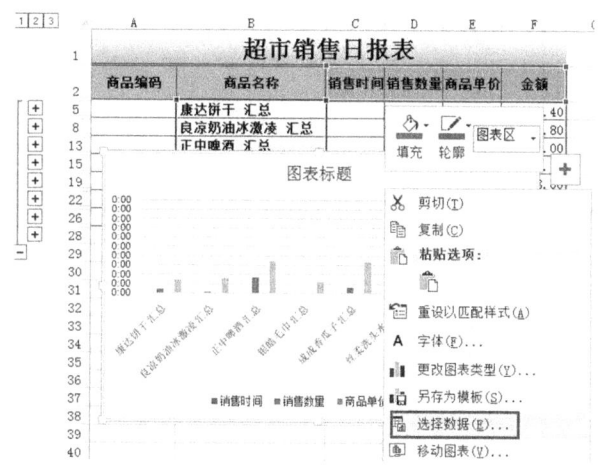

图 7-2-20　选择图表数据

5. 在"选择数据源"窗口中，只对"图例项（系列）"的"金额"打上对钩，其余系列均取消，如图 7-2-21 所示。单击"确定"按钮，即会产生图表。

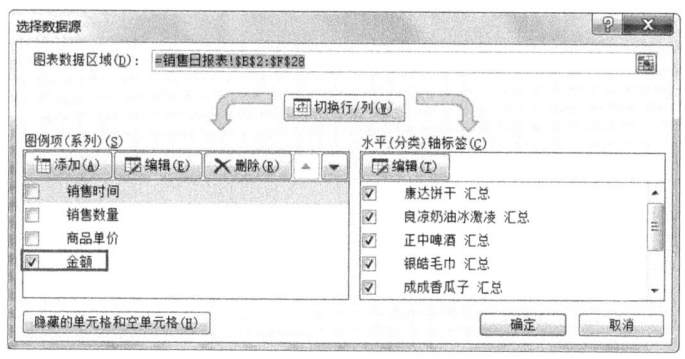

图 7-2-21　选择数据源

6. 最终显示的图表的横坐标为商品名称,纵坐标为销售总金额。鼠标双击图表顶端的大标题,修改"金额"文本为"销售日报图",如图 7-2-22 所示。

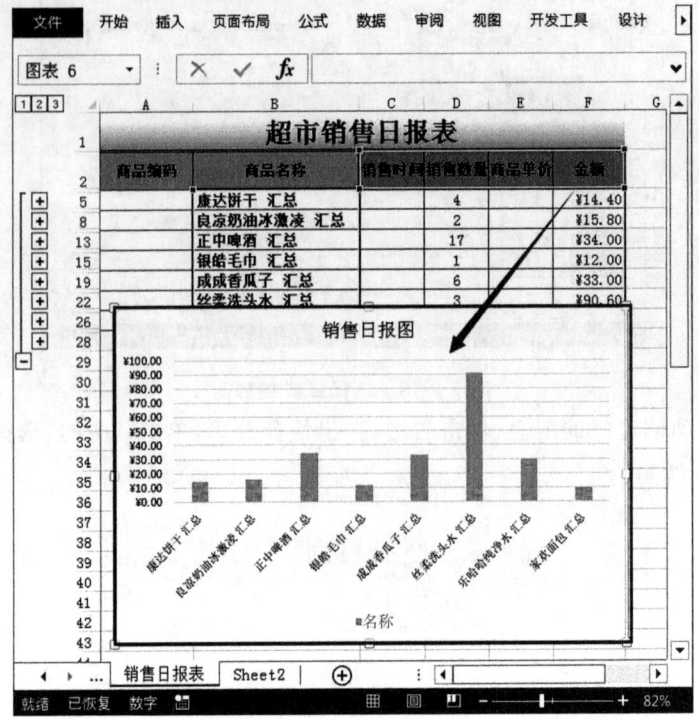

图 7-2-22　销售日报图

项目 8 使用 Excel 2013 创建商品销售统计图表与打印销售清单

项目说明

如果将工作表中的数据以图表的形式展示出来,那么可以使数据更加直观、生动、醒目,易于阅读和理解,也有利于分析和比较数据,通过图表直接了解到数据之间的关系和变化趋势。制作和修饰完工作表后我们常常要将它打印出来,而在打印之前还需要对工作表进行设置、预览。本项目通过"创建商品销售统计图表"和"打印销售清单"两项工作任务的完成,使读者掌握依据数据清单如何创建和编辑图表,熟悉工作表的页面设置、打印预览和打印等操作。

知识目标

掌握创建图表的方法。
掌握编辑图表的技巧。
掌握工作表的页面设置方法和打印预览。
掌握工作表的打印设置方法。

能力目标

会创建图表。
能在创建好的图表上进行编辑修饰。
能对工作表进行页面设置和打印预览。
能对工作表进行打印设置。

项目分解

任务1:创建商品销售统计图表。
任务2:打印销售清单。

任务 1　创建商品销售统计图表

任务目的

使用 Excel 2013 制作完成商品销售统计图表的创建,效果如图 8-1-1 所示。

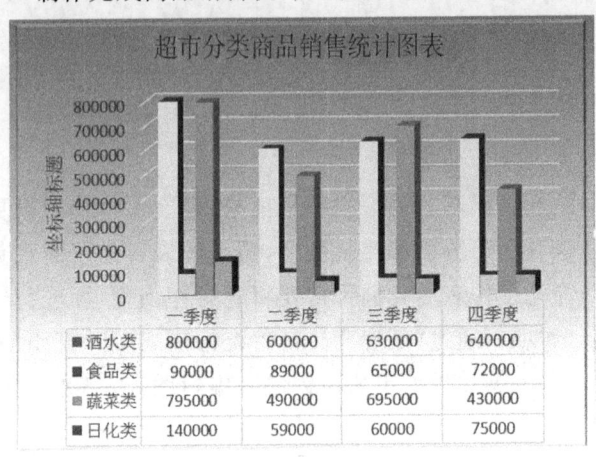

图 8-1-1　商品销售统计图表完成效果

任务内容

完成该项学习任务共有八个子任务。
子任务 1.1:新建"商品销售统计表"工作簿。
子任务 1.2:创建图表。
子任务 1.3:更改图表类型。
子任务 1.4:修改图表数据源。
子任务 1.5:调整图表中元素的大小和位置。
子任务 1.6:更改图表布局和样式。
子任务 1.7:手动更改图表元素布局。
子任务 1.8:设置图表元素的格式。

任务实施

子任务 1.1　新建"商品销售统计表"工作簿

新建一个"商品销售统计表"的工作簿。具体步骤如下:双击桌面快捷方式启动 Excel

2013,单击保存按钮,确定保存位置,命名为"商品销售统计表";向 Sheet1 工作表中输入商品销售统计信息,如图 8-1-2 所示,单击保存,"商品销售统计表"工作簿创建完成。

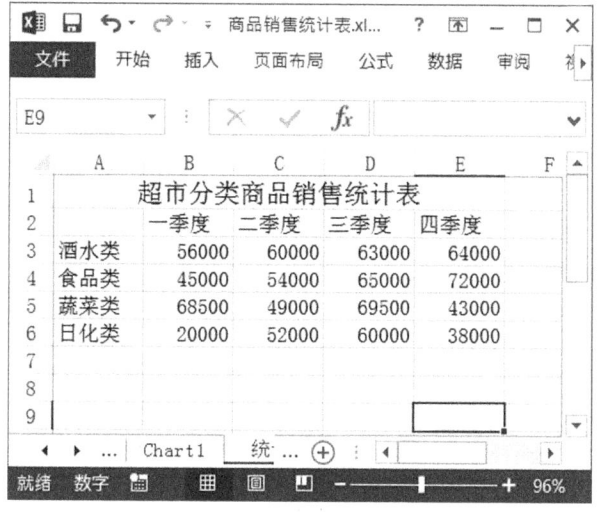

图 8-1-2 创建工作簿

子任务 1.2 创建图表

1. 依据"商品销售统计表"工作簿创建图表的具体步骤如下:选择要包含在统计图表中的单元格区域 A2:E6;切换到"插入"选项卡,在图表组中单击柱形图,选择"三维柱形图"。如图 8-1-3 所示。

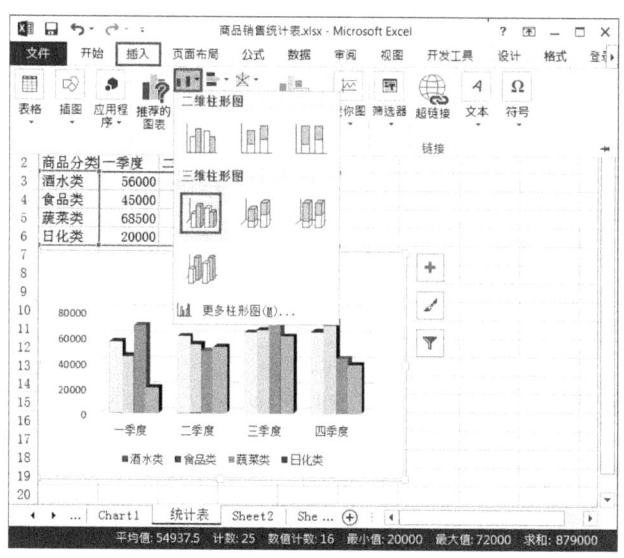

图 8-1-3 创建柱形图表

2. 创建的图表如图 8-1-4 所示。

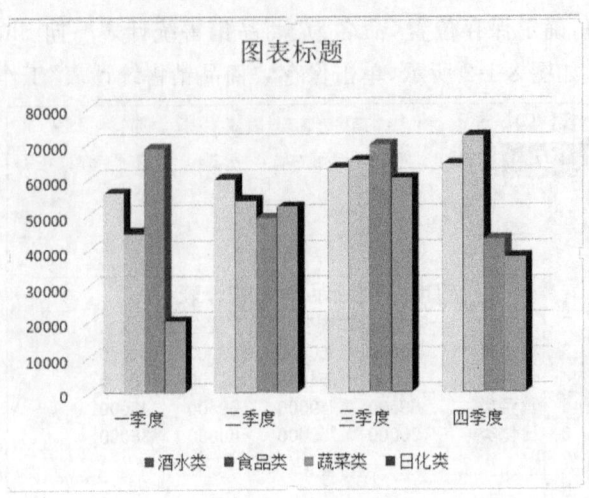

图 8-1-4 创建图表完成

小贴士：

Excel 2013 有很多图表类型，并非每种类型都适合表现工作表数据的内涵，因此选择图表类型时应该明确对数据进行何种分析。

各种图表的作用如下：

柱形图主要用于表示一段时间内数据的变化或者各个项目之间数据的比较的描述；

折线图是将一系列的数据点用直线连接起来，以等间隔的方式显示数据的变化趋势；

饼图能够反映出统计数据中各项所占的百分比或者某个单项占总体的比例，使用该类图表便于查看整体与个体之间的关系；

条形图主要强调在特定的时间点上进行水平轴与垂直轴的比较，使用条形图可以显示出各个分类项目之间数据的差异；

面积图用于显示某个时间阶段总数与数据系列的关系；

XY 散点图用于显示两个变量之间的关系，可以利用散点图绘制函数曲线。

子任务 1.3 更改图表类型

1. 更改图表类型的操作步骤如下：单击选择该图表，此时选项卡增加了两个图表工具选项卡"设计"和"格式"，如图 8-1-5 所示。

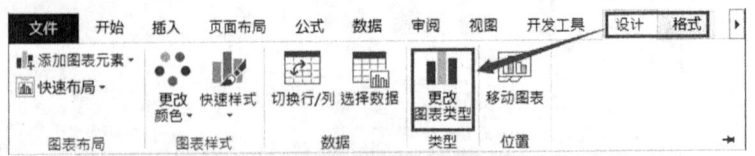

图 8-1-5 更改图表类型

2. 切换至"设计"主菜单，在"类型"组中单击"更改图表类型"按钮。在"更改图表类型"对话框中单击选择一种类型，如"折线图"类的"带数据标记的折线图"，如图 8-1-6 所示。

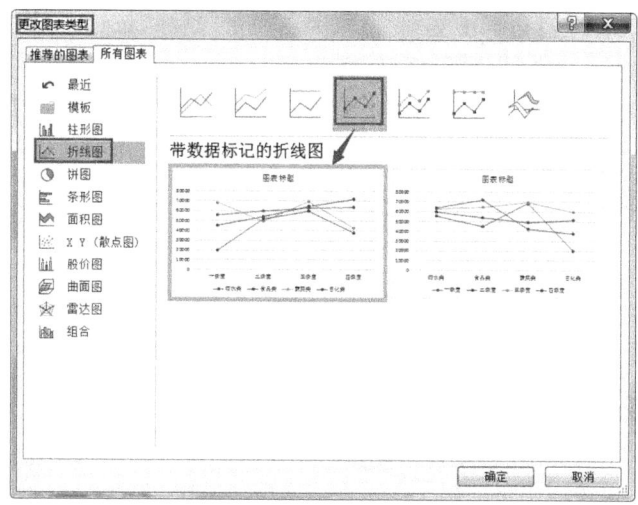

图 8-1-6 选择折线图

3. 结果如图 8-1-7 所示。从该折线图上我们可以很明显地看出,酒水类和食品类的销售情况基本很稳定,但蔬菜类和日化类随季节变化销售波动较大。

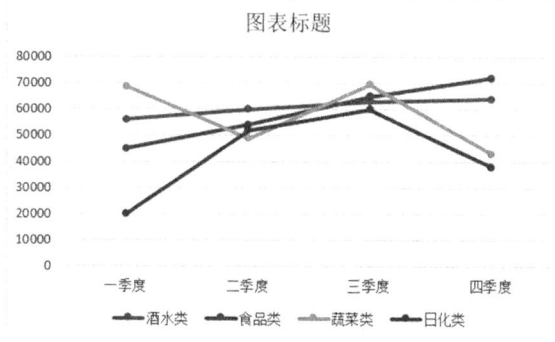

图 8-1-7 折线图完成效果

子任务 1.4　修改图表数据源

1. 修改图表数据源的操作步骤如下:单击选择该图表,切换至"设计"选项卡,在"数据"组中单击"选择数据"按钮,弹出"选择数据源"对话框,如图 8-1-8 所示。

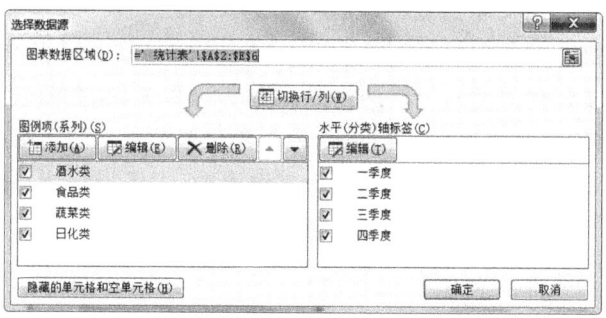

图 8-1-8 修改图表数据源

2. 在"选择数据源"对话框中选择"蔬菜类",单击"删除"按钮,再选择"日化类",单击"删除"按钮,单击"确定"按钮,如图 8-1-9 所示。

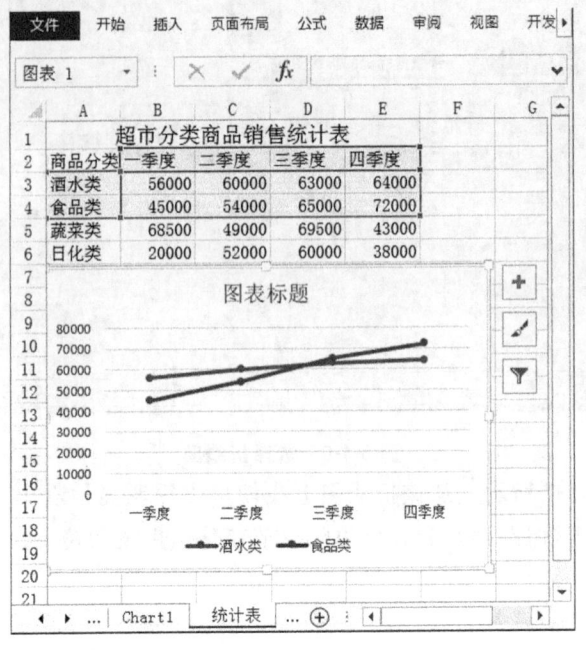

图 8-1-9　删除数据源

子任务 1.5　调整图表中元素的大小和位置

图表由图表区、绘图区、图表标题、图例、垂直轴、水平轴、数据系列以及网格线等元素组成,如图 8-1-10 所示各元素的作用如下:

图表区是图表最基本的组成部分,是整个图表的背景区域,图表的其他组成部分都汇集在图表区中,例如绘图区、图表标题、图例、垂直轴、水平轴、数据系列以及网格线等;

绘图区是图标的重要组成部分,它主要包括数据系列和网格线等;

图表标题主要用于显示图表的名称;

图例用于表示图表中的数据系列的名称或者分类而指定的图案或颜色;

垂直轴可以确定图表中垂直坐标轴的最小和最大刻度值;

水平轴主要用于显示文本标签;

数据系列是根据用户指定的图表类型以系列的方式显示在图表中的可视化数据。

图表在工作表中的位置移动可以通过鼠标拖动的办法,改变图表大小可以通过鼠标拖动图表控制点来实现,这与在 Word 2013 中图片位置及大小的调整是一样的。

新建的图表可以作为一个工作表插入到工作簿中,也可以作为一个工作表的对象插入到工作表中。以上各图表均是作为对象插入到工作表当中的。

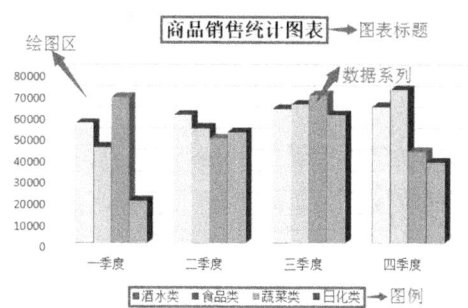

图 8-1-10 图表元素介绍

1. 将图表作为一个工作表插入到工作簿中。操作步骤如下：单击选中图表，切换至"设计"选项卡，单击"位置"组中的"移动图表"按钮，弹出"移动图表"对话框，如图 8-1-11 所示。

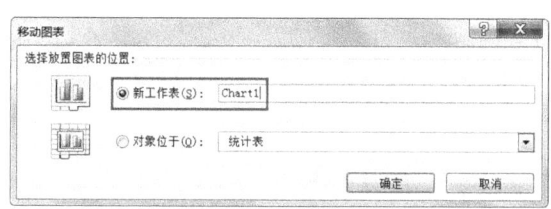

图 8-1-11 "移动图表"对话框

2. 选择"新工作表"单选项（如图 8-1-11 所示），单击"确定"按钮即可，结果如图 8-1-12 所示。

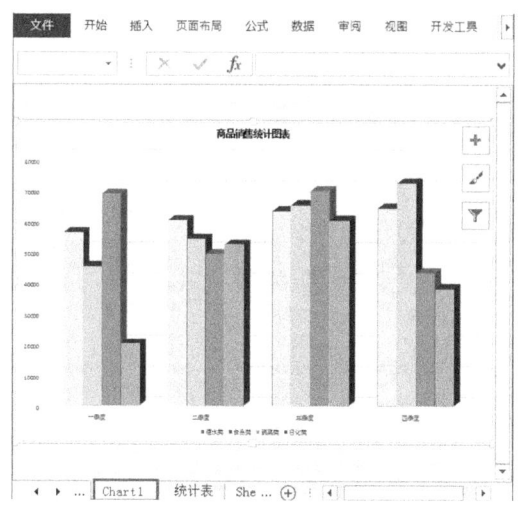

图 8-1-12 在工作表中放置图表

子任务 1.6　更改图表布局和样式

图表布局是指图表中各元素在图表区的分布。创建图表后，用户可以立即更改它的外观，可以快速向图表应用预定义布局和样式，而无需手动添加或更改图表元素或设置图表格式。

Excel 2013 提供了 10 种有用的预定义布局和 48 种样式（或快速布局和快速样式）供用户选择；但是如果需要，用户仍可以通过手动更改各个图表元素的布局和样式来自定义布局或样式。

1. 图表应用预定义布局的操作步骤如下：单击选中图表，切换至"设计"主菜单，在"图表布局"组中单击"快速布局"按钮，如图 8-1-13 所示。

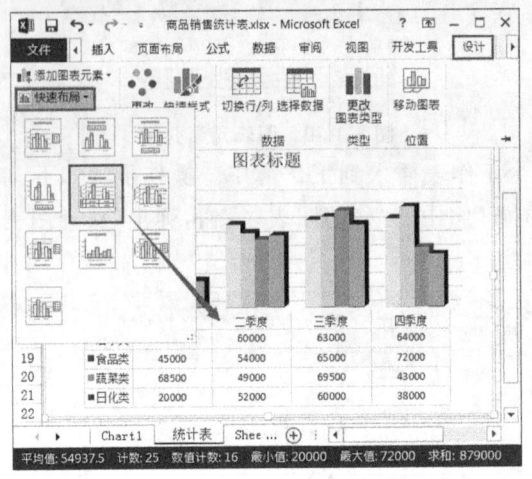

图 8-1-13　图表布局

2. 选择布局 5，结果如图 8-1-14 所示。如果要应用图表样式，可以单击"图表样式"组中的"其他"按钮进一步选择应用。图表布局除应用预定义布局来更改整体布局外，还可以手动更改图表元素布局。

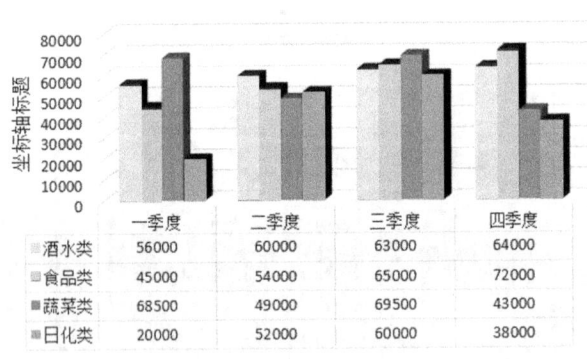

图 8-1-14　图表样式

子任务 1.7　手动更改图表元素布局

1. 手动更改图表元素布局。操作步骤如下：单击选中图表，切换至"设计"主菜单，单击"添加图表元素"，弹出子菜单，即可更改图表元素，如图 8-1-15 所示。

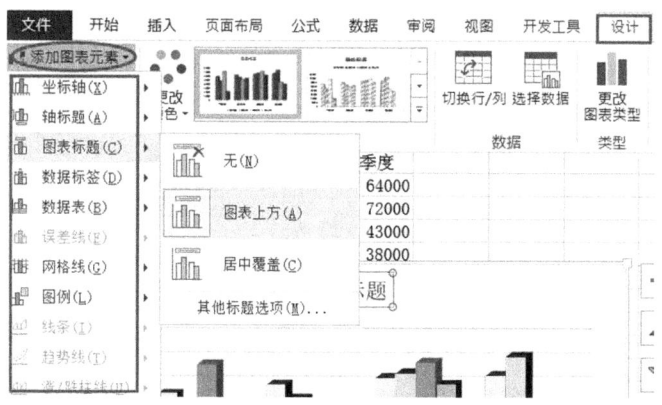

图 8-1-15 添加图表元素

2. 手动更改把图例显示在顶部。操作步骤如下：单击选中图表，切换至"设计"主菜单，单击"添加图表元素"，弹出子菜单，选择"图例"为"顶部"，效果如图 8-1-16 所示。

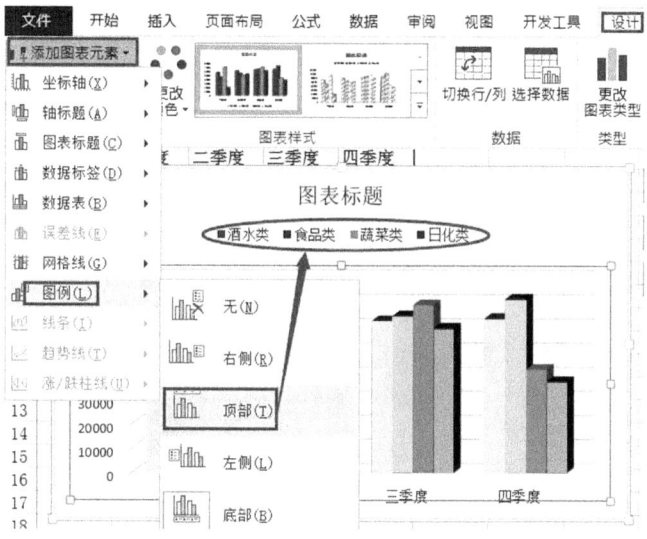

图 8-1-16 更改"图例"为"顶部"

子任务 1.8 设置图表元素的格式

元素格式的设置包括字体、字号、图案、颜色、数字样式等设置。

设置元素的格式有两种常用的方法：一是在"格式"选项卡中的"当前所选内容"组里单击"图表元素"列表，从下拉列表中选择需设置格式的图表元素，然后单击"设置所选内容格式"按钮，弹出对应的设置格式对话框；二是右击该对象，在弹出的快捷菜单中选择相应的格式设置命令，在弹出的格式设置对话框中进行设置。

1. 为图表区添加背景。操作步骤如下：右击图表区，在弹出的快捷菜单中单击"设置图表区格式"命令；在"填充"项右侧，设置"渐变填充"为绿色和白色；再将图表标题改为"商品销售统计图表"（双击标题进行修改）。如图 8-1-17 所示。

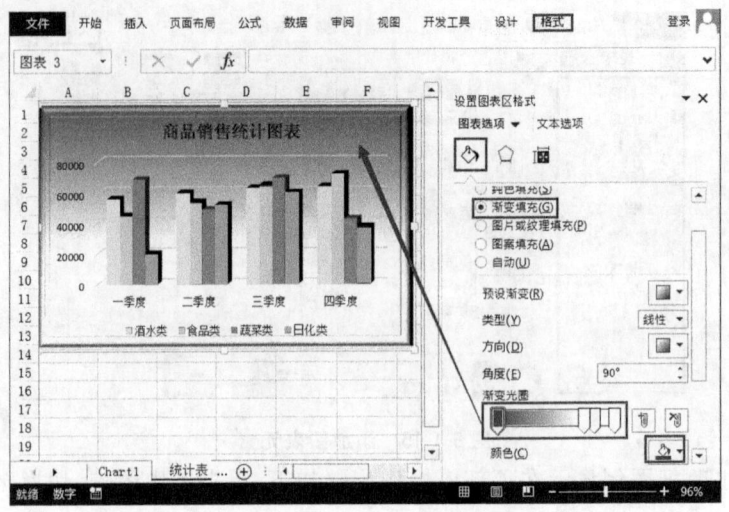

图 8-1-17 添加图表背景

2. 在上图基础上,单击切换到"效果"图标,单击"三维格式",将"顶部棱台"设置为十字形,如图 8-1-18 所示。

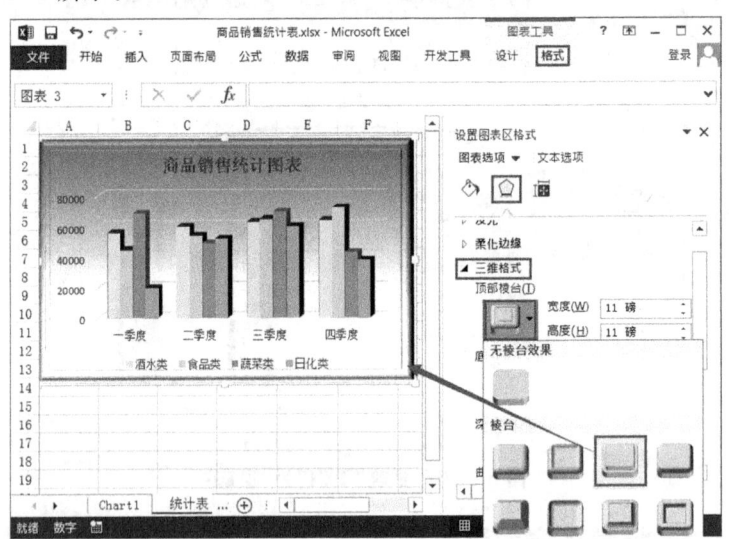

图 8-1-18 选择图表显示三维效果

任务 2　打印销售清单

任务目的

将销售清单原工作表设置成如图 8-2-1 所示的待打印表。

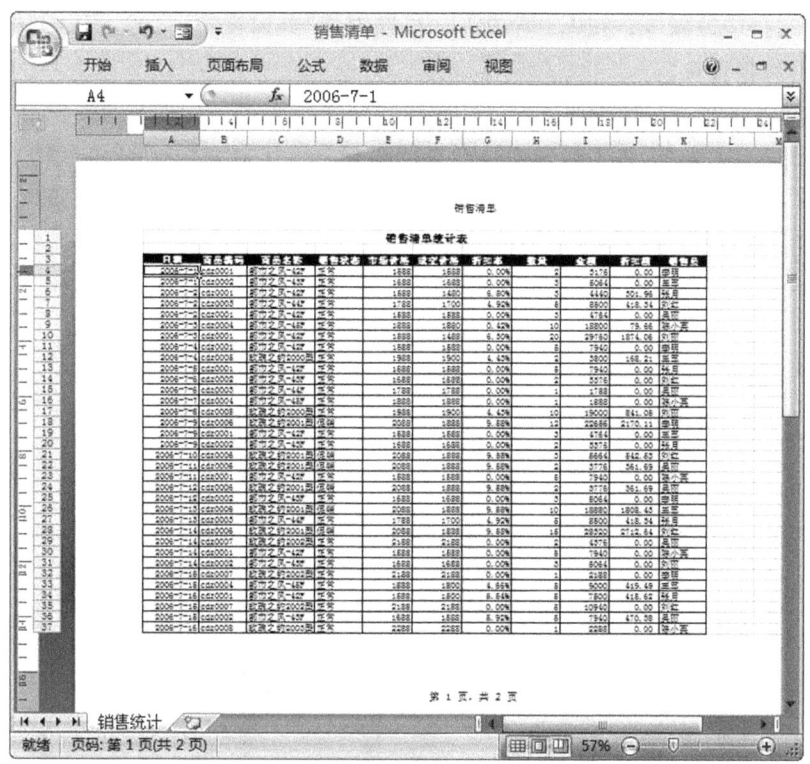

图 8-2-1　销售清单待打印表完成效果

任务内容

完成该项学习任务共有三个子任务。
子任务 2.1：对工作表进行页面设置。
子任务 2.2：对设置好的工作表进行打印前预览。
子任务 2.3：打印工作表。

任务实施

子任务 2.1　对工作表进行页面设置

在 Excel 2013 中进行打印，就是将整个工作表分页打到某类型的纸张上，打印方法与普通的 Word 文档打印方法基本相同，但同时也有它的特殊性。在 Excel 2013 中，页面设置包括设置纸张的大小、方向（横向、纵向）、打印内容在打印纸中的位置、页眉和页脚、打印标题行、打印区域等。在 Excel 2013 中，增加了"页面视图"功能，使得工作表的打印效果调整得比较直观。

1. 设置纸张大小。步骤如下：打开"超市销售管理系统.xlsx"下的销售清单统计表，单击"页面布局"主菜单，将工作表切换到页面布局视图下；切换至"页面布局"选项卡，在"页面设置"组中单击"纸张大小"，可以选择"A4"或者其他用户使用的打印纸（工作表默认的纸张是 A4 纸）。如果纵向打印，可以看到，工作表被分割到了 4 张 A4 纸上，纸张的宽度显然不够，如图 8-2-2 所示。

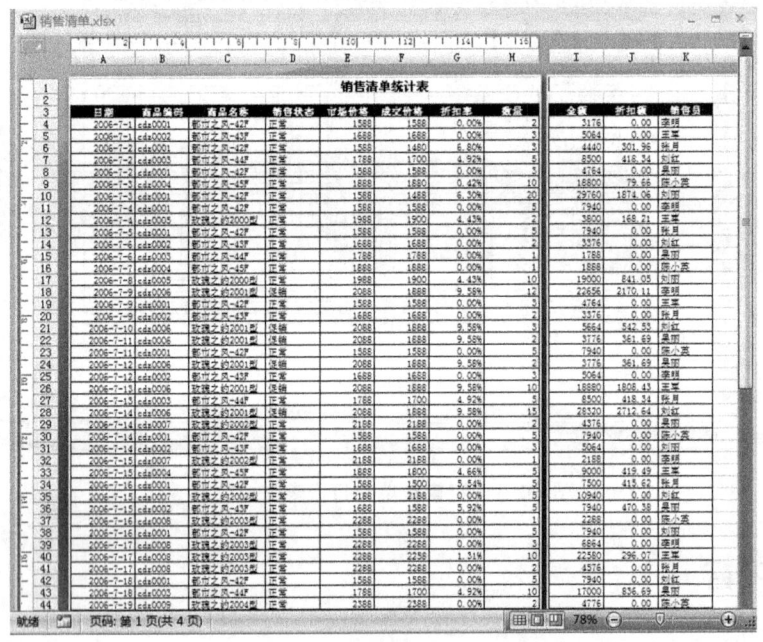

图 8-2-2　打印的页面设置

2. 单击"纸张方向"，在下拉列表中选择"横向"选项，如图 8-2-3 所示。由于我们使用横向打印，所以不必设置页边距来实现数据不被纵向分割的现象。经过上述几步的设置，观察工作表在页面中的位置是否合适，如果不合适可适当调整页边距，或者拖动列标签调整列宽。

项目 8　使用 Excel 2013 创建商品销售统计图表与打印销售清单

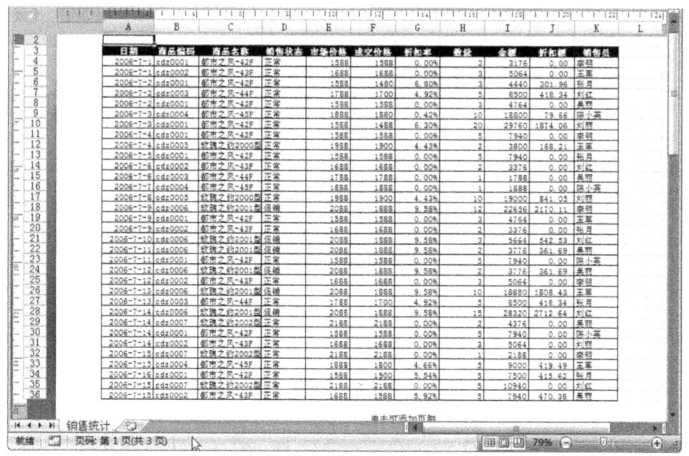

图 8-2-3　选择纸张方向

3. 设置页眉和页脚。单击"页面布局"主菜单,将工作表切换到页面布局视图下。在"页面设置"组中单击右下角"页面设置"图标,打开"页面设置"对话框,单击"页眉/页脚",做出如下设置,如图 8-2-4 所示。

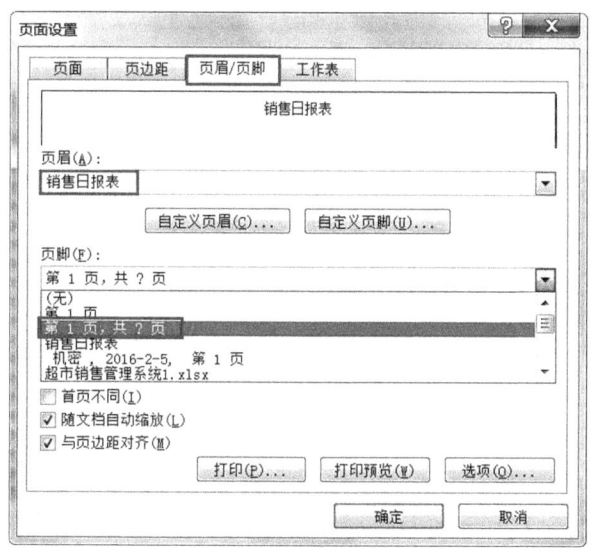

图 8-2-4　设置页眉和页脚

4. 单击"确定"按钮后页面显示效果如图 8-2-5 所示。

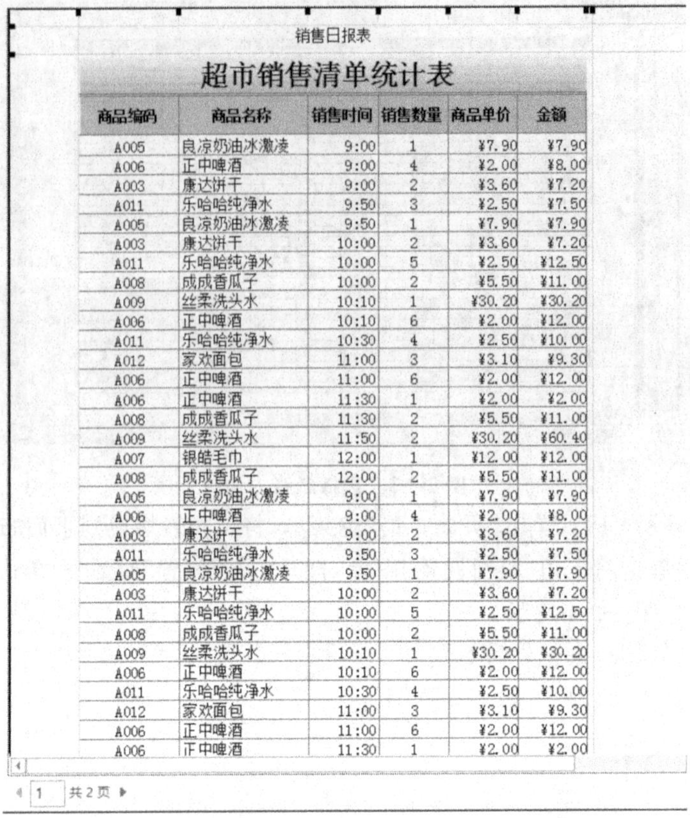

超市销售清单统计表

商品编码	商品名称	销售时间	销售数量	商品单价	金额
A005	良凉奶油冰激凌	9:00	1	¥7.90	¥7.90
A006	正中啤酒	9:00	4	¥2.00	¥8.00
A003	康达饼干	9:00	2	¥3.60	¥7.20
A011	乐哈哈纯净水	9:50	3	¥2.50	¥7.50
A005	良凉奶油冰激凌	9:50	1	¥7.90	¥7.90
A003	康达饼干	10:00	2	¥3.60	¥7.20
A011	乐哈哈纯净水	10:00	5	¥2.50	¥12.50
A008	成成香瓜子	10:00	2	¥5.50	¥11.00
A009	丝柔洗头水	10:10	1	¥30.20	¥30.20
A006	正中啤酒	10:10	6	¥2.00	¥12.00
A011	乐哈哈纯净水	10:30	4	¥2.50	¥10.00
A012	家欢面包	11:00	3	¥3.10	¥9.30
A006	正中啤酒	11:00	6	¥2.00	¥12.00
A006	正中啤酒	11:30	1	¥2.00	¥2.00
A008	成成香瓜子	11:30	2	¥5.50	¥11.00
A009	丝柔洗头水	11:50	2	¥30.20	¥60.40
A007	银皓毛巾	12:00	1	¥12.00	¥12.00
A008	成成香瓜子	12:00	2	¥5.50	¥11.00
A005	良凉奶油冰激凌	9:00	1	¥7.90	¥7.90
A006	正中啤酒	9:00	4	¥2.00	¥8.00
A003	康达饼干	9:00	2	¥3.60	¥7.20
A011	乐哈哈纯净水	9:50	3	¥2.50	¥7.50
A005	良凉奶油冰激凌	9:50	1	¥7.90	¥7.90
A003	康达饼干	10:00	2	¥3.60	¥7.20
A011	乐哈哈纯净水	10:00	5	¥2.50	¥12.50
A008	成成香瓜子	10:00	2	¥5.50	¥11.00
A009	丝柔洗头水	10:10	1	¥30.20	¥30.20
A006	正中啤酒	10:10	6	¥2.00	¥12.00
A011	乐哈哈纯净水	10:30	4	¥2.50	¥10.00
A012	家欢面包	11:00	3	¥3.10	¥9.30
A006	正中啤酒	11:00	6	¥2.00	¥12.00
A006	正中啤酒	11:30	1	¥2.00	¥2.00

图 8-2-5　设置页面完成效果

子任务 2.2　对设置好的工作表进行打印前预览

Excel 2013 提供了三种方法来查看调整工作表的外观：一是普通视图(为默认方式)，适用于屏幕查看和处理；二是打印预览(显示页面)，方便用户调整列宽、页边距、页眉和页脚；三是分页预览，显示每一页所包含的数据，以便快速调整打印区域和分页。

打印预览窗口。我们可以用以下三种方法获得：按“Ctrl＋F2”快捷键；单击“自定义快速访问工具栏”，选择“打印预览”命令；单击“文件”选项卡，然后单击“打印”，在对话框中可对各项进行相关设置，如图 8-2-6 所示。

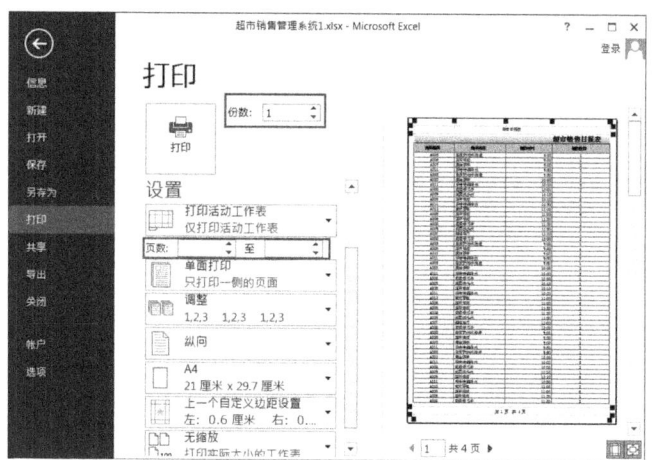

图 8-2-6　打印设置

子任务 2.3　打印工作表

工作表打印输出。操作方法：单击"文件"选项卡，然后单击"打印"；输入需要打印的文件份数，如果打印机的属性以及工作簿均符合要求，请单击"打印"，如图 8-2-7 所示。

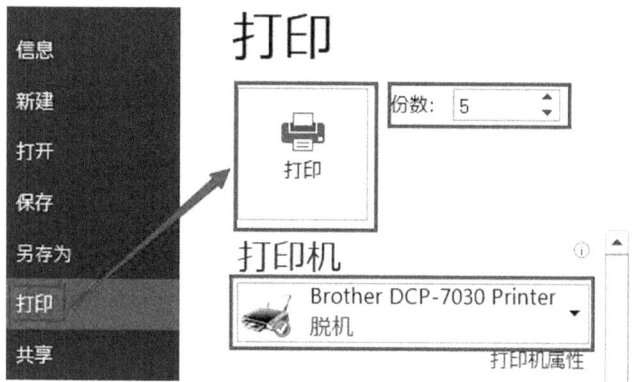

图 8-2-7　打印输出完成效果

项目 9　应用 PowerPoint 2013 制作教学演示文稿

项目说明

PowerPoint 2013 能够非常容易地制作出集文字、图形、图像、声音、视频于一体且感染力极强的幻灯片，制作的幻灯片既能自动播放，也可以在网络上发布，也可以在计算机的控制下利用投影设备在大屏幕上演示。本项目从认识 PowerPoint 2013 开始，通过项目案例的学习使读者快速掌握演示文稿的创建方式和基本操作，熟悉各种视图方式以及如何在幻灯片中输入文字、图片，编辑幻灯片等内容。

知识目标

掌握创建和保存演示文稿的方法。
掌握幻灯片中内容的添加和编辑方法。
掌握编辑幻灯片的方法。
掌握快速制作演示文稿的方法。
了解 PowerPoint 2013 的基本界面。

能力目标

会制作演示文稿。
能对演示文稿进行编辑。
能完成对幻灯片的基本操作。
能丰富幻灯片中的内容。

项目分解

任务 1：制作《大学文学鉴赏》教学 PPT。
任务 2：制作文学作品《再别康桥》演示文稿。

任务 1　制作《大学文学鉴赏》教学 PPT

任务目的

在制作幻灯片之前需要新建 PowerPoint 2013 演示文稿。在 PowerPoint 2013 中新建普通演示文稿的操作方法与在 Word 2013 中新建文档的方法类似。下面将通过制作一个教学实例来学习,效果如图 9-1-1 所示。

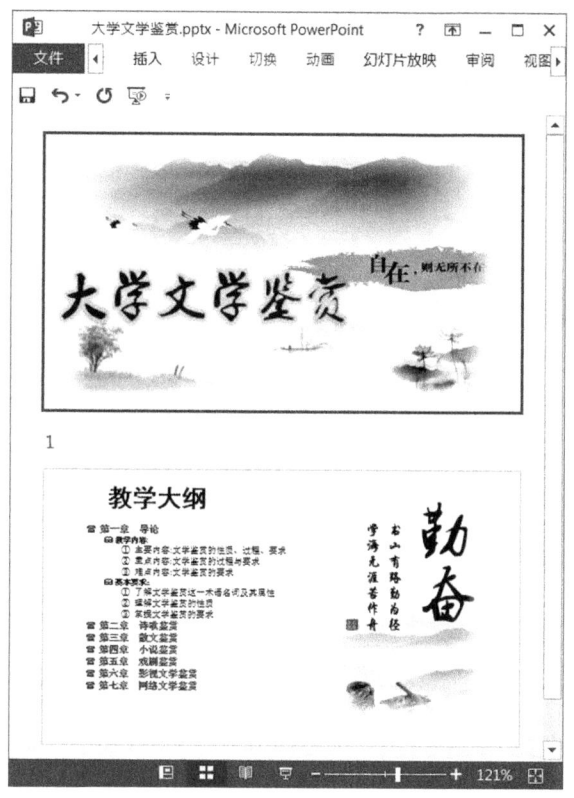

图 9-1-1　演示文稿完成效果图

任务内容

完成该项学习任务共有三个子任务。
子任务 1.1:新建 PowerPoint 2013 演示文稿。
子任务 1.2:编辑幻灯片。
子任务 1.3:幻灯片内容的添加。

任务实施

子任务 1.1 新建 PowerPoint 2013 演示文稿

1. 新建 PowerPoint 2013 演示文稿。与 Office 中的 Word、Excel 组件相同,启动 PowerPoint 2013 后,单击"空白演示文稿",系统将自动新建一个默认文件名为"演示文稿 1"的演示文稿,如图 9-1-2 所示。

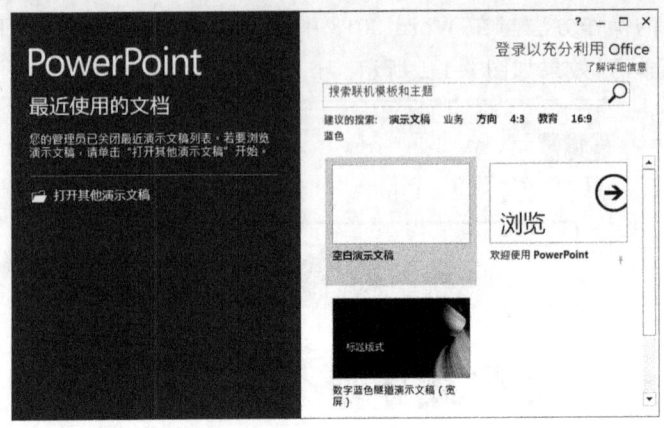

图 9-1-2 新建演示文稿

2. 认识 PowerPoint 2013 的工作界面。PowerPoint 2013 的工作界面由"文件"选项卡、快速访问工具栏、标题栏、功能区、工作区、"幻灯片/大纲"窗格、状态栏和视图栏等组成,如图 9-1-3 和图 9-1-4 所示。

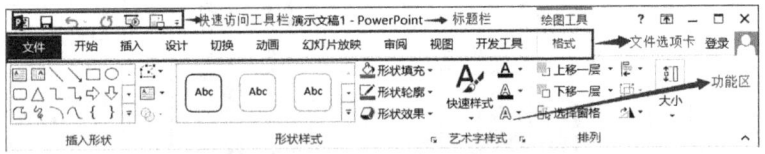

图 9-1-3 幻灯片工作界面 1

图 9-1-4 幻灯片工作界面 2

子任务 1.2 编辑幻灯片

1. 新建幻灯片。将演示文稿保存为"大学生演讲与口才实用技巧 PPT"之后默认的只有一张幻灯片,可以根据需要,创建多张幻灯片。方法是:单击"开始"选项卡,在"幻灯片"组中单击"新建幻灯片"按钮,即可直接新建一个幻灯片,也可通过在"幻灯片/大纲"窗格的"幻灯片"选项卡下的缩略图上或空白位置单击鼠标右键,在弹出的快捷菜单中选择"新建幻灯片"选项,系统即可自动创建一个新幻灯片,且其缩略图显示在"幻灯片/大纲"窗格中,如图 9-1-5 所示。

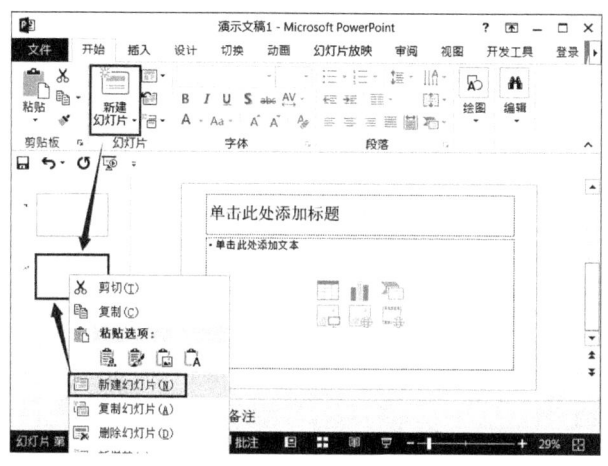

图 9-1-5 新建幻灯片

2. 为幻灯片应用布局。随演示文稿自动创建的幻灯片自动出现的单个幻灯片有两个占位符。新建后的幻灯片,可能也不是我们需要的幻灯片格式,这时,我们就可以对其应用布局。通过"开始"选项卡为幻灯片应用布局的方法是:单击"开始"选项卡,在"幻灯片"组中单击"新建幻灯片"按钮,从弹出的下拉菜单中选择所要使用的 Office 主题,即可为幻灯片进行布局。也可使用鼠标右键为幻灯片应用布局,方法是:在"幻灯片/大纲"窗格中的"幻灯片"选项卡下的缩略图上单击鼠标右键,在弹出的快捷菜单中选择"版式"选项,从其子菜单汇总选择要应用的新的布局。如图 9-1-6 所示。

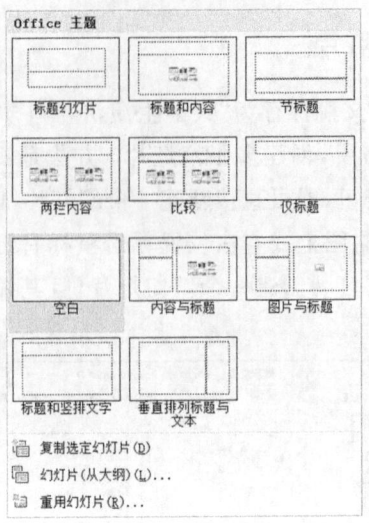

图 9-1-6 幻灯片布局

3. 删除幻灯片。创建幻灯片之后,发现不要那么多张幻灯片,可以直接在"幻灯片/大纲"窗格中单击右键使用"删除幻灯片"菜单命令来删除多余的幻灯片,如图 9-1-7 所示。

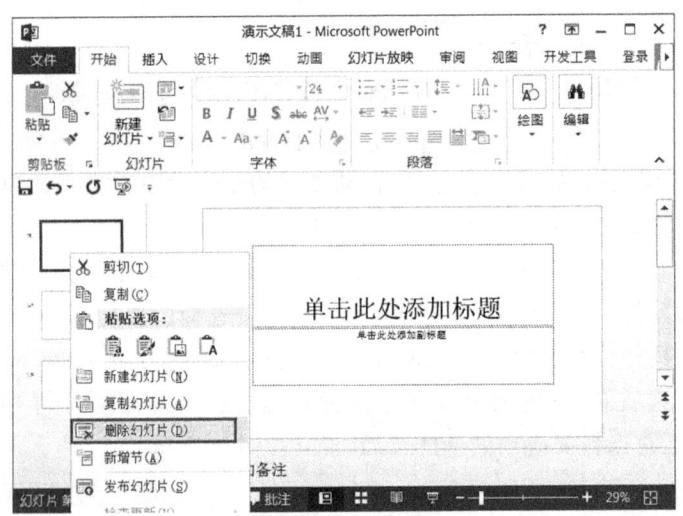

图 9-1-7 删除幻灯片

子任务 1.3 幻灯片内容的添加

1. 输入首页幻灯片标题文本。选择首页幻灯片,单击"幻灯片"窗格中的文本框"单击此处添加标题"处,然后输入文本内容"大学文学鉴赏",如图 9-1-8 所示。

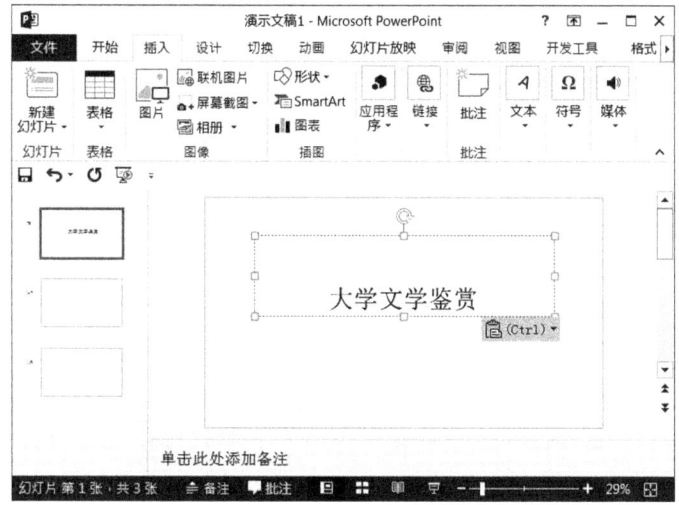

图 9-1-8　输入标题文本

2. 插入文本框。选择第二张幻灯片,然后选中默认显示的文本框后,单击"Delete"键将其删除。单击"插入"选项卡中的"文本"选项组中的"文本框"按钮,在弹出的下拉菜单中选择"横排文本框"选项,然后将光标移至幻灯片中,当光标变为向下的箭头时,按住鼠标左键并拖动,即可创建一个文本框,单击文本框直接输入文本内容,然后分别对两页幻灯片的文字外观显示效果进行相应设置,方法和 Word 文字设置一样。如图 9-1-9 所示。

图 9-1-9　插入文本框

3. 添加项目符号和编号。单击"开始"选项卡"段落"组中的"项目符号"的下拉按钮,从弹出的下拉列表中选择需要的"项目符号和编号",打开该窗口后,选择其中的"自定义"按钮,打开符号库即可更改、挑选需要的项目符号的外观,如图 9-1-10 所示。

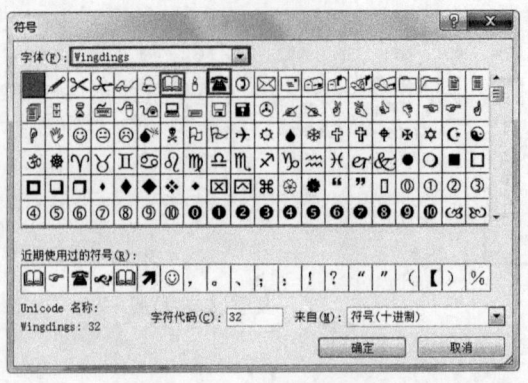

图 9-1-10　添加项目符号

4. 插入图片。单击"插入"主菜单下的"图片"按钮，分别在第一页和第二页中插入图片，把第一页图片置于底层，把第二页图片置于右边，同时对图片进行适当大小和柔化边缘值为 50 磅的格式设置，如图 9-1-11 所示。

图 9-1-11　插入图片

5. 设置完成效果如图 9-1-1 所示。

任务 2　制作文学作品《再别康桥》演示文稿

任务目的

文学作品、工作会议报告、教案等通常用 Word 来录入、编辑、打印，然而如果能做成幻灯片，以多媒体的形式展示给众人，不仅能极大地提升大家对相关内容的感性认识和兴趣，而且还可以避免讲不清楚、遗漏内容等情况。下面就通过文学作品《再别康桥》来学习快速制作演示文稿的方法，效果如图 9-2-1 所示。

项目 9　应用 PowerPoint 2013 制作教学演示文稿

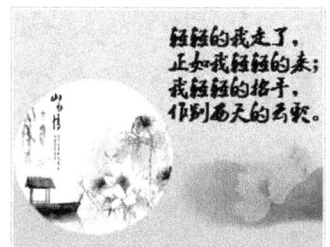
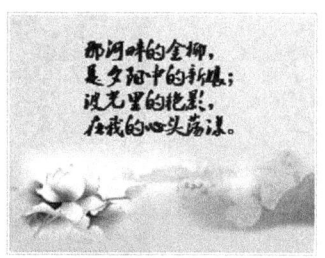

图 9-2-1　《再别康桥》演示文稿完成效果图

任务内容

完成该项学习任务共有五个子任务。

子任务 2.1：新建演示文稿。

子任务 2.2：选择幻灯片。

子任务 2.3：移动、复制和删除幻灯片。

子任务 2.4：丰富幻灯片的内容。

子任务 2.5：保存演示文稿。

任务实施

子任务 2.1　新建演示文稿

1. 新建 PowerPoint 2013 演示文稿。单击主工具栏"文件"→"新建"→"空白演示文稿"，如图 9-2-2 所示。

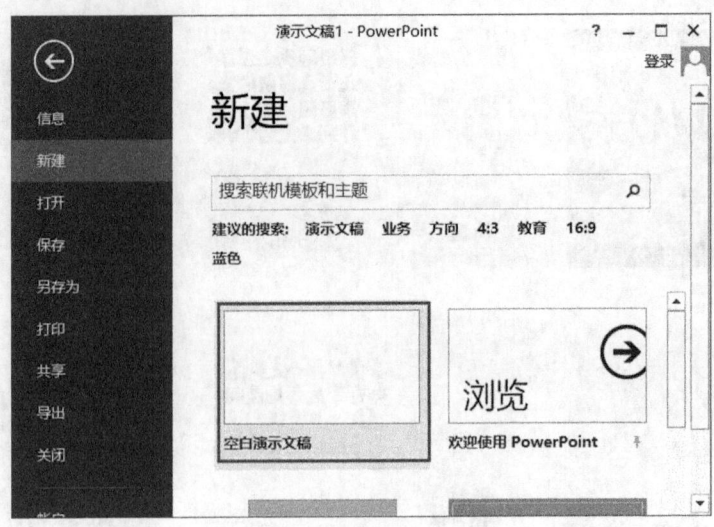

图 9-2-2　新建幻灯片文件

2. 在其下拉列表中选择"幻灯片（从大纲）"，在弹出的"插入大纲"对话框（如图 9-2-3 所示）中选择所需的文档，单击"插入"命令即可，如图 9-2-4 所示。

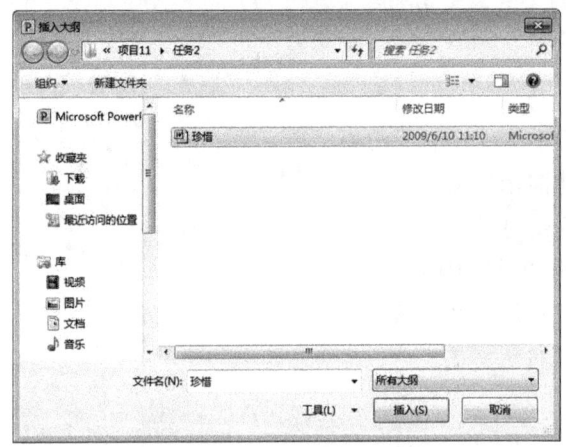

图 9-2-3　"插入大纲"对话框

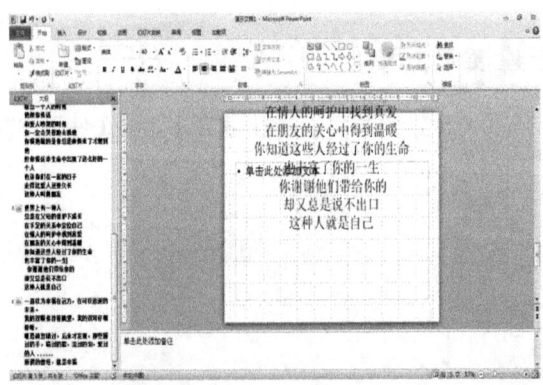

图 9-2-4　在大纲中粘贴文本

3. 也可采用编辑"大纲视图"的方法插入文本。方法是：打开 Word 文档，全部选中，执行"复制"命令，启动 PowerPoint 2013，在"视图"左侧的任务窗格中选择"大纲视图"，将光标定位到第一张幻灯片处，执行"粘贴"命令，即将 Word 文档中的全部内容插入到第一张幻灯片中，如图 9-2-5 所示。

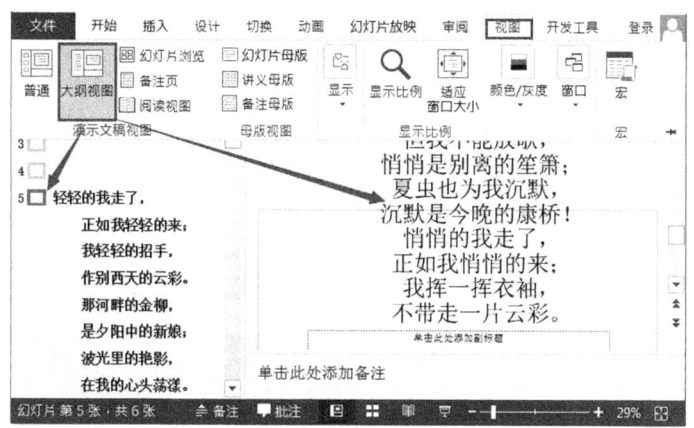

图 9-2-5　编辑"大纲视图"

4. 将光标定位到需要划分为下一张幻灯片处，通过按回车键得到新的幻灯片；如果需要插入空行，按组合键"Shift+Enter"。经过调整，很快就可以完成多张幻灯片的制作，如图 9-2-6 所示。最后，还可以在大纲视图区，单击鼠标右键，在弹出的右键快捷菜单中选择"升级""降级""上移""下移"等菜单命令进一步进行调整。

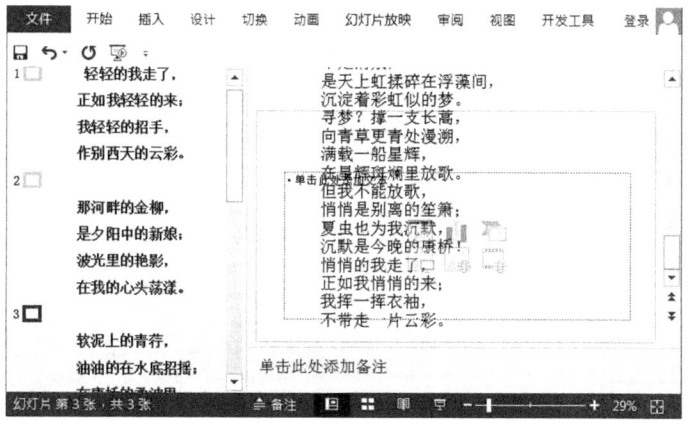

图 9-2-6　在大纲视图中新建幻灯片

小贴士：

如果是将 PowerPoint 2013 演示文稿转换成 Word 2013 文档，同样可以利用"大纲视图"快速完成。方法是将光标定位在除第一张以外的其他幻灯片的开始处，按下"BackSpace"键，重复多次，将所有的幻灯片合并为一张，然后全部选中，复制、粘贴到 Word 2013 中即可。

子任务 2.2 选择幻灯片

1. 在 PowerPoint 2013 中对幻灯片进行操作前,必须先选择该幻灯片。在幻灯片浏览视图中选择幻灯片的方法如下:单击单张幻灯片可以选中该幻灯片,如图 9-2-7 所示。

图 9-2-7 选择幻灯片

2. 如果要选择多张连续的幻灯片,可以先单击第一张幻灯片,然后按住"Shift"键,再单击最后一张幻灯片,如图 9-2-8 所示。

图 9-2-8 选择多张幻灯片

3. 如果要选择多张不连续的幻灯片,可以先单击第一张幻灯片,然后按住"Ctrl"键,再单击其他需要选择的幻灯片,如图 9-2-9 所示。

图 9-2-9　选择不连续的幻灯片

子任务 2.3　移动、复制和删除幻灯片

1. 移动幻灯片。在 PowerPoint 2013 中要调整幻灯片的位置,可以进行幻灯片移动。操作方法如下:选择任一空白的幻灯片,单击鼠标右键,然后在弹出的右键快捷菜单中选择"剪切"菜单命令,把光标置于首张幻灯片之前的位置,然后单击"粘贴"。按上述的移动幻灯片的方法,调整其他幻灯片的位置,如图 9-2-10 所示。

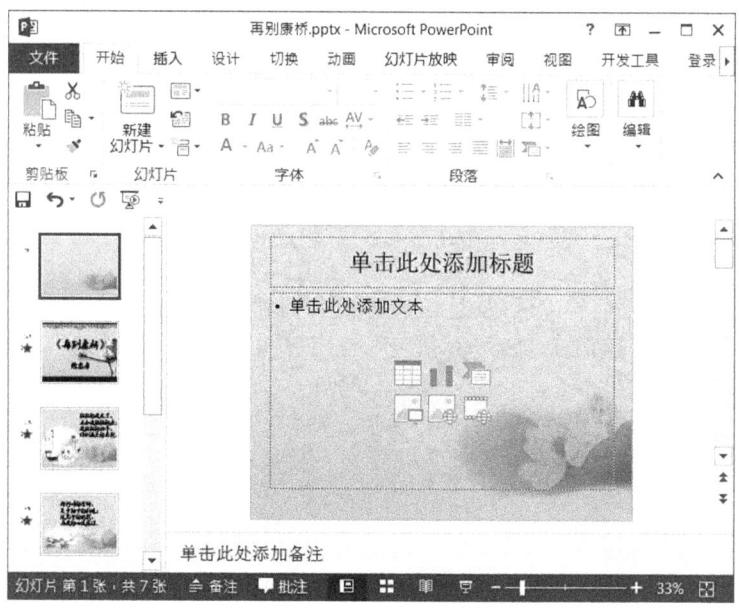

图 9-2-10　移动幻灯片

2. 复制和删除幻灯片。要在演示文稿中添加包含已有幻灯片内容的新幻灯片,可以复制该已有幻灯片。操作方法如下:选择需复制的幻灯片,单击鼠标右键,然后在弹出的右键快捷菜单中选择"复制"菜单命令,把光标置于目标位置,然后单击"粘贴"。如果要删除幻灯片,直接选中多余的空白幻灯片,按"Delete"键删除。如图 9-2-11 所示。

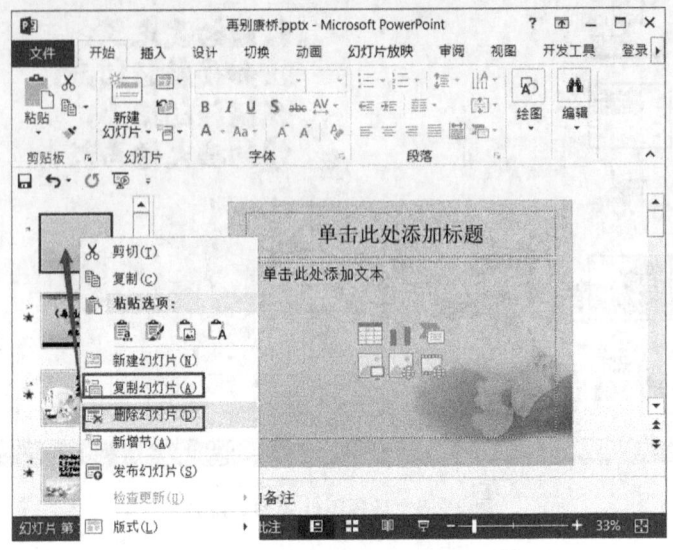

图 9-2-11　幻灯片的复制和删除

子任务 2.4　丰富幻灯片的内容

1. 首先来设计标题幻灯片。操作方法如下:单击标题幻灯片上的标题占位符,将其删除。单击主工具栏"插入"→"艺术字",从下拉列表中选择所需的艺术字样式(这里选择"填充-黑色-文本 1"),返回到幻灯片,可以看到插入的占位符,占位符中的文本显示了艺术字的效果。单击艺术字占位符内部,输入需要的标题内容,如"再别康桥"。字体为"叶根友毛笔行书 2.0 版",大小为"88","加粗""文字阴影"。单击标题幻灯片上的副标题占位符,在其中输入"徐志摩",大小为"60",其他同上。如图 9-2-12 所示。

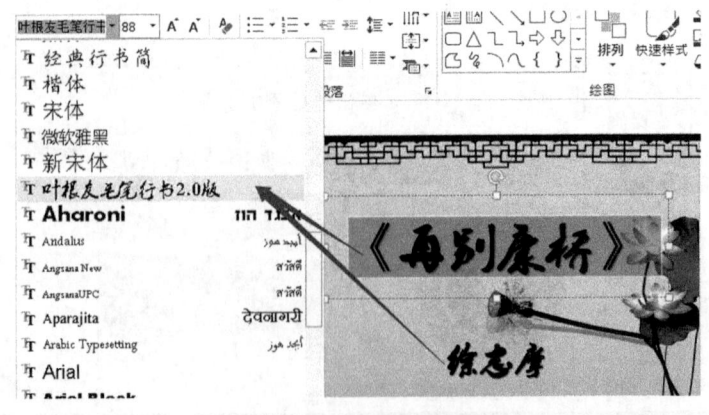

图 9-2-12　设置字体格式

2. 插入图片。单击主工具栏"插入"→"图片",打开"插入图片"对话框,选择图片;双击图片,单击主工具栏"格式"选项卡;在"图片样式"组单击所需图片样式,应用该样式(这里应用的是"柔化边缘椭圆"样式);然后在右键快捷菜单中选择"置于底层"菜单命令。效果如图 9-2-13 所示。

图 9-2-13　插入图片

3. 在剩余的幻灯片中插入图片美化。图片采用默认的格式,并置于底层。对幻灯片中的文字进行编辑,全部采用"叶根友毛笔行书 2.0 版""48 磅""加粗",加"文字阴影",完成后效果如图 9-2-14 所示。

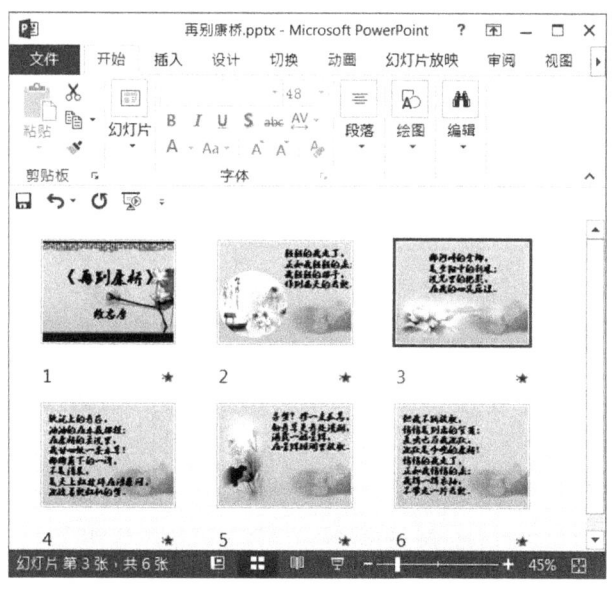

图 9-2-14　插入图片美化完成效果图

子任务 2.5　保存演示文稿

幻灯片编辑完成后,单击快速访问工具栏中的"保存"按钮,或者按下"Ctrl＋S"键,在弹出的"另存为"对话框中进行设置后,单击"保存"按钮完成演示文稿的保存,如图 9-2-15 所示。

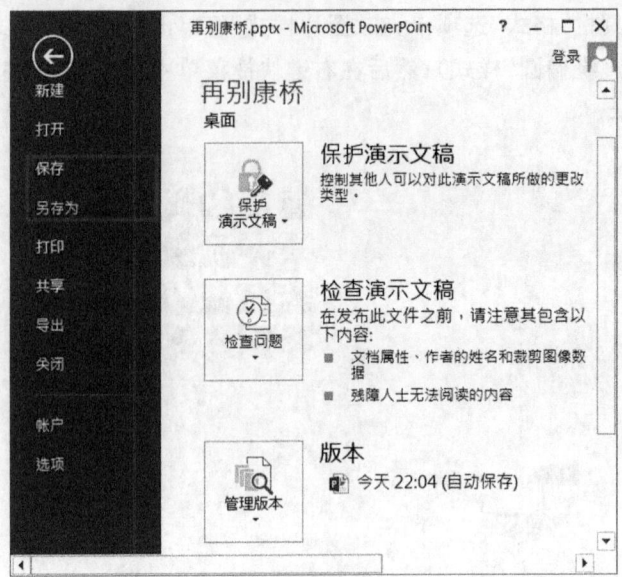

图 9-2-15 保存演示文稿

小贴士：

在 PowerPoint 2013 中插入的图片是屏幕截图时，无需离开 PowerPoint 2013，单击主工具栏"插入"→"图像"→"屏幕截图"→"屏幕剪辑"，选择所需的图像部分即可。添加屏幕截图后，可以使用"图片工具"选项卡上的工具来编辑图像和增强效果。

项目 10　应用 PowerPoint 2013 制作企业宣传作品

项目说明

为使 PowerPoint 2013 制作的幻灯片绚丽夺目，便于播放控制，本项目将介绍如何建立超链接、美化幻灯片和放映幻灯片等内容，提高演示文稿的趣味性和表现力。

知识目标

掌握幻灯片切换效果和其对象动画效果的设置方法。
掌握幻灯片背景、主题、版式和母版的设置方法。
掌握插入超链接的方法。
掌握插入动作按钮的方法。
掌握放映幻灯片的方法。
了解动画效果的类型。
了解超链接的作用。
了解主题、版式的概念。
了解母版的作用。

能力目标

会设置幻灯片中各种对象的动画效果。
会设置并应用幻灯片背景、主题、版式和母版。
会应用超链接。
会应用动作按钮。
会放映、发布演示文稿。

项目分解

任务 1：制作"企业宣传展示"演示文稿。

任务2:制作"企业宣传展示"动画。

任务3:快速制作"企业宣传展示母版"。

任务1　制作"企业宣传展示"演示文稿

任务目的

演示文稿是企业宣传最经济、最方便的一种手段,因此它广泛应用于商务活动、会议展示、员工培训等方面。在本案例中,将重点设计幻灯片中图形、图表等个性化元素,效果如图10-1-1所示。

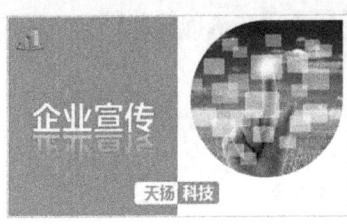

图10-1-1　企业宣传展示完成效果图

任务内容

完成该项学习任务共有两个子任务。

子任务1.1:插入图片和形状。

子任务1.2:插入表格和图表。

任务实施

子任务1.1　插入图片和形状

1. 启动PowerPoint 2013后,系统自动新建一个默认文件名为"演示文稿1"的空白演示文稿。单击自定义快速访问工具栏中的保存按钮,保存名为"企业宣传展示"的演示文稿。在默认的幻灯片中插入公司 LOGO 的图片,并调整位置于左上角,复制得到三张幻灯片。同时分别在每一页幻灯片上插入相应所需图片和标题文字,并进行大小和位置调整,操作方法与 Word 2013 类似。如图 10-1-2 所示。

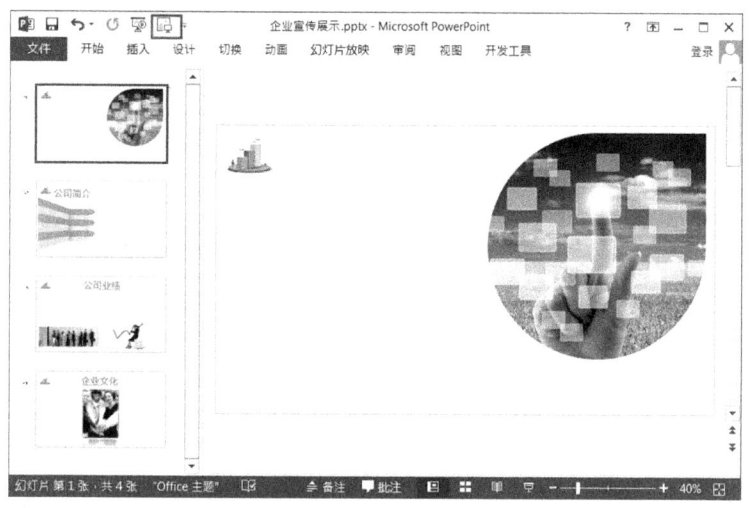

图 10-1-2　插入图片

2. 在标题幻灯片中,单击主工具栏"插入"→"形状",在弹出的下拉列表中单击所需形状,接着单击幻灯片的任意位置,然后拖动以放置形状。双击插入的形状,利用主工具栏选择"格式"→"形状样式"工具组(如图 10-1-3 所示)对形状进行填充、轮廓及效果的设置,操作方法与 Word 2013 类似。

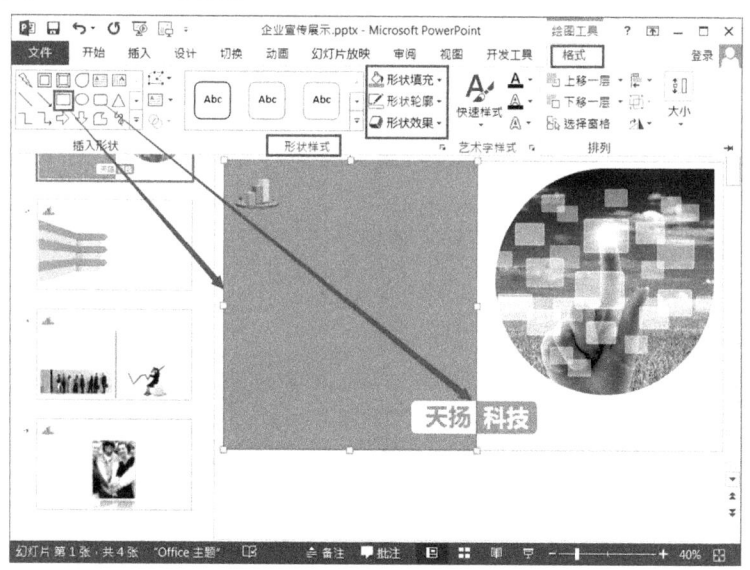

图 10-1-3　插入形状

3. 鼠标右键单击左边橙色方块后,弹出快捷菜单,选择"编辑文字",输入"企业宣传",如图 10-1-4 所示。

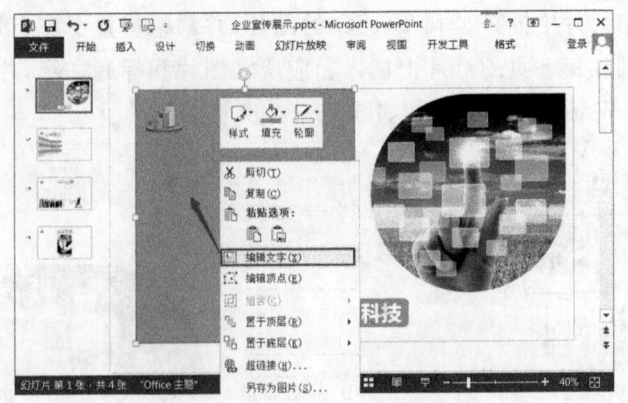

图 10-1-4　在插入形状中编辑文字

4. 设置"企业宣传"文字为"微软雅黑""88 磅""白色",文字效果如图 10-1-5 所示。

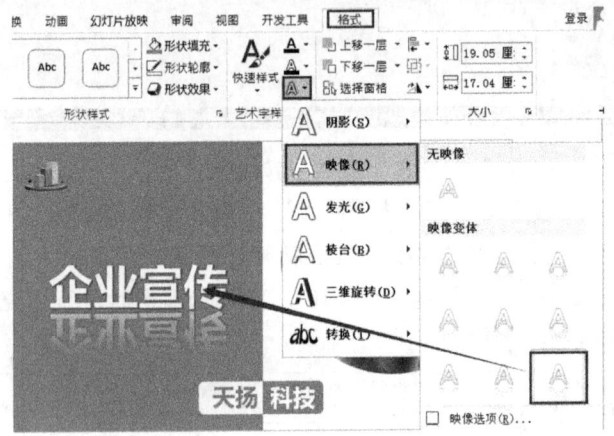

图 10-1-5　设置文字效果

5. 采用以上方法,通过插入"形状"对第二页幻灯片的文本外框样式进行添加和设计,如图 10-1-6 所示。

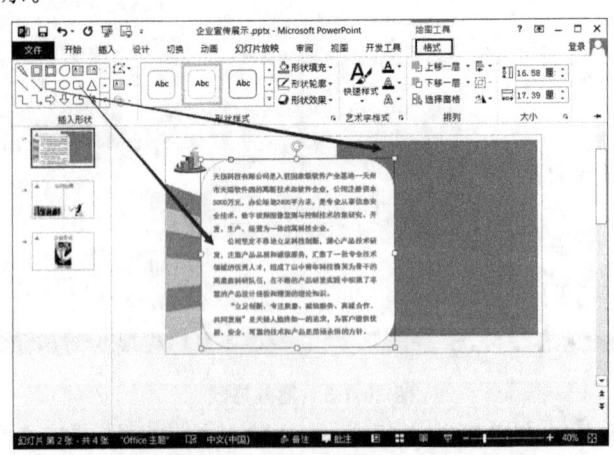

图 10-1-6　插入形状并编辑文字效果

6. 利用主工具栏选择"格式"→"形状样式"工具组对这两个形状进行填充、轮廓及

项目 10　应用 PowerPoint 2013 制作企业宣传作品

效果的设置，并把文字层移动到橙色背景方块的上层中间，输入文本内容，最后效果如图 10-1-7 所示。

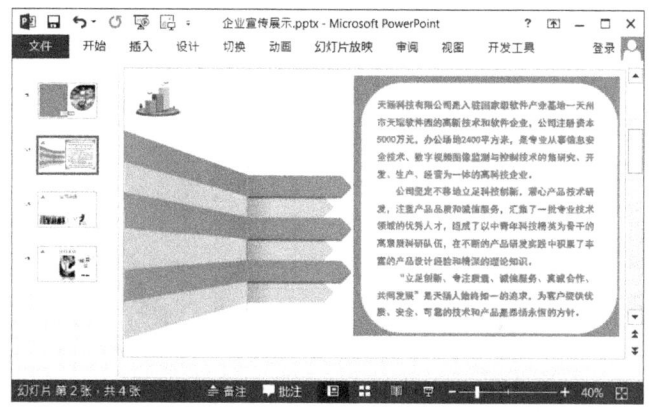

图 10-1-7　设置形状完成效果图

子任务 1.2　插入表格和图表

1. 插入表格。在"公司业绩"第三张幻灯片中插入表格，操作方法如下：选择要向其添加表格的幻灯片，单击主工具栏"插入"→"表格"，移动指针以选择所需的行数和列数，单击后完成表格的插入；或者单击下拉菜单中的"插入表格"选项，然后在"列数"和"行数"列表中输入数字。要向表格单元格添加文字，单击某个单元格进行输入即可，如图 10-1-8 所示。

图 10-1-8　插入表格

2. 更改表格的外观。双击插入的表格，利用"设计"选项卡下的工具对表格进行美化。在"表格工具"下的"设计"选项卡上单击"表格样式"组中所需的表格样式，将指针置于某个快速样式缩略图上时，可以看到该快速样式对表格的影响。除了应用表格样式（或快速样式）外，和 Word 2013、Excel 2013 类似，还可以通过更改表格的轮廓或边框、向表格的单元格添加填充或效果或者更改表格的背景色来更改表格的外观，如图 10-1-9 所示。

图 10-1-9　更改表格外观

3. 插入图表。插入图表的操作方法如下：在 PowerPoint 2013 中，单击主工具栏"插入"→"图表"，在弹出的"插入图表"对话框中，选择"三维柱状图"类型，在弹出的 Excel 表格中输入内容，如图 10-1-10 所示。

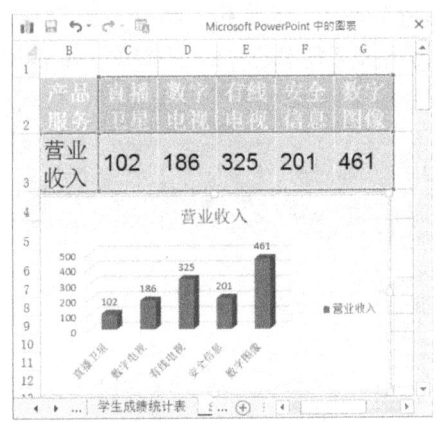

图 10-1-10　插入图表

4. 插入 SmartArt 图形。在第四张幻灯片上，在主工具栏"插入"选项卡的"插图"组中，单击"SmartArt"按钮，在"选择 SmartArt 图形"对话框中，单击所需的类型和布局。如果要添加形状或更改其颜色和样式，双击插入的 SmartArt 图形，在"设计"选项卡下的工具栏中进行选择更改。如图 10-1-11 所示。

项目10 应用 PowerPoint 2013 制作企业宣传作品

图 10-1-11 插入 SmartArt 图形

5. 执行下列操作以便在 SmartArt 图形中输入文字：单击 SmartArt 图形中的一个形状，然后键入文本；单击"文本"窗格中的"[文本]"，然后键入或粘贴相应的文字。如图 10-1-12 所示。

图 10-1-12 在 SmartArt 图形中输入文字完成效果图

任务 2 制作"企业宣传展示"动画

任务目的

适当地为幻灯片上的文字、图片、形状或其他对象添加动画效果,可以突出演示文稿的控制信息的流程,提高幻灯片的观赏性和趣味性。

任务内容

完成该项学习任务共有四个子任务。
子任务 2.1:认识"动画"选项卡。
子任务 2.2:幻灯片对象的动画效果。
子任务 2.3:为"企业宣传展示"设置动画效果。
子任务 2.4:幻灯片动态换页。

任务实施

子任务 2.1 认识"动画"选项卡

1. 单击 PowerPoint 2013 的主工具栏上的"动画"选项卡(如图 10-2-1 所示),利用各工具栏的功能及相应的一系列操作,就可以使幻灯片在演示时产生一系列逼真的动画效果,如文字从幻灯片中淡出,图形或图片逐渐进入幻灯片等演示效果。

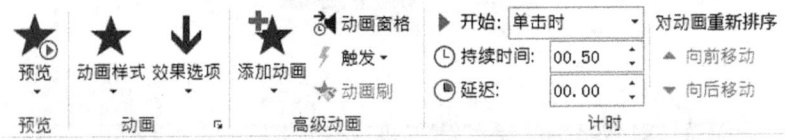

图 10-2-1 "动画"选项卡

2. 各工具栏的功能如下。

"预览"工具栏:对幻灯片设置动画之后,该工具栏中的"预览"按钮就被激活,单击该按钮可查看幻灯片播放时的动画效果。

"动画"工具栏:为幻灯片中各对象添加动画效果。

"高级动画"工具栏:为幻灯片中单个对象快速添加多个动画效果。

"计时"工具栏:对幻灯片中各对象的动画效果进行时间控制。

子任务 2.2 幻灯片对象的动画效果

1. 要将一段简单的动画应用于形状、图片或文本框内容,首先要切换到"动画"选项卡。以文本框为例,选择文本框后,在"动画"工具组单击"动画"下拉列表,选择"擦除"选项,如图 10-2-2 所示。单击如图 10-2-1 所示的"效果选项",可设置"擦除"的方向。

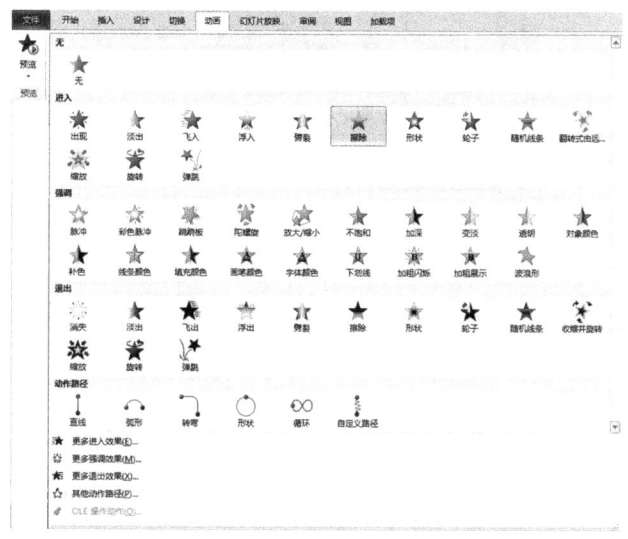

图 10-2-2　添加动画效果 1

2. 如果要查看所设置的动画效果,单击主工具栏"动画"→"高级动画"→"动画窗格",在打开的"动画窗格"中进行,如图 10-2-3 所示。而在主工具栏"动画"→"计时"工具组中则可以设置动画播放的排序和时间,如图 10-2-4 所示。

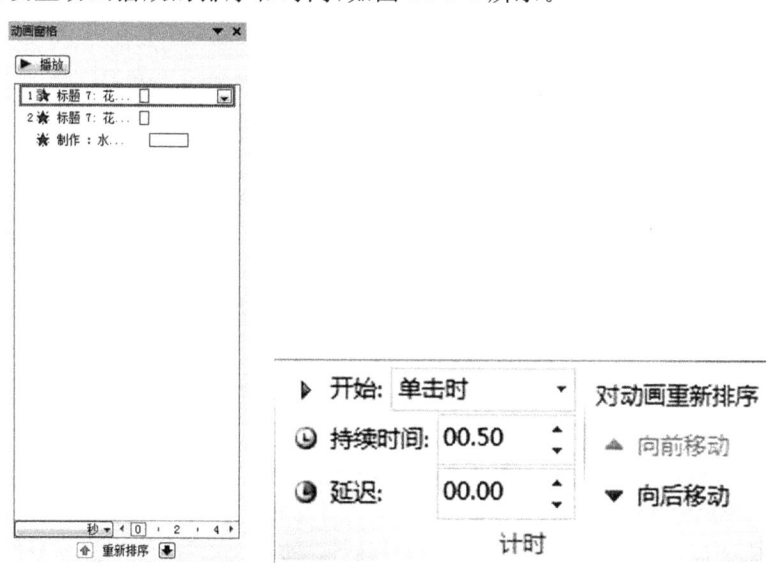

图 10-2-3　动画窗格　　　图 10-2-4　计时设置

3. 对单个对象应用多个动画效果:选择要添加多个动画效果的文本或对象,在"动画"选项卡上的"高级动画"组中,单击"添加动画",如果有多个对象需要设置相同的动画效果,使用"动画刷"即可,如图 10-2-5 所示。

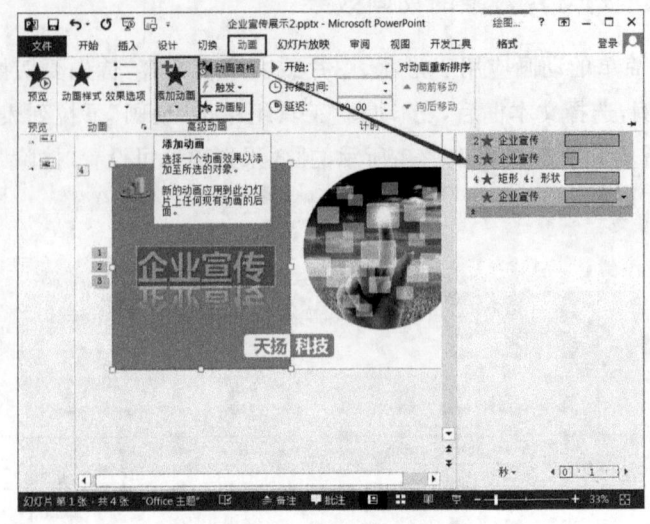

图 10-2-5　设置动画效果

子任务 2.3　为"企业宣传展示"设置动画效果

1. 下面以"企业宣传展示"演示文稿为例,进行幻灯片对象动画效果的设置。操作方法如下:选择标题"企业宣传",单击主工具栏"动画",在"动画样式"工具组的下拉列表中选择"擦除",在"效果选项"中选择方向"自顶部",如图 10-2-6 所示。

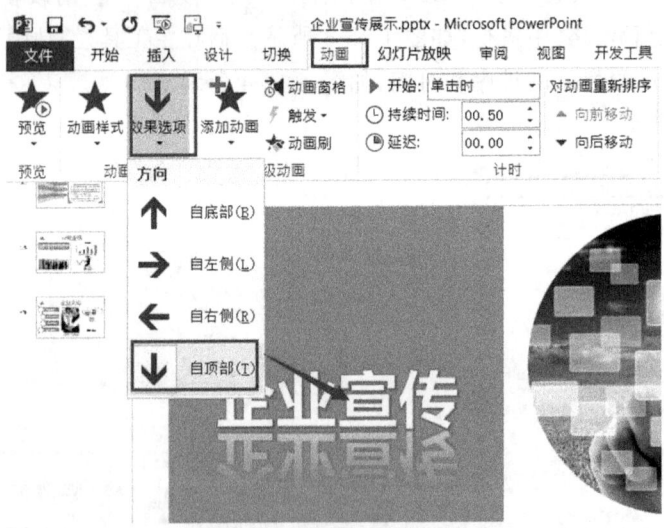

图 10-2-6　动画效果选项

2. 选择副标题"天扬科技"文字组合,单击主工具栏"动画"→"高级动画"→"添加动画",在弹出的菜单中选择"进入"→"缩放",在"效果选项"下拉菜单中选择"幻灯片中心",如图 10-2-7 所示。

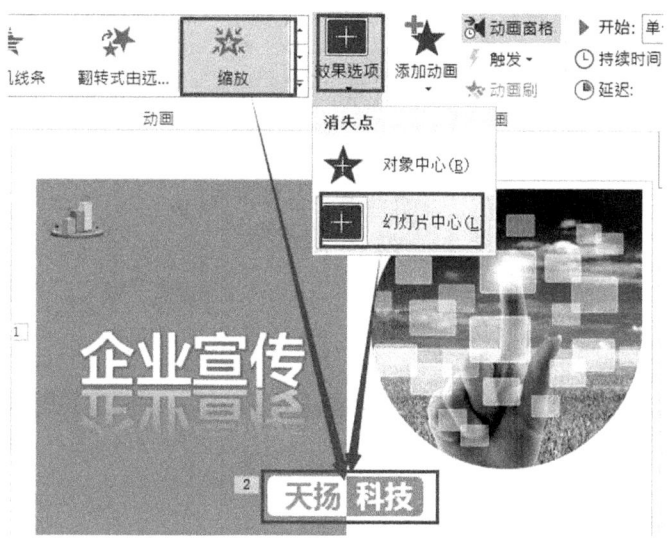

图 10-2-7　添加动画效果 2

3. 选择右上角图片,单击主工具栏"动画"→"高级动画"→"添加动画",在弹出的菜单中选择"进入"→"形状",在"效果选项"下拉菜单中选择方向"缩小",形状"圆",如图 10-2-8 所示。

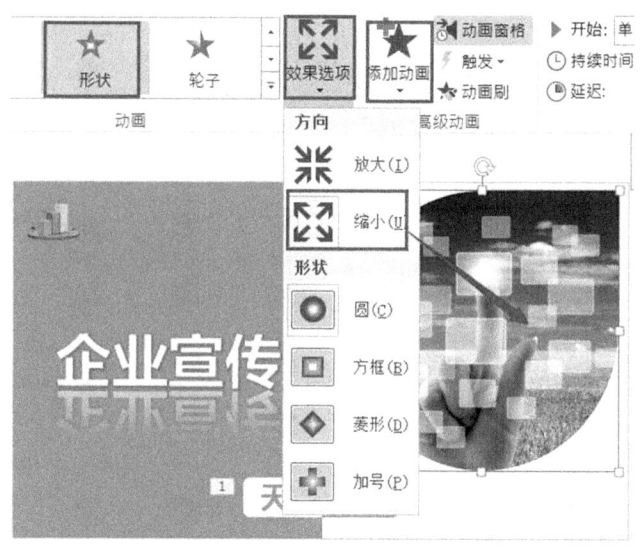

图 10-2-8　圆形动画 1

4. 设置动画效果。打开"动画窗格",选择"天扬科技"文字组合的"缩放"动画,在"动画"主菜单下"计时"工具组的"开始"选择"与上一个动画同时",将"延迟"调整时间为"00.50"。选择右上角图片动画,采用同样的方法设置动画"开始"为"上一个动画之后"、"延迟"时间为"00.50"。单击打开"图片 5"动画后的下拉列表,选择"效果选项"菜单命令,在弹出的"圆形扩展"对话框中进行"效果""计时"等细微设置,如图 10-2-9 所示。

图 10-2-9　圆形动画 2

子任务 2.4　幻灯片动态换页

1. 幻灯片之间的动态换页可以让演示文稿播放起来动感十足,增加演讲的生动性。通过利用 PowerPoint 2013 内置的切换动画效果,可以实现这个要求,从而使整个演讲的过程与众不同、充满朝气,如图 10-2-10 所示。在"切换到此幻灯片"工具组可以设置切换效果、切换声音、切换速度以及换片方式。

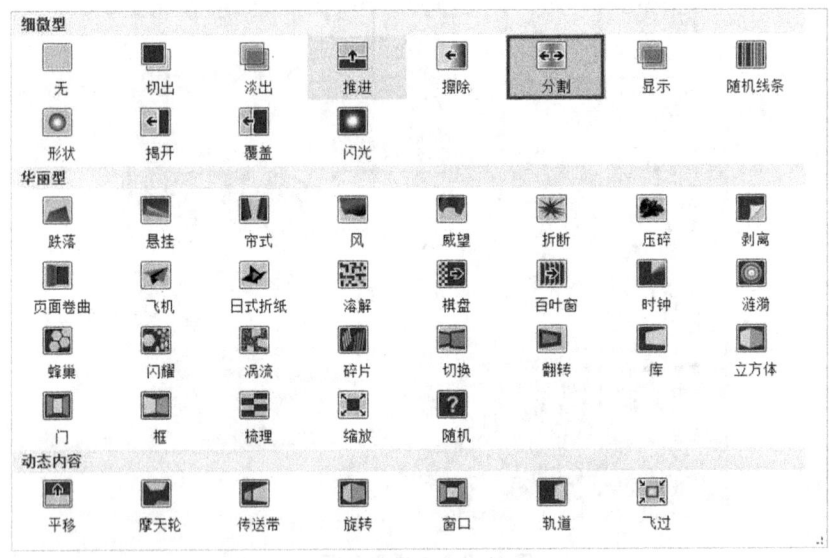

图 10-2-10　切换动画

2. 在"企业宣传展示"演示文稿中选择第一张幻灯片,选择"切换"主菜单的"分割"效果,在"切换"→"计时"工具组中设置"持续时间"为"00.75",单击"全部应用"按钮应用于演示文稿中所有的幻灯片,预览幻灯片的切换效果,并保存演示文稿。

任务 3 快速制作"企业宣传展示母版"

任务目的

在 PowerPoint 2013 中,前台制作的幻灯片都有一个后台母版在支持;通过对母版的修改,可以将同样的修改应用于采用了该母版的所有幻灯片。

所谓"母版"就是一种特殊的幻灯片,它包含了幻灯片标题、内容和页眉、页脚(如日期、时间和幻灯片编号)等占位符,这些占位符控制着幻灯片的字体、字号、颜色(包括背景色)、阴影和项目符号样式等设计要素,如图 10-3-1 所示。

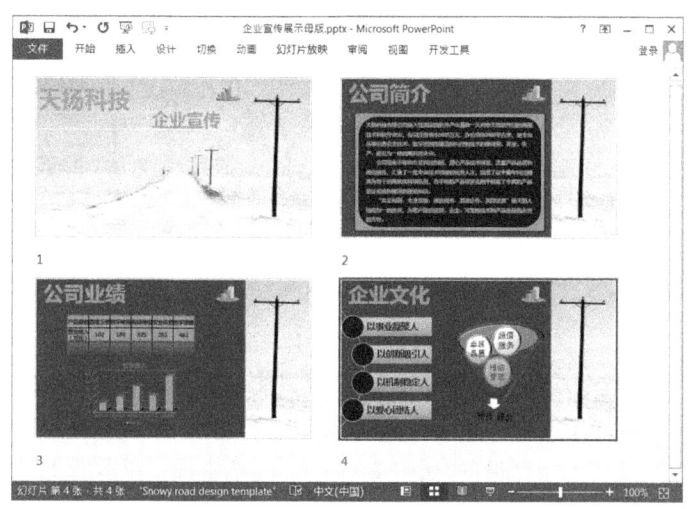

图 10-3-1 企业宣传展示母版

任务内容

完成该项学习任务共有两个子任务。
子任务 3.1:认识母版的类型。
子任务 3.2:编辑母版。

任务实施

子任务 3.1 认识母版的类型

在 PowerPoint 2013 中有三个母版,它们是幻灯片母版、讲义母版及备注母版,可用来制作统一标志和背景的内容,设置标题和主要文字的格式,包括文本的字体、字号、颜色和阴影等特殊效果。所有的幻灯片都是基于母版创建的,也就是说母版为所有幻灯片设置默认版式和格式。简单地说,修改母版就是在创建新的模板。

1. 幻灯片母版。要切换到幻灯片母版视图,方法是:单击主工具栏"视图"选项卡,在"演示文稿视图"工具栏中单击"幻灯片母版"按钮。在 PowerPoint 2013 中,幻灯片母版包含两部分,一个是幻灯片母版,另一个是与幻灯片母版相关联的版式。幻灯片母版用于控制该演示文稿中所有幻灯片的格式,而与幻灯片母版相关联的版式可单独设置,比如标题版式只用于控制标题幻灯片的设置。在一个演示文稿的模板中也可以包含多个母版,如图 10-3-2 所示。

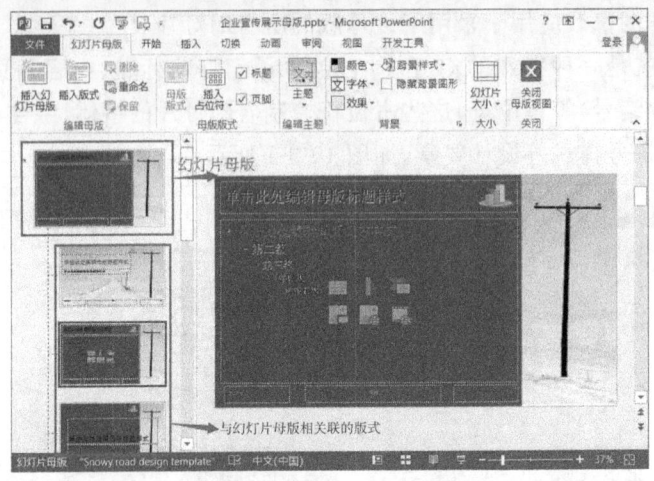

图 10-3-2　幻灯片母版

2. 如需对幻灯片改变或快速应用新的母版,可以使用自带的"主题"里的母版和版式。本例中的"企业宣传"就使用了其中一个主题母版,方法是单击主工具栏"设计"→"主题",在其下拉列表中显示了所有自带的主题母版,如图 10-3-3 所示,单击选中所需的主题样式即可。

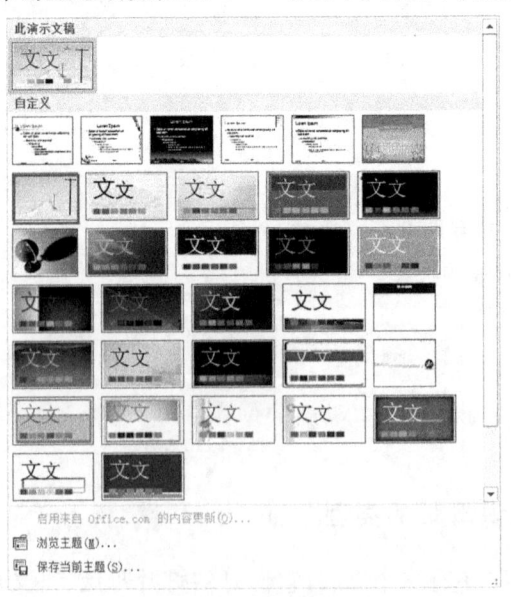

图 10-3-3　幻灯片主题样式

3. 讲义母版。当幻灯片需要作为讲义稿打印装订成册时,就可以将它打印成讲义。使用讲义母版可定义在一页纸张里显示的幻灯片数量、页眉和页脚的位置以及幻灯片的放置方向等,如图 10-3-4 所示。切换时,单击主工具栏"视图"→"讲义母版"→按钮,即可进入讲义母版视图。

图 10-3-4　幻灯片数量设置

4. 备注母版。如果需要将备注和幻灯片内容显示在同一个页面中,则可以切换到备注页视图中查看。而备注母版就是定义备注页的模板,在其中可以设置备注页方向、幻灯片大小等。单击主工具栏"视图"→"备注页",进入备注页视图。单击"备注母版"按钮,可以进入备注母版视图,如图 10-3-5 所示。

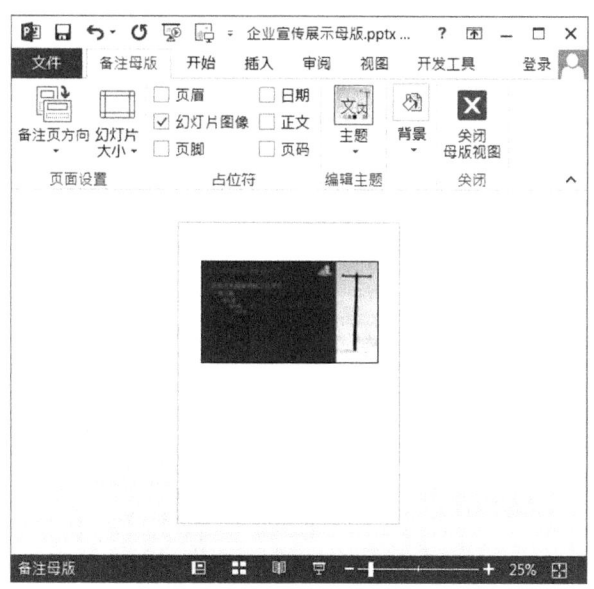

图 10-3-5　备注母版

小贴士:

如果先创建了幻灯片母版再构建幻灯片,则添加到演示文稿中的所有幻灯片都会基于该幻灯片母版和相关联的版式。如果在构建了各张幻灯片之后再创建幻灯片母版,则幻灯片上的某些项目便不能遵循幻灯片母版的设计风格,需在幻灯片中单独设置。

子任务 3.2　编辑母版

1. 通过对母版的设计可以快速地制作风格一致又与众不同的演示文稿。如果需要某些文本或图形在每张幻灯片上都出现,比如公司的徽标和名称,你就可以将它们放在母版中,只需编辑一次就行了。具体操作如下:单击主工具栏"视图"选项卡,在"演示文稿视图"工具栏中单击"幻灯片母版"按钮,在"幻灯片母版"页面标题栏右上角处添加一个公司LOGO图标,完成后发现所有的幻灯片标题栏右上角处都自动多了一个公司LOGO图标,如图10-3-6所示。

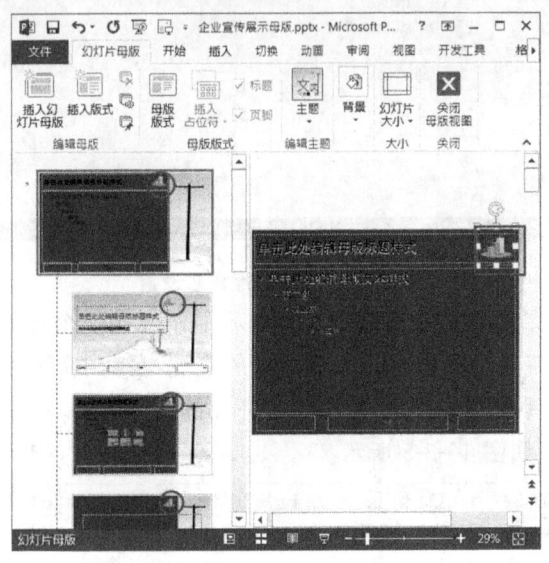

图 10-3-6　编辑母版

2. 再加入名称,单击主工具栏"插入"选项卡下"文本"工具栏上的"文本框"按钮,在母版页面右边拖出一个文本框,在里面输入"天扬科技"字样,设置字体为"微软雅黑""加粗""40磅",文字方向为竖排,如图10-3-7所示。

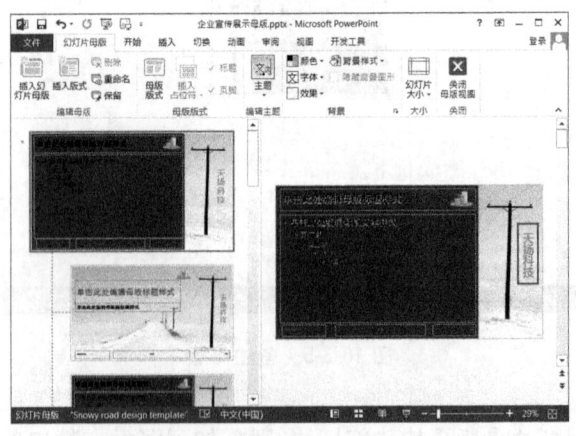

图 10-3-7　在母版中插入文本

3. 对母版对象设置完成后,单击母版上的"关闭母版视图"按钮,回到当前的幻灯片视图,结果发现每插入一张新的幻灯片,都会在右上角看到公司的徽标和"天扬科技"字样,如图10-3-8所示。

图 10-3-8　设置母版对象完成效果图

项目 11　应用 PowerPoint 2013 放映演示作品

项目说明

PowerPoint 2013 表现形式丰富,可以制作效果美轮美奂的文艺播放作品,我们制作的 PPT 主要是用来给观众演示的,制作好的幻灯片通过检查之后就可以直接播放使用了。掌握幻灯片播放的方法与技巧并灵活使用,可以达到意想不到的效果。本项目主要介绍 PPT 的演示原则与技巧、PPT 的演示操作等方法。

知识目标

熟悉 PPT 的演示原则与技巧。
掌握 PPT 演示操作的方法。
掌握 PPT 自动演示的方法。

能力目标

会设置 PPT 的演示操作。
会设置 PPT 的自动演示。
会放映、控制、发布演示作品。

项目分解

任务 1:设置 PPT 演示方式。
任务 2:设置演示幻灯片。

任务1　设置 PPT 演示方式

任务目的

在 PowerPoint 2013 中，演示文稿的放映类型包括演讲者放映、观众自行浏览和在展台浏览三种。具体的演示方式的设置可以通过单击"幻灯片放映"选项卡"设置"组中的"设置幻灯片放映"按钮，然后在弹出的"设置放映方式"对话框中进行放映类型、放映选项及换片方式等设置。本项目利用在网络中下载网友制作的"企业文化浅谈"演示文稿，对该作品进行放映设置，效果如图 11-1-1 所示。

图 11-1-1　设置 PPT 演示方式完成效果图

任务内容

完成该项学习任务共有三个子任务。
子任务 1.1：演讲者放映。
子任务 1.2：观众自行浏览。
子任务 1.3：在展台浏览。

任务实施

子任务 1.1　演讲者放映

1. 将演示文稿的放映方式设置为演讲者放映的具体操作方法如下：单击"幻灯片放映"选项卡"设置"组中的"设置幻灯片放映"按钮，如图 11-1-2 所示。

图 11-1-2　设置幻灯片放映

2. 弹出"设置放映方式"对话框，在"放映类型"区域中单击选中"演讲者放映（全屏幕）"单选项，即可将放映方式设置为演讲者放映。在"设置放映方式"对话框的"放映选项"区域勾选"循环放映，按 ESC 键终止"复选框，在"换片方式"区域中勾选"手动"复选框，将演示过程中换片方式设置为手动，设置如图 11-1-3 所示。

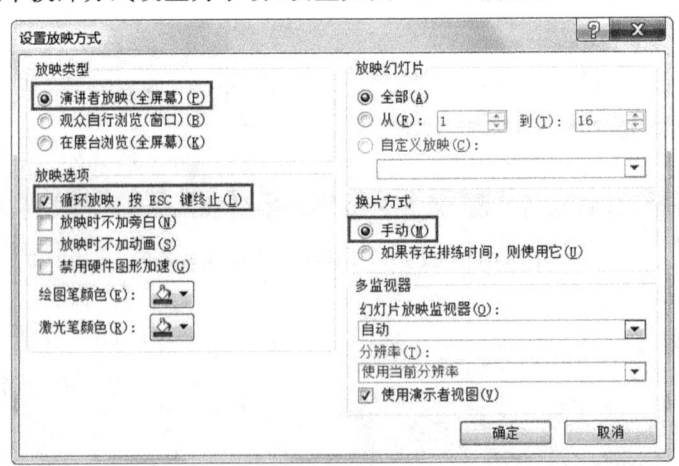

图 11-1-3　演讲者放映设置

3. 全屏幕演示 PPT。单击"确定"按钮完成设置，按"F5"快捷键即可进行全屏幕的 PPT 演示，如图 11-1-4 所示为演讲者放映方式下的第 1 页幻灯片的演示状态。

图 11-1-4　全屏幕演示

子任务 1.2　观众自行浏览

1. 设置放映类型为观众自行浏览。单击"幻灯片放映"选项卡"设置"组中的"设置幻灯片放映"按钮,弹出"设置放映方式"对话框,在"放映类型"区域中单击选中"观众自行浏览(窗口)"单选项;在"放映幻灯片"区域中单击选中"从…到…"单选项,并在第 2 个文本框中输入"4",设置从第 1 页到第 4 页的幻灯片放映方式为观众自行浏览,如图 11-1-5 所示。

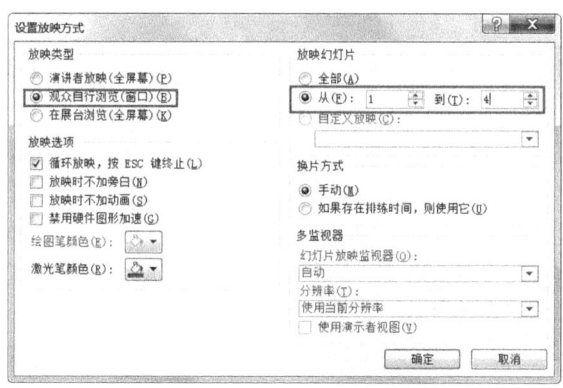

图 11-1-5　观众自行浏览设置

2. 单击"确定"按钮完成设置,按"F5"快捷键进行演示文稿的演示。可以看到设置后的前 4 页幻灯片以窗口的形式出现,并且在最下方显示状态栏,但是第 5 页到第 16 页不会显示出来,如图 11-1-6 所示。

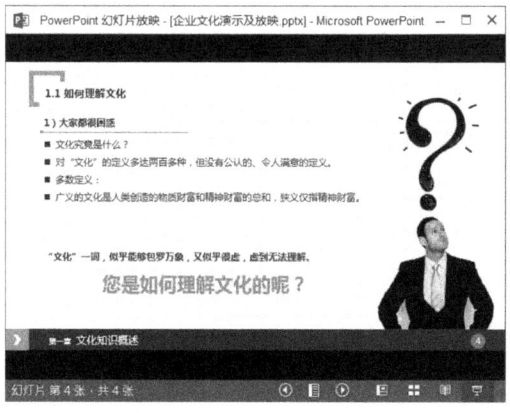

图 11-1-6　观众自行浏览放映

子任务 1.3　在展台浏览

1. 打开演示文稿后,单击"幻灯片放映"选项卡"设置"组中的"设置幻灯片放映"按钮,在弹出的"设置放映方式"对话框的"放映类型"区域中单击选中"在展台浏览(全屏幕)"单选项,即可将演示方式设置为在展台浏览,如图 11-1-7 所示。

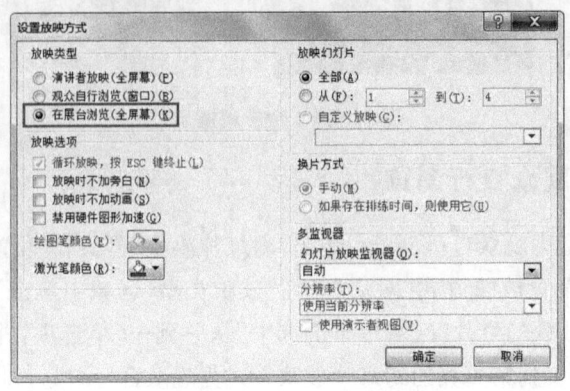

图 11-1-7　在展台浏览设置

2. 在展台浏览的放映方式可以让多媒体报告自动放映,而不需要演讲者操作。有些场合需要让多媒体报告自动放映,例如展览会上的产品展示等。只在展台全屏浏览第 2 张幻灯片,这时会发现鼠标和键盘翻页均失效,只能观看页面,演讲者不能进行操作,效果如图 11-1-8 所示。

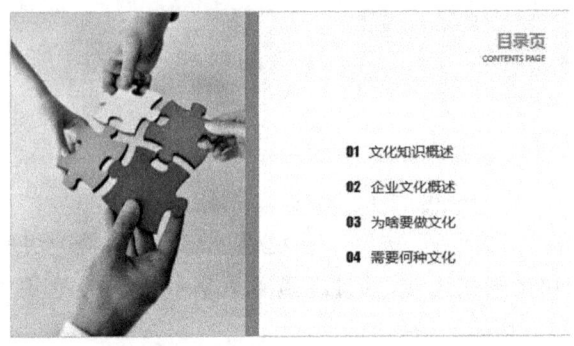

图 11-1-8　在展台浏览放映

任务 2　设置演示幻灯片

任务目的

默认情况下,幻灯片的放映方式为普通手动放映。读者可以根据实际需要,设置幻灯片的放映方式,如自动放映、自定义放映和排列计时放映等。

任务内容

完成该项学习任务共有三个子任务。
子任务 2.1：从头开始放映。
子任务 2.2：从当前幻灯片开始放映。
子任务 2.3：放映方式设置。

任务实施

子任务 2.1　从头开始放映

1. 放映幻灯片一般是从头开始放映的，从头开始放映的具体操作步骤如下：单击"幻灯片放映"选项卡"开始放映幻灯片"组中的"从头开始"按钮，如图 11-2-1 所示。

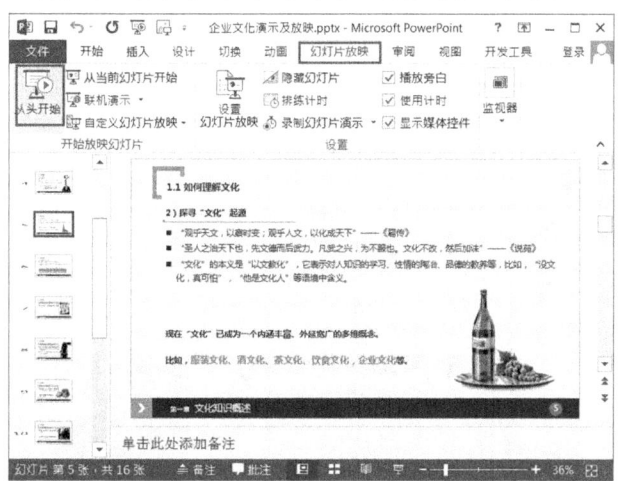

图 11-2-1　从头开始放映

2. 播放幻灯片。系统开始播放幻灯片，单击鼠标或按"Enter"键或空格键即可切换到下一张幻灯片，如图 11-2-2 所示。

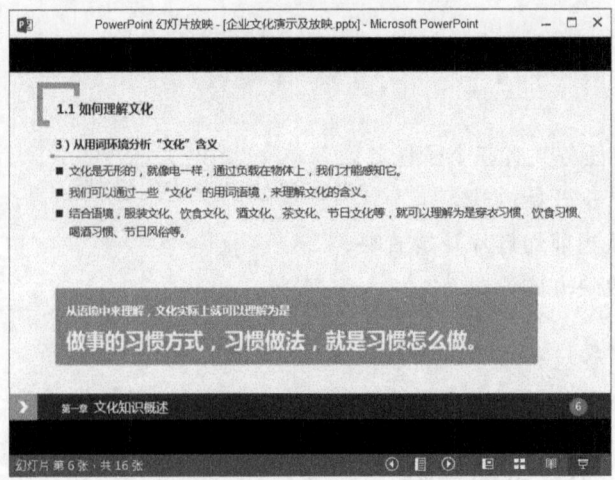

图 11-2-2　从头开始播放幻灯片

子任务 2.2　从当前幻灯片开始放映

1. 在放映演示作品时可以从选定的当前幻灯片开始放映,具体操作步骤如下:选择开始放映的幻灯片,例如选中第 7 张幻灯片,单击"幻灯片放映"选项卡"开始放映幻灯片"组中的"从当前幻灯片开始"按钮,如图 11-2-3 所示。

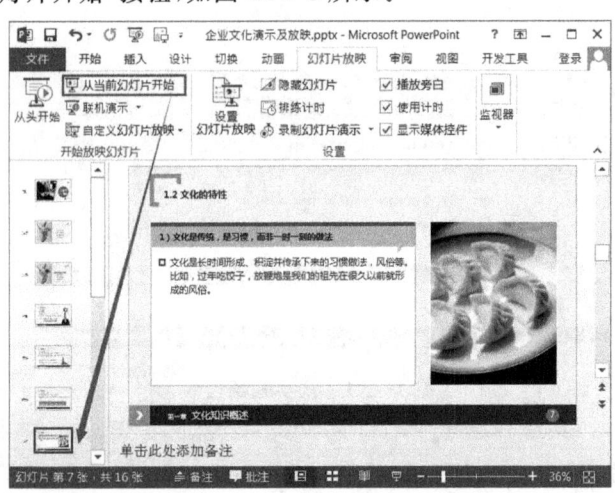

图 11-2-3　从当前幻灯片开始放映

2. 播放幻灯片。系统从当前幻灯片开始播放,按"Enter"键或空格键即可切换到下一张幻灯片,如图 11-2-4 所示。

项目 11 应用 PowerPoint 2013 放映演示作品

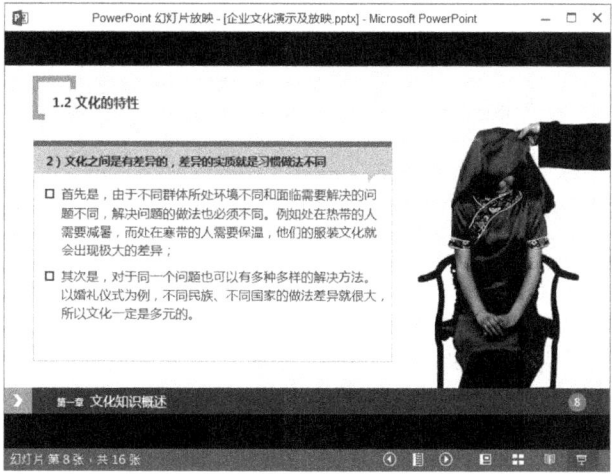

图 11-2-4 从当前幻灯片开始播放幻灯片

子任务 2.3 放映方式设置

1. 利用 PowerPoint 2013 的"自定义幻灯片放映"功能,可以为幻灯片设置多种自定义放映方式。具体操作步骤如下:选择"自定义放映"菜单,单击"幻灯片放映"选项卡"开始放映幻灯片"组中的"自定义幻灯片放映"按钮,在弹出的下拉菜单中选择"自定义放映"菜单命令,如图 11-2-5 所示。

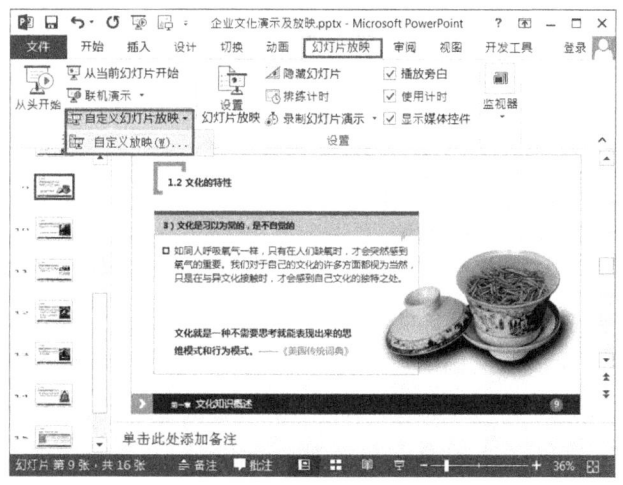

图 11-2-5 自定义幻灯片放映

2. 弹出"自定义放映"对话框,单击"新建"按钮,弹出"定义自定义放映"对话框,如图 11-2-6 所示。

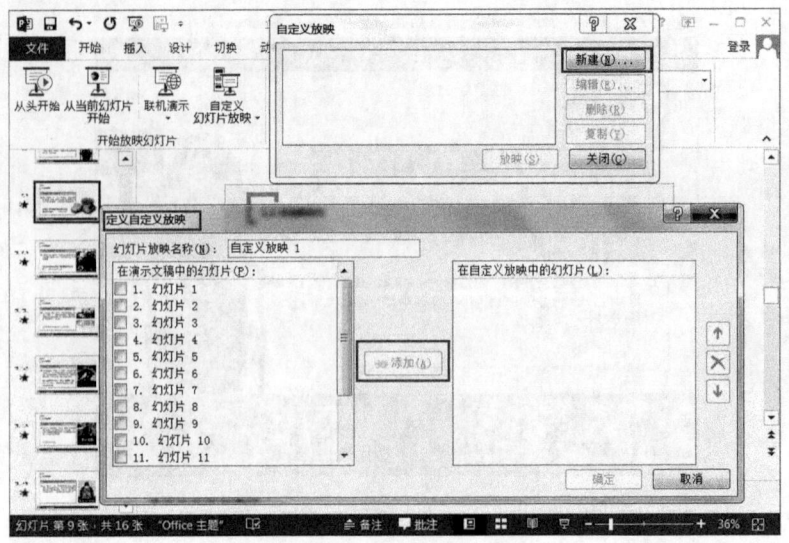

图 11-2-6 定义自定义放映

3. 自定义放映的幻灯片。"在演示文稿中的幻灯片"列表框中选择需要放映的幻灯片，然后单击"添加"按钮，即可将选中的幻灯片添加到"在自定义放映中的幻灯片"列表框中；单击"确定"按钮，返回到"自定义放映"对话框，单击"确定"按钮，即可按指定的幻灯片来进行播放，如图 11-2-7 所示。

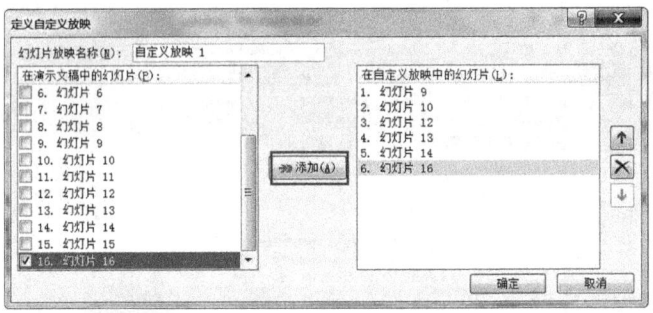

图 11-2-7 添加自定义放映的幻灯片

4. 隐藏幻灯片。在演示文稿中可以将一张或多张幻灯片隐藏，这样在全屏放映幻灯片时就可以不显示此幻灯片。例如选中第 11 张幻灯片，单击"幻灯片放映"选项卡"设置"组中的"隐藏幻灯片"按钮，即可在播放时不显示第 11 张幻灯片，如图 11-2-8 所示。

项目 11　应用 PowerPoint 2013 放映演示作品　　　　　　　　　　　　　　· 199 ·

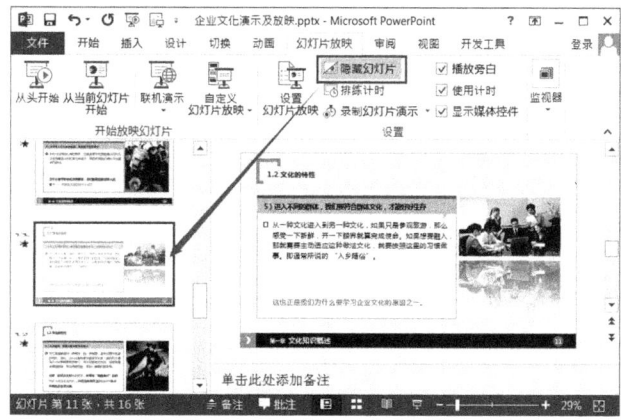

图 11-2-8　隐藏幻灯片

5. 添加备注。具体操作步骤如下：选择要添加备注的幻灯片，选中第 12 张幻灯片，在"备注"窗格中的"单击此处添加备注"处单击，输入如图 11-2-9 所示的备注内容。

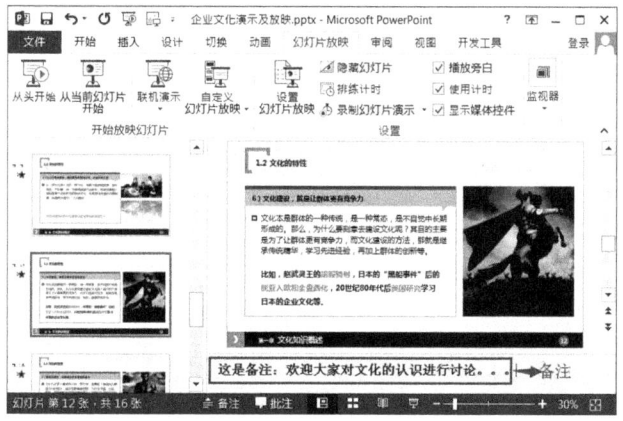

图 11-2-9　添加备注

6. 排练计时。此功能可以测定幻灯片放映时的停留时间。操作步骤如下：单击"幻灯片放映"选项卡"设置"组中的"排练计时"按钮，系统会自动切换到放映模式，并弹出"录制"对话框，在"录制"对话框上会自动计算出当前幻灯片的排练时间，时间的单位为秒，完成后显示当前幻灯片放映的总共时间，如图 11-2-10 所示。

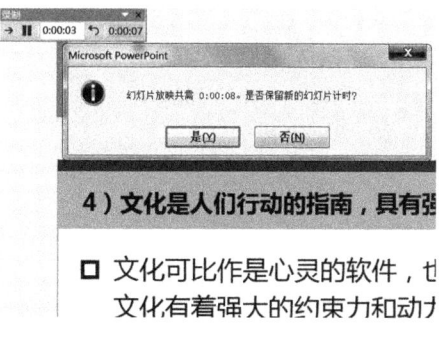

图 11-2-10　排练计时

项目 12　创建 Access 2013 教学管理数据库

项目说明

Access 是微软公司推出的基于 Windows 的桌面关系数据库管理系统（RDBMS），是 Office 系列应用软件之一。它提供了表、查询、窗体、报表、页、宏、模块 7 种用来建立数据库系统的对象；提供了多种向导、生成器、模板，把数据存储、数据查询、界面设计、报表生成等操作规范化；为建立功能完善的数据库管理系统提供了方便，也使得普通用户不必编写代码就可以完成大部分数据管理的任务。本项目从认识 Access 2013 开始，通过"教学管理"数据库项目案例，使读者快速掌握数据库的创建、打开、关闭，数据表的创建，建立表结构、设置字段属性、建立表之间关系、数据的输入，修改表结构、编辑表内容、查找替换数据、排序记录、筛选记录等。

知识目标

了解使用向导创建表。
掌握使用输入数据创建表。
熟练掌握数据表建立、数据表维护、数据表的操作。

能力目标

会使用设计器创建表。
会设置字段类型。
会设置字段大小、格式。

项目分解

任务 1：创建数据库和数据表。
任务 2：设置字段属性和主键。
任务 3：建立表关联和数据管理。

任务 1　创建数据库和数据表

任务目的

Access 是一个可视化工具,风格与 Windows 完全一样,用户想要生成数据库和数据表对象并应用,只要使用鼠标进行拖放即可,非常直观方便。本任务通过"教学管理"数据库具体案例使读者认识了解 Access 的相关概念,学习如何创建数据库,如何使用"设计视图"和"数据表视图"创建表。

任务内容

完成该项学习任务共有四个子任务。
子任务 1.1:Access 相关认识。
子任务 1.2:创建空数据库。
子任务 1.3:使用"设计视图"创建表。
子任务 1.4:使用"数据表视图"创建表。

任务实施

子任务 1.1　Access 相关认识

1. Access 的功能特点。Access 是微软公司推出的基于 Windows 的桌面关系数据库管理系统(RDBMS),是 Office 系列应用软件之一。它提供了表、查询、窗体、报表、页、宏、模块 7 种用来建立数据库系统的对象;提供了多种向导、生成器、模板,把数据存储、数据查询、界面设计、报表生成等操作规范化;为建立功能完善的数据库管理系统提供了方便,也使得普通用户不必编写代码就可以完成大部分数据管理的任务。

2. Access 数据表。表(Table)是数据库的基本对象,是创建其他 5 种对象的基础。表由记录组成,记录由字段组成,表用来存储数据库的数据,故又称数据表。通常 Access 数据库包含多个表,每个表存储了特定实体的信息,如图 12-1-1 所示。

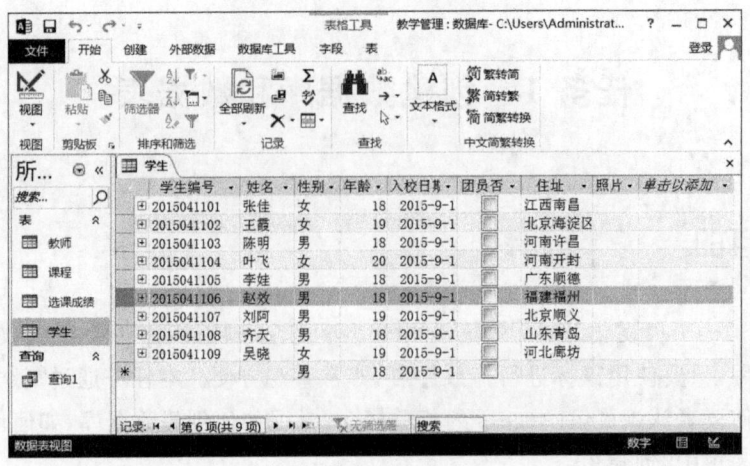

图 12-1-1　数据库中的表

3．Access 查询。查询(Query)可以按索引快速查找到需要的记录,按要求筛选记录并能连接若干个表的字段组成新表。利用查询可以用不同的方法来查看、更改及分析数据,也可以将查询作为窗体和报表的记录源,如图 12-1-2 所示。

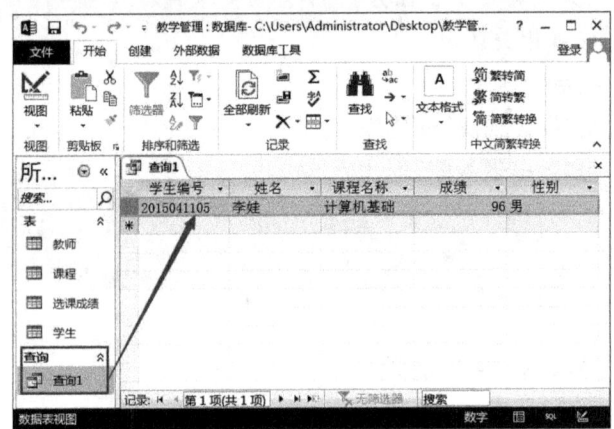

图 12-1-2　数据库中的查询

4．Access 窗体。窗体(Form)提供了一种方便地浏览、输入及更改数据的窗口,还可以创建子窗体显示相关联的表的内容,窗体也称表单。Access 窗体是数据库和用户之间的主要接口。管理 Access 数据库应用系统都通过窗体进行,而不是直接操作数据库中的各种对象,如图 12-1-3 所示。

项目 12　创建 Access 2013 教学管理数据库

图 12-1-3　数据库中的窗体

5. 报表。报表(Report)的功能是将数据库中的数据分类汇总,然后打印出来,以便分析。报表是把数据库中的数据打印输出的特有形式,用于把数据库中的记录内容打印出来。它既可以用简单的表格、图表打印或预览数据,也可以进行特殊用途的设计,如发票格式、信函格式等。单击工具栏中的"打印"按钮,即可在打印机上打印,如图 12-1-4 所示。

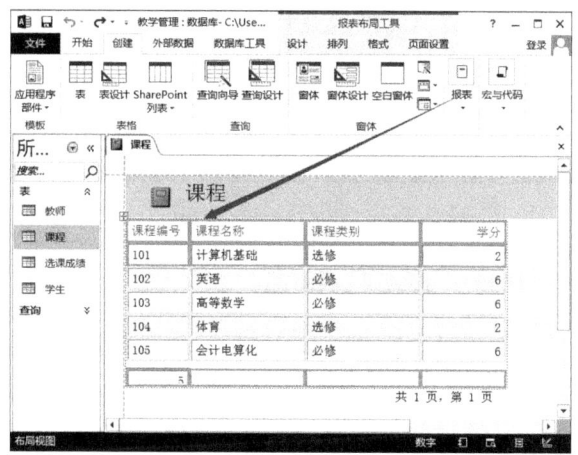

图 12-1-4　数据库中的报表

子任务 1.2　创建空数据库

要求:建立"教学管理.accdb"数据库,操作步骤如下。

1. 在 Access 2013 启动窗口中,在中间窗格的上方单击"空数据库",在右侧窗格的文件名文本框中,给出一个默认的文件名"Database1.accdb",把它修改为"教学管理.ac-

cdb",如图 12-1-5 所示。

图 12-1-5　创建空数据库

2. 这时返回到 Access 2013 启动界面,显示将要创建的数据库的名称和保存位置,如果用户未提供文件扩展名,Access 2013 将自动添加上。这时开始创建空数据库,自动创建了一个名称为"表1"的数据表,并以数据表视图方式打开表1,如图 12-1-6 所示。

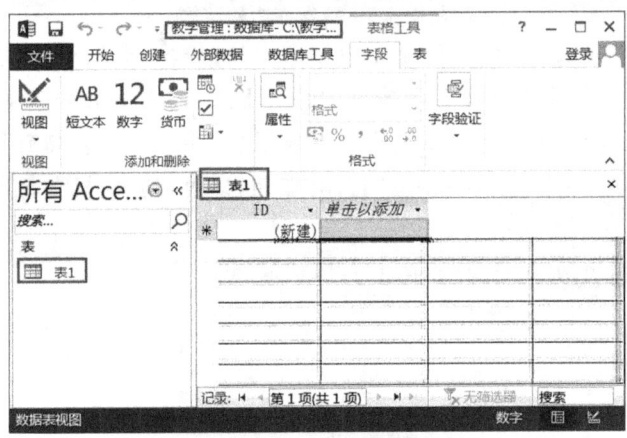

图 12-1-6　打开数据表

子任务 1.3　使用"设计视图"创建表

要求:在"教学管理.accdb"数据库中利用设计视图创建"教师"表各个字段,"教师"表结构如表 12-1-1 所示。

表 12-1-1　"教师"表结构

字段名	类型	字段大小	格式
编号	文本	5	
姓名	文本	4	
性别	文本	1	
年龄	数字	整型	

续 表

字段名	类型	字段大小	格式
工作时间	日期/时间		短日期
政治面貌	文本	2	
学历	文本	4	
职称	文本	3	
系别	文本	2	
联系电话	文本	12	
在职否	是/否		是/否

1. 打开"教学管理.accdb"数据库，在主菜单的"创建"选项卡的"表格"组中，单击"表"按钮，如图12-1-7所示。

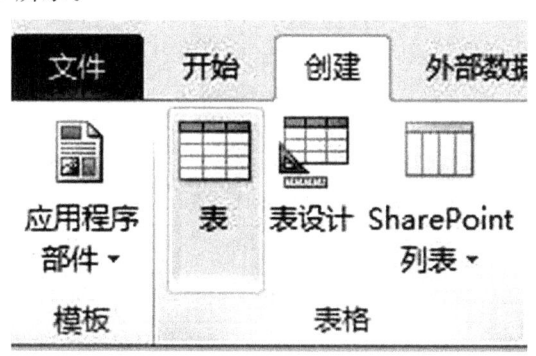

图 12-1-7 创建表

2. 单击"视图"下拉列表中的"设计视图"，如图12-1-8所示，弹出"另存为"对话框，在表名称文本框中输入"教师"，单击"确定"按钮。

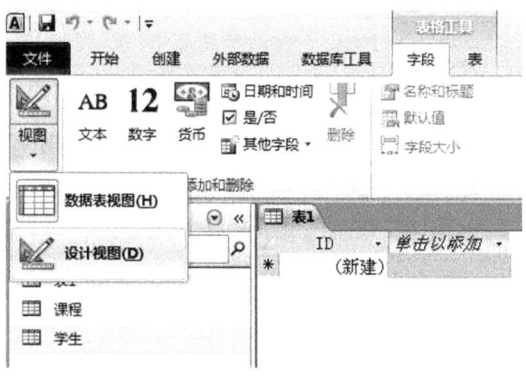

图 12-1-8 设计视图

3. 打开表的设计视图，按照表12-1-1"教师"表结构的内容，在字段名称列输入相应名称，在数据类型列中选择相应的数据类型，在常规属性窗格中设置字段大小，如图12-1-9所示。

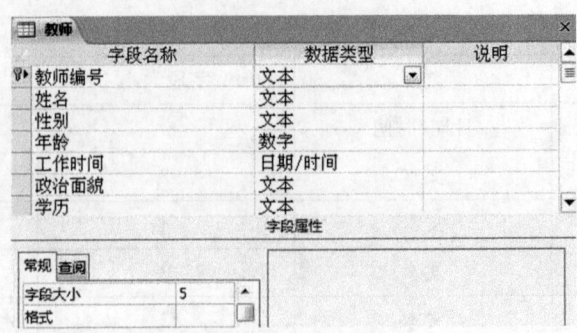

图 12-1-9 保存数据表

4. 单击"保存"按钮,以"教师"为名称保存表。

子任务 1.4　使用"数据表视图"创建表

要求:在"教学管理.accdb"数据库中创建"学生"表,使用"设计视图"创建"学生"表的结构,如表 2-1-2 所示。

表 12-1-2　"学生"表结构

字段名	类型	字段大小	格式
学生编号	文本	10	
姓名	文本	4	
性别	文本	2	
年龄	数字	整型	
入校日期	日期/时间		中日期
团员否	是/否		是/否
住址	备注		
照片	OLE 对象		

1. 打开"教学管理.accdb"数据库。

2. 在主菜单上的"创建"选项卡的"表格"组中,单击"表"按钮,如图 12-1-10 所示。这时将创建名为"表 1"的新表,并在"数据表视图"中打开它。

项目 12　创建 Access 2013 教学管理数据库　　·207·

图 12-1-10　创建表并用数据表视图打开

3. 选中 ID 字段,在"字段"选项卡中的"属性"组中,单击"名称和标题"按钮,如图 12-1-11 所示。

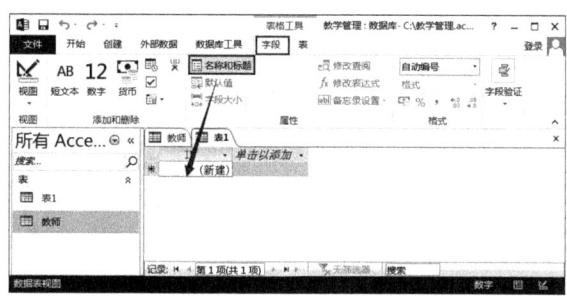

图 12-1-11　字段属性组

4. 打开"输入字段属性"对话框,在"名称"文本框中输入"学生编号",如图 12-1-12 所示。

图 12-1-12　"输入字段属性"对话框

5. 选中"学生编号"字段列,在"字段"选项卡的"格式"组中,把"数据类型"设置为"文本",如图 12-1-13 所示。

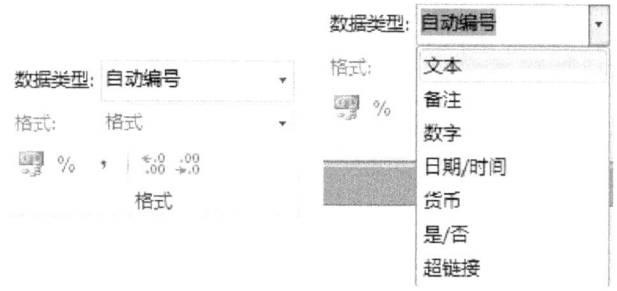

图 12-1-13　数据类型设置

6. 在"单击以添加新字段"下面的单元格中,输入"张佳",这时 Access 2013 自动为新字段命名为"字段1",如图 12-1-14 所示,重复步骤 4 的操作,把"字段1"的名称修改为"姓名"。

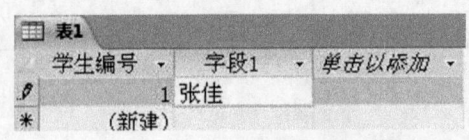

图 12-1-14　添加新字段

7. 以同样方法,按表 12-1-2"学生"表结构的属性所示,依次定义表的其他字段,再利用设计视图修改。

最后在快速访问工具栏中,单击保存按钮,输入表名"学生",单击"确定"按钮,效果如图 12-1-15 所示。

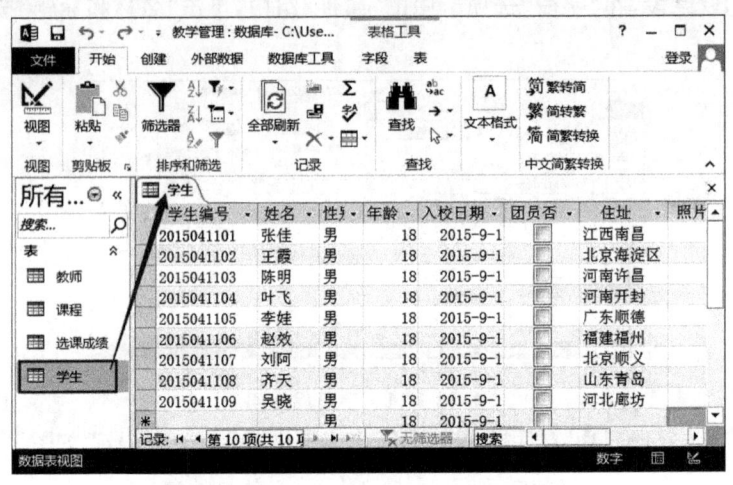

图 12-1-15　完成后的"学生"表

8. 将"课程""选课成绩"表按上面方法添加到"教学管理.accdb"数据库中。"选课成绩"表结构如表 12-1-3 所示,"课程"表结构如表 12-1-4 所示,效果如图 12-1-16 所示。

表 12-1-3　"选课成绩"表结构

字段名	类型	字段大小	格式
选课 ID	自动编号		
学生编号	短文本	10	
课程编号	短文本	5	
成绩	数字	整型	

项目 12 创建 Access 2013 教学管理数据库

表 12-1-4 "课程"表结构

字段名	类型	字段大小	格式
课程编号	短文本	5	
课程名称	短文本	10	
课程类别	短文本	10	
学分	数字	整型	

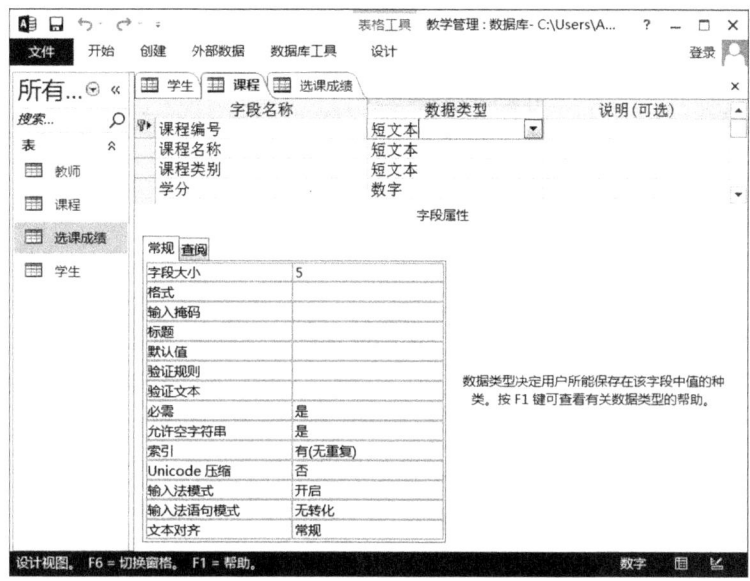

图 12-1-16 添加"选课成绩"表和"课程"表

任务 2 设置字段属性和主键

任务目的

创建一个数据表,首先要创建表的结构,就是要对表中的各字段的属性进行设置,所以要设置字段大小、字段标题、数据的显示格式、有效性规则及有效性文本、默认值和输入掩码等。通过设置"字段大小"属性可以控制文本或数字字段的数值范围。对文本字段,指定允许的最大字符数,最多为 255(默认值为 50)。对数字字段,可供选择的设置包括字节、整型、长整型、单精度型、小数、双精度型等。本任务通过"教学管理"数据库实例来学习以上相关知识并进行应用。

任务内容

完成该项学习任务共有五个子任务。

子任务 2.1：设置字段属性。

子任务 2.2：设置主键。

子任务 2.3：向表中输入数据。

子任务 2.4：为"职称"字段创建查阅列表。

子任务 2.5：为"课程编号"字段创建查阅列表。

任务实施

子任务 2.1　设置字段属性

要求：将"学生"表的"性别"字段的"字段大小"重新设置为1，默认值设为"男"，"索引"设置为"有(有重复)"；将"入校日期"字段的"格式"设置为"短日期"，默认值设为当前系统日期；设置"年龄"字段，默认值设为23，取值范围为14～70，如超出范围则提示"请输入14～70之间的数据！"；将"学生编号"字段显示"标题"设置为"学号"，定义学生编号的输入掩码属性，要求只能输入8位数字。操作步骤如下：

1. 打开"教学管理.accdb"，双击"学生"表，选择"开始"选项卡"视图"→"设计视图"。选中"性别"字段行，在"字段大小"框中输入1，在"默认值"属性框中输入"男"，在"索引"属性下拉列表框中选择"有(有重复)"。如图12-2-1所示。

图 12-2-1　设置字段属性 1

小贴士：

主键(Primary Key)：表中经常有一个列或列的组合，其值能唯一地标识表中的每一行,换言之,它用来独一无二地确认一个表格中的每一行资料。

Access 2013 字段有以下十种不同的数据类型。

附件文件:如数字照片,可向每个记录附加多个文件。Access 的早期版本中没有此数据类型。

自动编号:为每个记录自动生成的编号。

货币:货币值。

日期/时间:日期和时间。

超链接:如电子邮件地址。

备注:使用文本格式的长文本块。备注字段的典型应用是产品详细说明。

数字:数值,如距离。请注意,货币有单独的数据类型。

OLE 对象:如 Word 文档。

文本:较短的字母数字值,如姓氏或街道地址。

是/否:布尔值。

2. 选中"入校日期"字段行,在"格式"属性下拉列表框中选择"短日期"格式,单击"默认值"属性框,输入"♯2015-9-1♯"如图 12-2-2 所示。

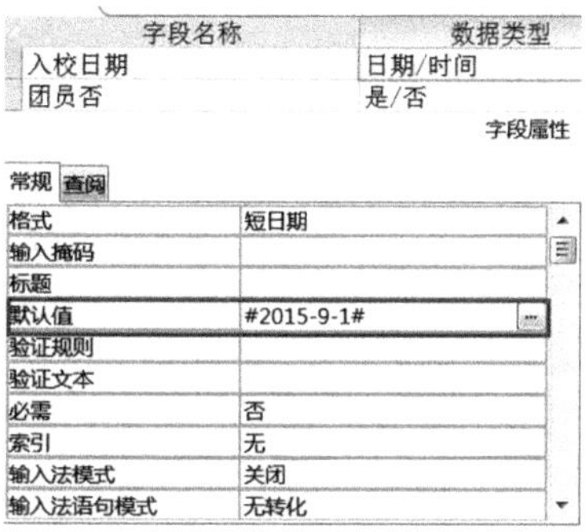

图 12-2-2 设置字段属性 2

3. 选中"年龄"字段行,在"默认值"属性框中输入"18",在"验证规则"属性框中输入">=14 And <=70",在"验证文本"属性框中输入文字"请输入 14~70 之间的数据",如图 12-2-3 所示。

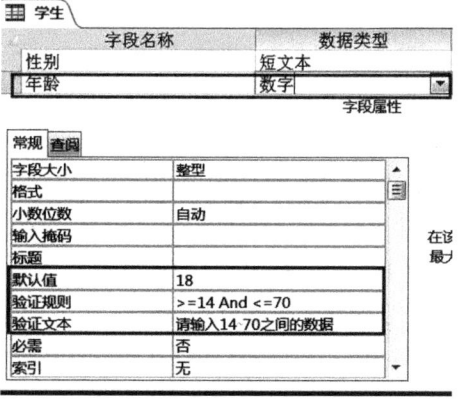

图 12-2-3 设置字段属性 3

4. 选中"学生编号"字段行,在"标题"属性框中输入"学生编号",在"输入掩码"属性框中输入"0000000000",单击快速工具栏上的保存按钮,保存"学生"表,如图 12-2-4 所示。

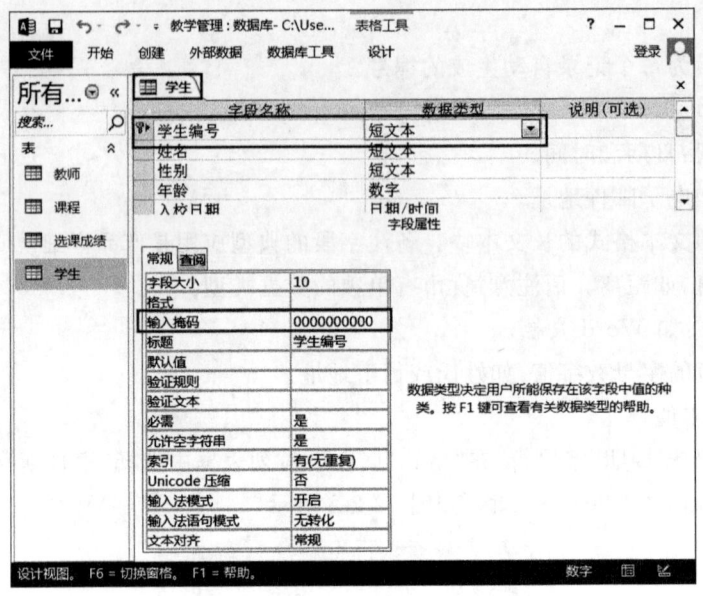

图 12-2-4　设置字段属性 4

子任务 2.2　设置主键

1. 创建单字段主键。要求:将"教师"表"教师编号"字段设置为主键。操作步骤:使用"设计视图"打开"教师"表,选择"教师编号"字段行,单击"设计"→"工具"组,单击"主键"按钮,如图 12-2-5 所示。

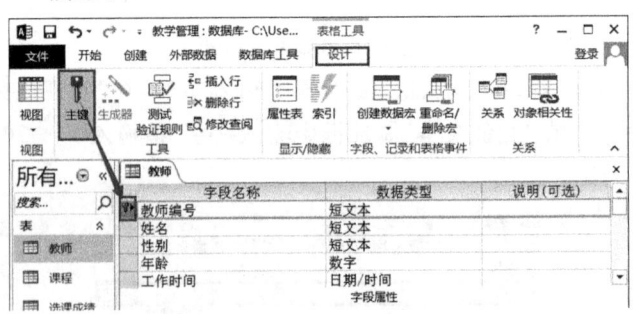

图 12-2-5　设置单字段主键

2. 创建多字段主键。要求:将"教师"表的"教师编号""姓名""性别"和"工作时间"设置为主键。操作步骤:打开"教师"表的"设计视图",选中"教师编号"字段行,按住"Ctrl"键,再分别选中"姓名""性别"和"工作时间"字段行,单击工具栏中的"主键"按钮,如图 12-2-6 所示。

项目12 创建Access 2013教学管理数据库

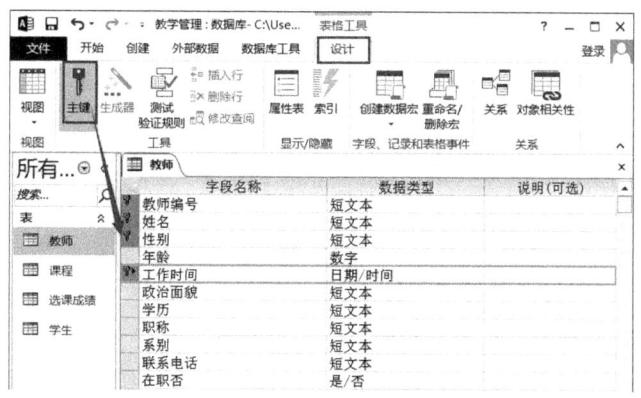

图 12-2-6 设置多字段主键

子任务2.3 向表中输入数据

使用"数据表视图"。要求：将表12-2-1中的数据输入到"学生"表中。操作步骤如下。

表 12-2-1 "学生"表内容

学生编号	姓名	性别	年龄	入校日期	团员否	住址	照片
2015041101	张佳	男	18	2015-9-1	是	江西南昌	
2015041102	王霞	男	18	2015-9-1	是	北京海淀	
2015041103	陈明	男	18	2015-9-1	是	河南许昌	
2015041104	叶飞	男	18	2015-9-1	是	河南开封	
2015041105	李娃	男	18	2015-9-1	是	广东顺德	
2015041106	赵效	男	18	2015-9-1	是	福建福州	
2015041107	刘阿	男	18	2015-9-1	是	北京顺义	
2015041108	齐天	男	18	2015-9-1	是	山东青岛	
2015041109	吴晓	男	18	2015-9-1	是	河北廊坊	

1. 打开"教学管理.accdb"，在"导航窗格"中选中"学生"表双击，打开"学生"表"数据表视图"。从第1个空记录的第1个字段开始分别输入"学生编号""姓名"和"性别"等字段的值，每输入完一个字段值，按"Enter"键或者按"Tab"键转至下一个字段。输入照片时，将鼠标指针指向该记录的"照片"字段列，单击鼠标右键，打开快捷菜单，选择"插入对象"命令，选择"由文件创建"选项，单击"浏览"按钮，打开"浏览"对话框，在"查找范围"栏中找到存储图片的文件夹，并在列表中找到并选中所需的图片文件，单击"确定"按钮，如图12-2-7所示。

图 12-2-7 插入图片对象

2. 输入完一条记录后,按"Enter"键或者按"Tab"键转至下一条记录,继续输入。输入完全部记录后,单击快速工具栏上的保存按钮,保存表中的数据,如图 12-2-8 所示。

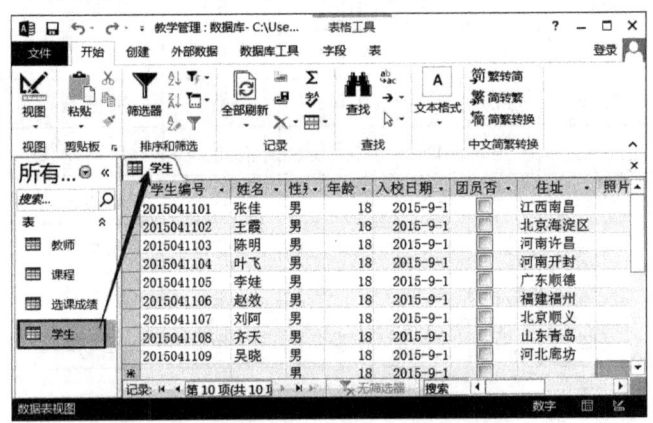

图 12-2-8 输入完成的学生表

子任务 2.4 为"职称"字段创建查阅列表

要求:为"教师"表中"职称"字段创建查阅列表,列表中显示"助教""讲师""副教授"和"教授"4 个值。操作步骤如下。

1. 打开"教师"表"设计视图",选择"职称"字段。在"数据类型"列中选择"查阅向导…",如图 12-2-9 所示。

项目 12　创建 Access 2013 教学管理数据库　　　·215·

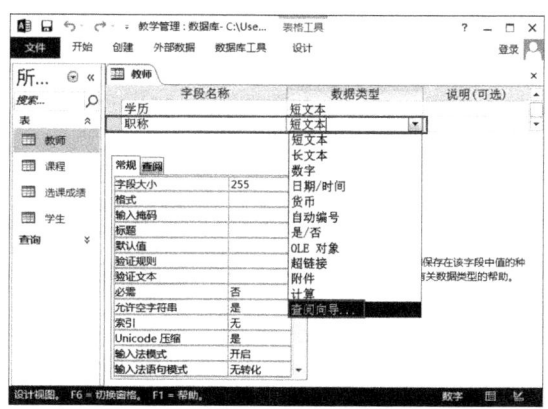

图 12-2-9　选择查阅向导

2. 在打开的"查阅向导"第 1 个对话框中,选中"自行键入所需的值"选项,然后单击"下一步"按钮,如图 12-2-10 所示。

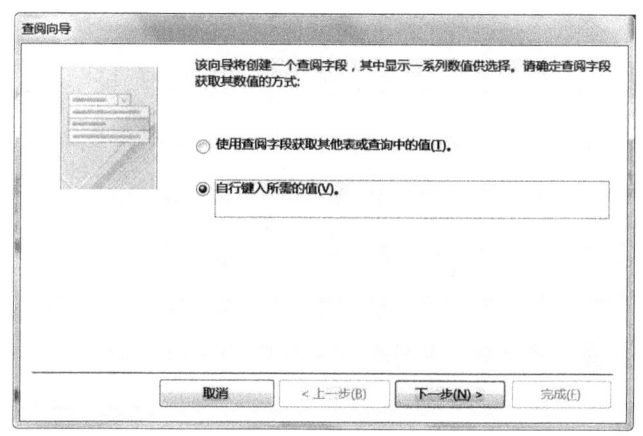

图 12-2-10　"查阅向导"第 1 个对话框

3. 在打开的"查阅向导"第 2 个对话框中,在"第 1 列"的行中依次输入"助教""讲师""副教授"和"教授"4 个值,列表设置结果如图 12-2-11 所示。

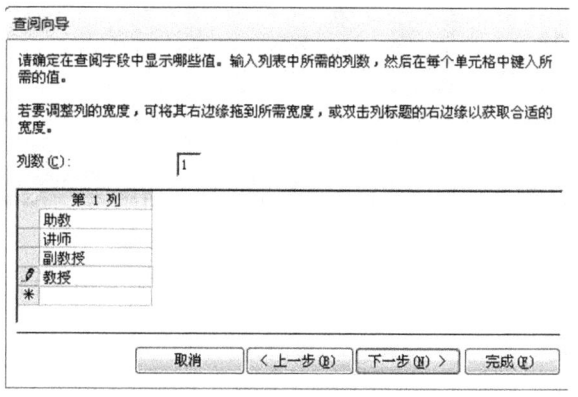

图 12-2-11　"查阅向导"第 2 个对话框

4. 单击"下一步"按钮,弹出"查阅向导"最后一个对话框。在该对话框的"请为查阅列表指定标签"文本框中输入名称,本例使用默认值。单击"完成"按钮,效果如图 12-2-12 所示。

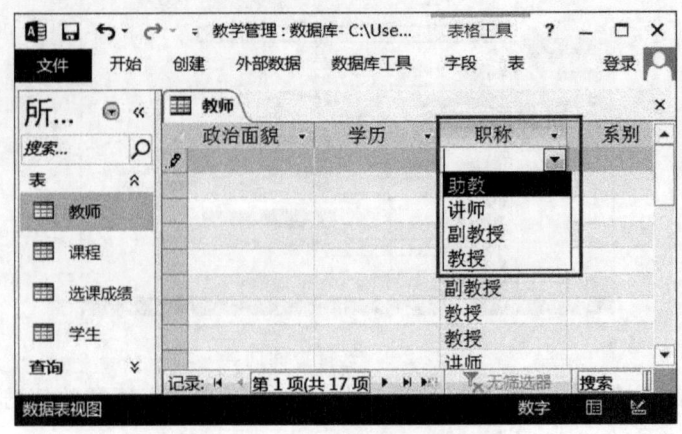

图 12-2-12　查阅向导设置完成

子任务 2.5　为"课程编号"字段创建查阅列表

要求:为"选课成绩"表中"课程编号"字段创建查阅列表,即该字段组合框的下拉列表中仅出现"课程"表中已有的课程信息。操作步骤如下:

1. 用表设计视图打开"选课成绩"表,选择"课程编号"字段,在"数据类型"的下拉列表中选择"查阅向导…",如图 12-2-13 所示。

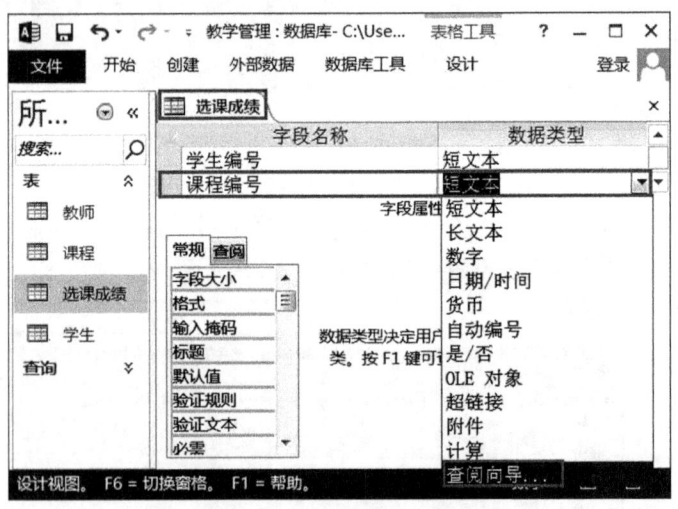

图 12-2-13　为字段设置查阅向导

2. 打开"查阅向导"对话框,选中"使用查阅字段获取其他表或查询中的值"单选按钮,如图 12-2-14 所示。

项目 12 创建 Access 2013 教学管理数据库

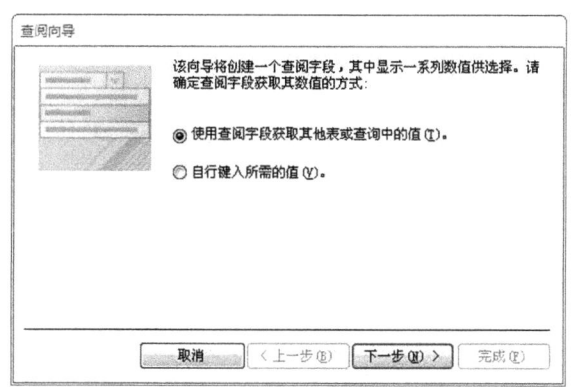

图 12-2-14 "使用查阅字段获取其他表或查询中的值"对话框

3. 单击"下一步"按钮，在"请选择为查阅字段提供数值的表或查询"对话框中选择"表：课程"，在"视图"框架中选"表"单选项，如图 12-2-15 所示。

图 12-2-15 "请选择为查阅字段提供数值的表或查询"对话框

4. 单击"下一步"按钮，双击"可用字段"列表中的"课程编号""课程名称"，将其添加到"选定字段"列表框中，如图 12-2-16 所示。

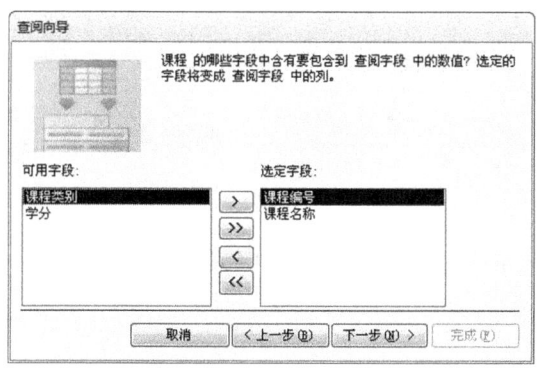

图 12-2-16 选择可用字段对话框

5. 单击"下一步"按钮，在排序次序对话框中，确定列表使用的排序次序，如图 12-2-17 所示。

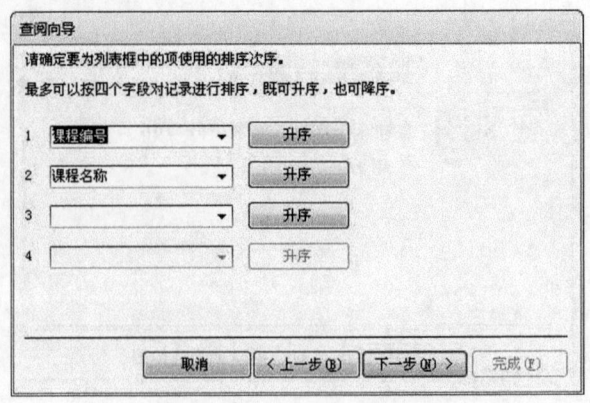

图 12-2-17 排序次序对话框

6. 单击"下一步"按钮,在"请指定查阅字段中列的宽度"对话框中,取消"隐藏键列(建议)",如图 12-2-18 所示。

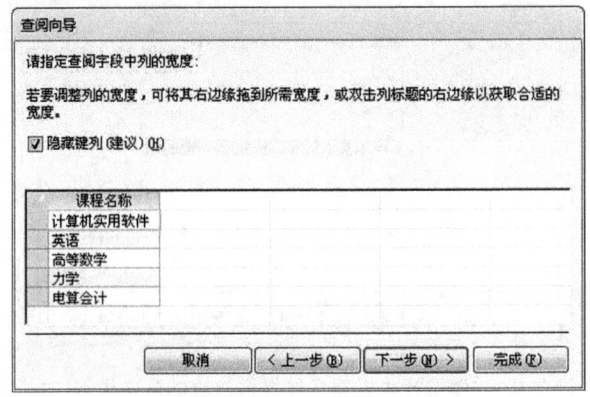

图 12-2-18 "请指定查阅字段中列的宽度"对话框

7. 单击"下一步"按钮,在"可用字段"中选择"课程编号"作为唯一标识行的字段,如图 12-2-19 所示。

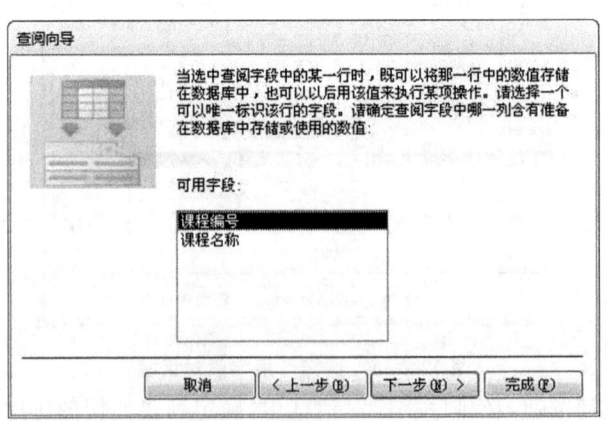

图 12-2-19 选择可用字段作为唯一标识行的字段对话框

8. 单击"下一步"按钮,为查阅字段指定标签,单击"完成",如图 12-2-20 所示。

项目 12　创建 Access 2013 教学管理数据库

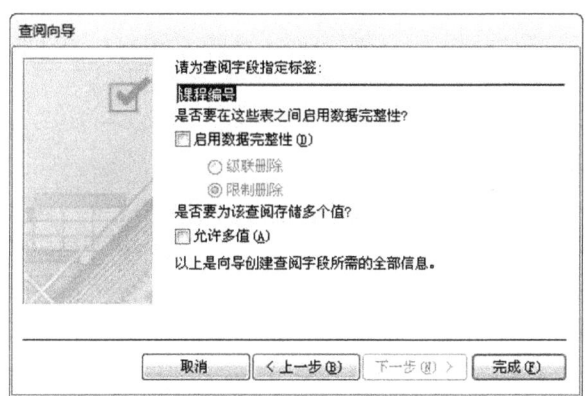

图 12-2-20　"请为查阅字段指定标签"对话框

9. 切换到"数据表视图",结果如图 12-2-21 所示。

图 12-2-21　数据表视图结果

任务 3　建立表关联和数据管理

任务目的

在 Access 2013 数据库中,不同的表之间往往都存在一种关系,这个关系把不同的表联系起来,通过这个关系可以同时获得不同表中的信息,这就是表与表之间的关联关系。同时在表的数据间可以进行排序、筛选、查找等数据管理操作,本任务通过"教学管理数据库"案例来学习相关知识并进行具体应用。

任务内容

完成该项学习任务共有四个子任务。
子任务 3.1:建立表关联。
子任务 3.2:查找和替换数据。
子任务 3.3:排序记录。
子任务 3.4:筛选记录。

任务实施

子任务 3.1　建立表关联

要求:创建"教学管理.accdb"数据库中表之间的关联,并实施参照完整性。操作步骤如下:

1. 打开"教学管理.accdb"数据库,选择"数据库工具",单击功能栏上的"关系"按钮,打开"关系"窗口,如图 12-3-1 所示,同时打开"显示表"对话框。

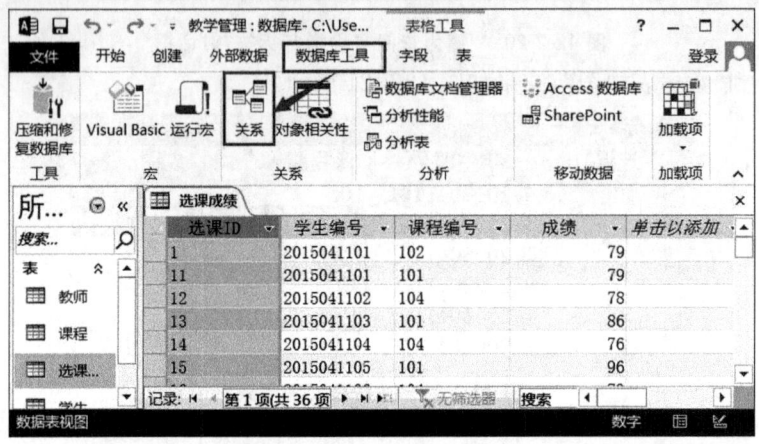

图 12-3-1　打开"关系"窗口

2. 在"显示表"对话框中,分别双击"学生"表、"课程"表、"选课成绩"表,将其添加到"关系"窗口中。

注:三个表的主键分别是"学生编号""选课 ID""课程编号"。如图 12-3-2 所示。

项目12 创建Access 2013教学管理数据库

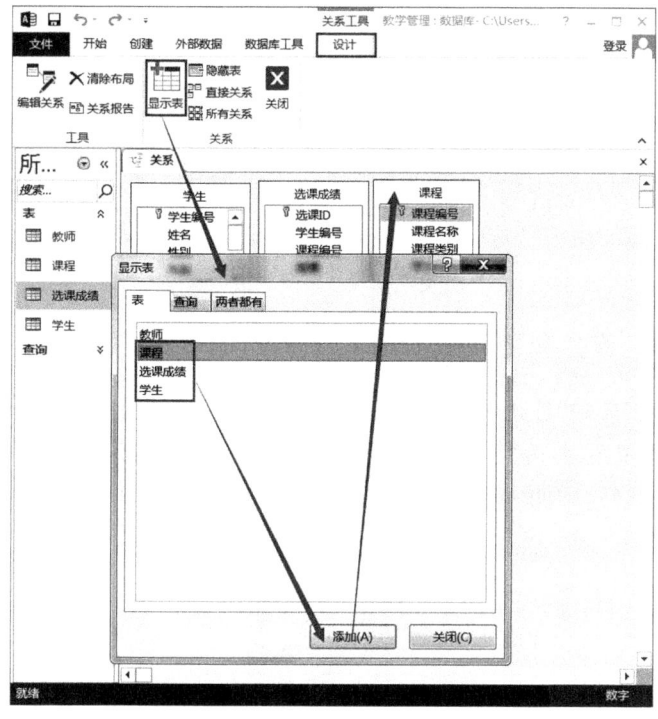

图12-3-2 "显示表"对话框

3. 选定"课程"表中的"课程编号"字段,然后按下鼠标左键并拖动到"选课成绩"表中的"课程编号"字段上,松开鼠标。此时屏幕显示如图12-3-3所示的"编辑关系"对话框,选中"实施参照完整性"复选框,单击"创建"按钮。

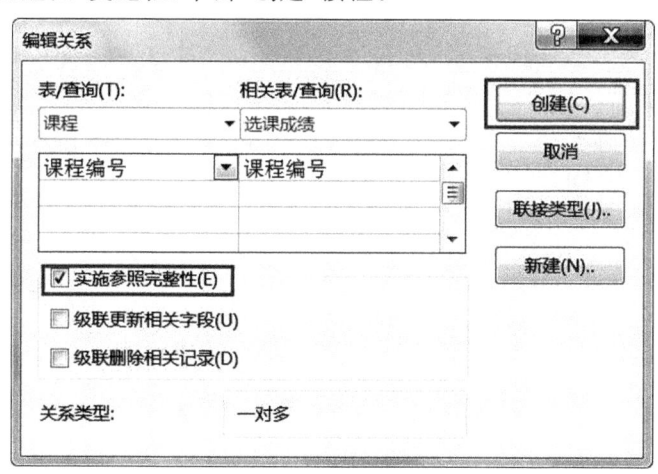

图12-3-3 "编辑关系"对话框

4. 用同样的方法将"学生"表中的"学生编号"字段拖到"选课成绩"表中的"学生编号"字段上,并选中"实施参照完整性",结果如图12-3-4所示。单击"保存"按钮,保存表之间的关系,单击"关闭"按钮,关闭"关系"窗口。

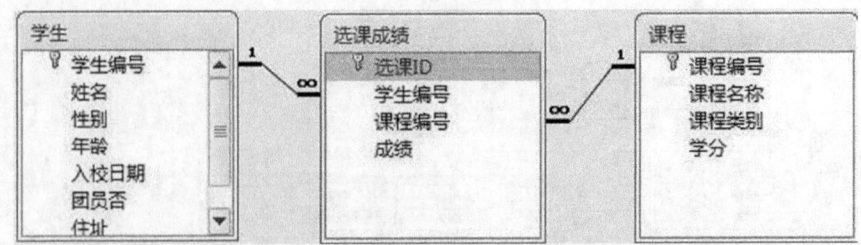

图 12-3-4　表间关系

子任务 3.2　查找和替换数据

要求：将"学生"表中"住址"字段值中的"河南"全部改为"河南省"。操作步骤如下：

1. 用"数据表视图"打开"学生"表，将光标定位到"住址"字段任意一单元格中。单击"开始"选项卡"查找"组中的"替换"，如图 12-3-5 所示。

图 12-3-5　右键弹出菜单

2. 打开"查找和替换"对话框，如图 12-3-6 所示。按图所示设置各个选项，单击"全部替换"按钮，即可完成操作。

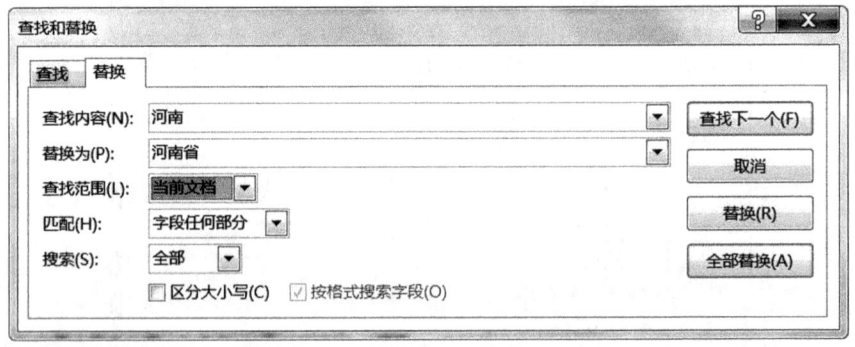

图 12-3-6　"查找和替换"对话框

子任务 3.3　排序记录

要求：在"学生"表中，按"性别"和"年龄"两个字段升序排序；然后再在"学生"表中，先按"性别"升序排序，再按"入校日期"降序排序。操作步骤如下：

1. 用"数据表视图"打开"学生"表，选择"性别"和"年龄"两列，选择"开始"选项卡的"排序和筛选"组，单击功能栏中的"升序"按钮，完成按"性别"和"年龄"两个字段升序排序，如图 12-3-7 所示。

项目 12　创建 Access 2013 教学管理数据库

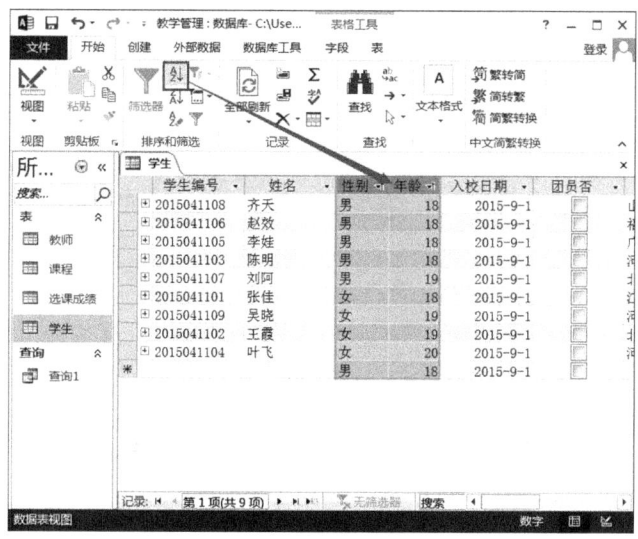

图 12-3-7　排序操作

2．选择"开始"→"排序和筛选"，单击"高级"下拉列表，选择"高级筛选/排序"命令，如图 12-3-8 所示。

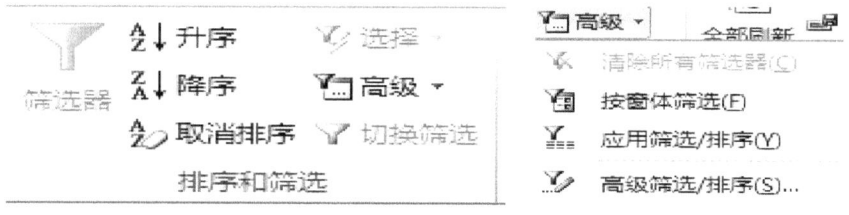

图 12-3-8　排序和筛选

3．打开"筛选"窗口，在设计网格中"字段"行第 1 列选择"性别"字段，排序方式选择"升序"，第 2 列选择"入校日期"字段，排序方式选择"降序"，结果如图 12-3-9 所示。

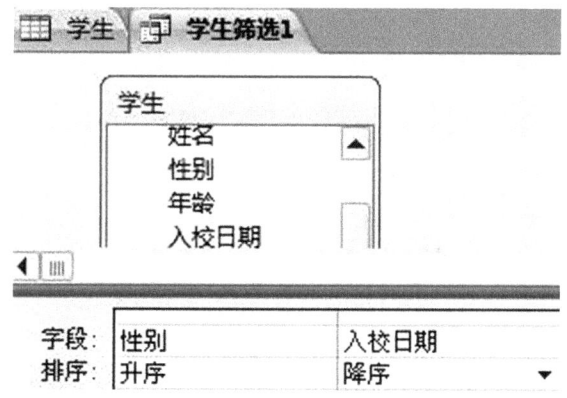

图 12-3-9　单击"高级"按钮展开的列表及高级窗口

4．保存为"学生筛选"后，再双击打开，筛选后的效果如图 12-3-10 所示。

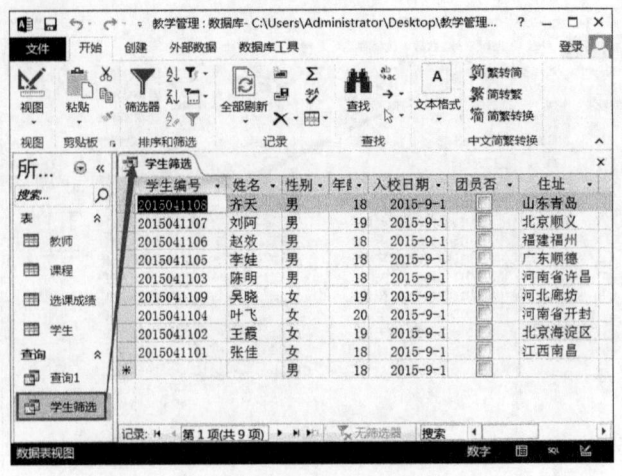

图 12-3-10 筛选完成效果图

子任务 3.4 筛选记录

1. 按选定内容筛选。

要求:在"学生"表中筛选出来自"河南"的学生。操作步骤:用"数据表视图"打开"学生"表,选定"住址"为河南的任一单元格中"河南"两个字;将光标定位到所要筛选内容"河南"的某个单元格且选中,在"开始"选项卡的"排序和筛选"组中,单击"选择"按钮,打开下拉菜单,单击"包含'河南'"命令,完成筛选。如图 12-3-11 所示。

图 12-3-11 按内容筛选完成效果图

2. 按窗体筛选。

要求:将"教师"表中的在职男教师筛选出来。操作步骤:在"数据表视图"中打开"教师"表,在"开始"选项卡的"排序和筛选"组中,单击"高级"按钮,在打开的下拉列表中单击"按窗体筛选";这时数据表视图转变为一个记录,光标停留在第 1 列的单元中,按"Tab"键,将光标移到"性别"字段列中;在"性别"字段中,单击下拉箭头,在打开的列表中选择"男";然后把光标移到"在职否"字段中,打开下拉列表,选择对钩。完成筛选后效果如图

12-3-12所示。

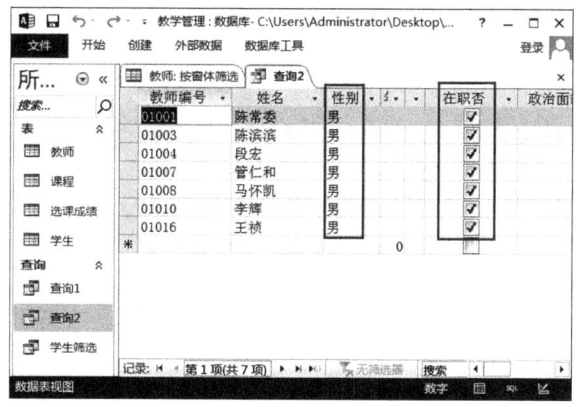

图12-3-12　按窗体筛选

3. 使用筛选器筛选。

要求：在"选课成绩"表中筛选60分以下的学生。操作步骤：用"数据表视图"打开"选课成绩"表，将光标定位于"成绩"字段列任一单元格内，然后单击鼠标右键，打开快捷菜单，选择"数字筛选器"菜单命令→"小于"。在"自定义筛选"对话窗口文本框中输入"60"，按"Enter"键，得到筛选结果，如图12-3-13所示。

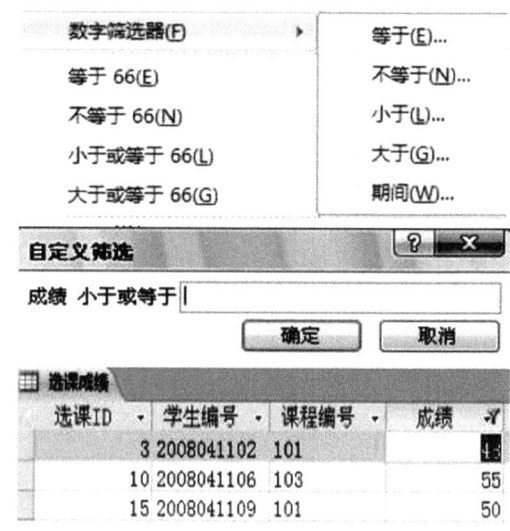

图12-3-13　使用筛选器筛选

项目 13　创建 Access 2013 教学管理数据库查询

项目说明

Access 是一个可视化工具,界面友好、易操作,提供了表生成器、查询生成器以及数据库查询向导等工具,使得操作简便,容易使用和掌握。Access 2013 数据库提供了非常强大的查询功能,利用查询可以用不同的方法来查看、更改及分析数据,也可以将查询作为窗体和报表的记录源。通过"教学管理"数据库案例的学习可以快速掌握各种查询的创建方法和查询条件的表示方法。

知识目标

理解数据查询的相关概念。
掌握各种查询的创建方法。
掌握查询条件的表示方法。

能力目标

会创建各种查询。
会使用查询向导进行数据查询。
会使用查询向导进行数据定义和数据操纵。

项目分解

任务 1:在设计视图中创建选择和统计查询。
任务 2:在设计视图中创建参数和操作查询。

任务1　在设计视图中创建选择和统计查询

任务目的

Access 查询是以表作为数据源生成查询对象,每次使用查询时,都从指定数据源抽取满足条件的记录,并以数据表的形式显示查询结果。查询对象的实质是 SQL 命令,本身不包含数据。生成查询对象的途径有查询向导、查询设计视图和 SQL 视图,通过"教学管理"数据库学习实例,本任务侧重使用 Access 2013 设计视图来完成选择和统计查询。

任务内容

完成该项学习任务共有三个子任务。
子任务 1.1:创建选择查询。
子任务 1.2:创建带条件的统计查询。
子任务 1.3:创建交叉表查询。

任务实施

子任务 1.1　创建选择查询

要求:查询学生所选课程的成绩,并显示"学生编号""姓名""性别""课程名称"和"成绩"字段,把查询结果表保存为"选课成绩查询"。操作步骤如下:

1. 打开"教学管理.accdb"数据库,在导航窗格中,单击"查询"对象,单击"创建"→"查询"→"查询设计",出现"查询工具"→"设计"选项卡,同时打开查询设计视图,如图 13-1-1 所示。

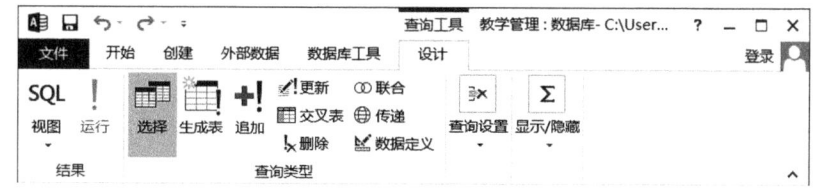

图 13-1-1　创建选择查询

2. 在"显示表"对话框中选择"学生"表,单击"添加"按钮添加"学生"表,同样方法再依次添加"选课成绩"表和"课程"表,如图 13-1-2 所示。

· 228 · 计算机应用教程

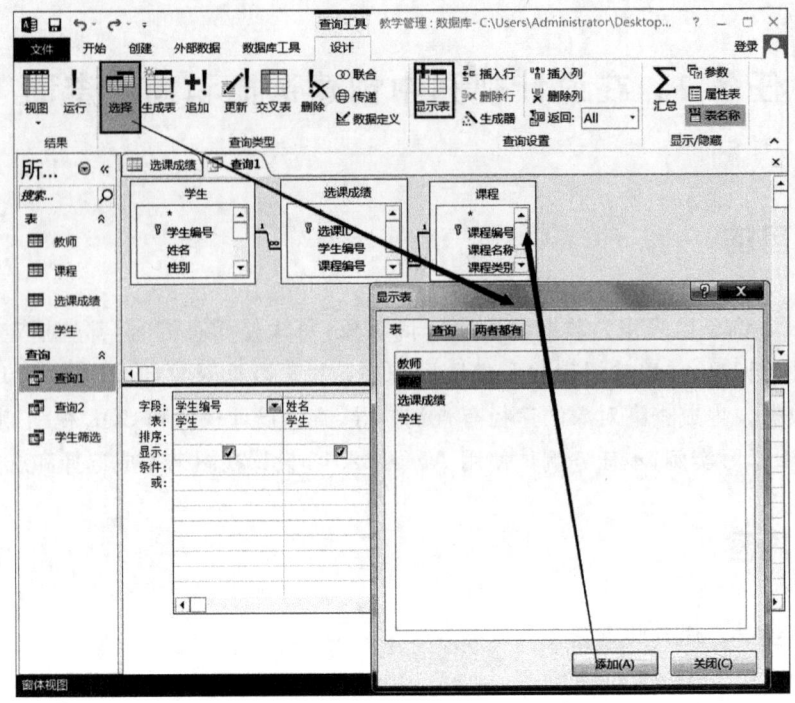

图 13-1-2　在显示表中添加数据库表

3. 双击"学生"表中"学生编号""姓名","课程"表中"课程名称"和"选课成绩"表中"成绩"字段,将它们依次添加到"字段"行的第 1～4 列上,如图 13-1-3 所示。

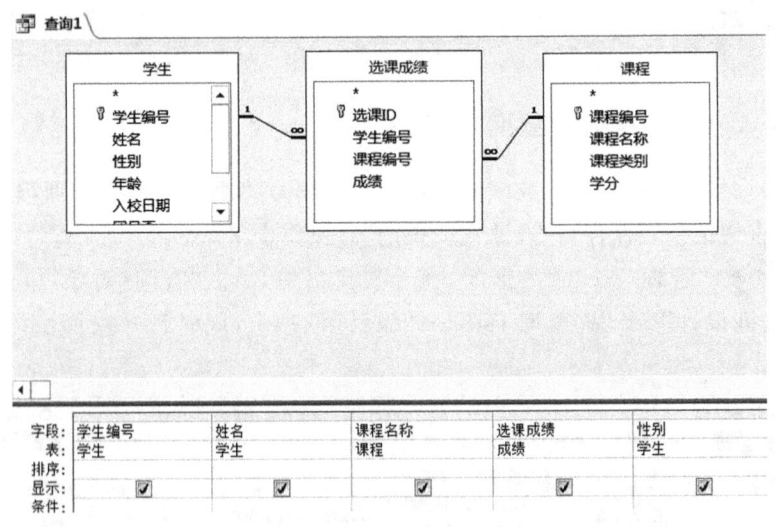

图 13-1-3　查询设计器

4. 选择"开始"→"视图"→"数据表视图",或单击"查询工具"→"设计"→"结果"→"运行",查看查询结果,如图 13-1-4 所示,关闭时将"查询 1"保存为"选课成绩查询"。

项目 13　创建 Access 2013 教学管理数据库查询

学生编号	姓名	课程名称	成绩	性别
2015041101	张佳	计算机基础	79	女
2015041102	王霞	体育	78	女
2015041103	陈明	计算机基础	86	男
2015041104	叶飞	体育	76	女
2015041105	李娃	计算机基础	96	男
2015041106	赵效	体育	79	男
2015041107	刘阿	计算机基础	80	男
2015041108	齐天	体育	90	男
2015041109	吴晓	计算机基础	63	男
2015041101	张佳	英语	79	女
2015041102	王霞	英语	74	女
2015041101	张佳	高等数学	93	女
2015041103	陈明	英语	72	男
2015041104	叶飞	英语	68	女
2015041105	李娃	英语	69	男
2015041106	赵效	英语	85	男
2015041107	刘阿	英语	89	男
2015041108	齐天	英语	49	男
2015041109	吴晓	英语	66	女
2015041102	王霞	高等数学	68	女
2015041103	陈明	高等数学	77	男
2015041104	叶飞	高等数学	89	女
2015041105	李娃	高等数学	76	男
2015041106	赵效	高等数学	45	男
2015041107	刘阿	高等数学	86	男
2015041108	齐天	高等数学	36	男

图 13-1-4　查询完成效果图

5．返回设计视图，在"性别"字段列的"条件"行中输入条件"男"，在"成绩"字段列的"条件"行中输入条件"＞90"，设置结果如图 13-1-5 所示。

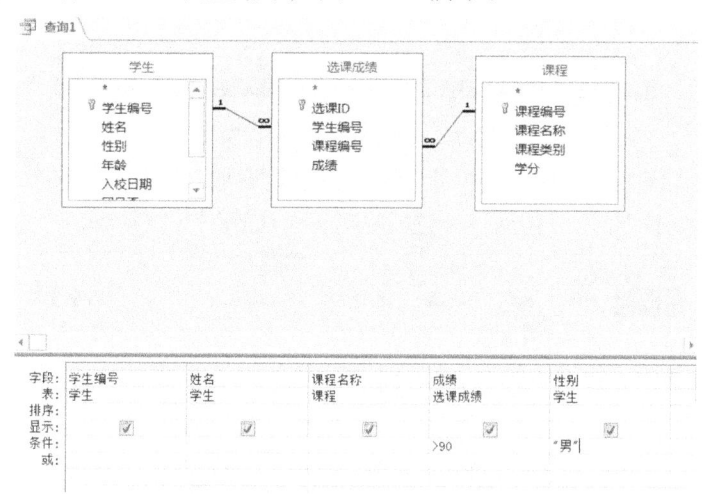

图 13-1-5　带条件的查询

6．单击"查询工具"→"设计"→"结果"→"运行"，查看查询结果，如图 13-1-6 所示。

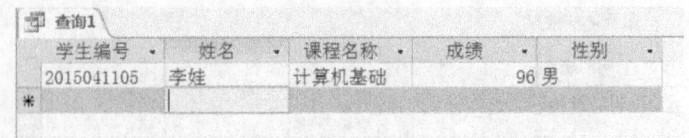

图 13-1-6　运行查询结果

子任务 1.2　创建带条件的统计查询

要求：统计年龄为 18 岁的女生人数。操作步骤如下：

1. 添加"学生"表到查询设计视图中，如图 13-1-7 所示。

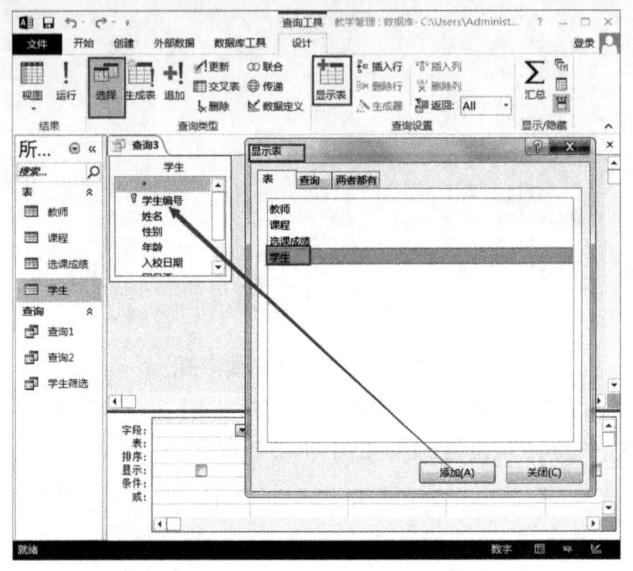

图 13-1-7　在查询设计视图中添加表

2. 双击"学生编号""性别"和"年龄"字段，将它们添加到"字段"行的第 1～3 列中。单击"性别""年龄"字段"显示"行上的复选框，使其空白，如图 13-1-8 所示。

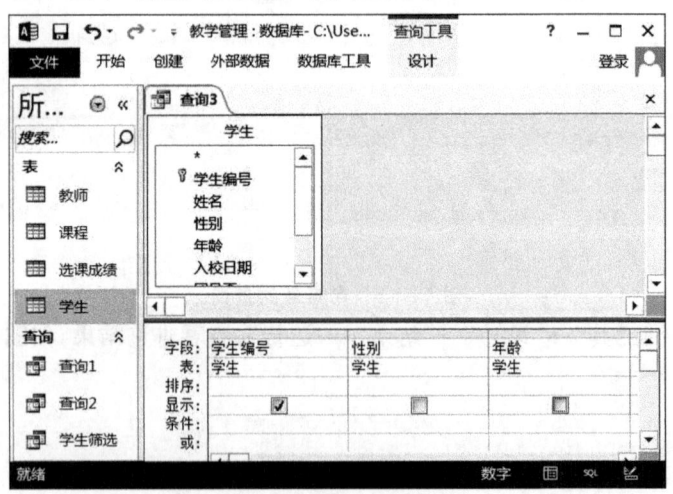

图 13-1-8　添加查询字段

3. 单击"查询工具"→"设计"→"显示/隐藏"→"汇总",插入一个"总计"行,单击"学生编号"字段的"总计"行右侧的向下箭头,选择"计数"函数,在"性别"和"年龄"字段的"总计"行选择"Where"选项,如图 13-1-9 所示。

图 13-1-9　设置查询字段条件

4. 在"性别"字段列的"条件"行中输入条件"女",在"年龄"字段列的"条件"行中输入条件"18",如图 13-1-10 所示。

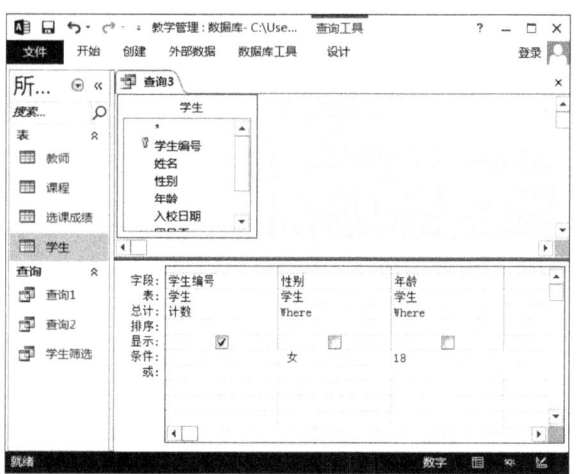

图 13-1-10　带条件的统计查询

5. 单击"保存"按钮,在"查询名称"文本框中输入"统计年龄为 18 岁的女生人数",运行查询,如图 13-1-11 所示。

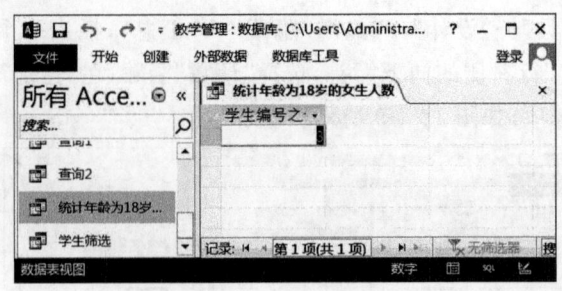

图 13-1-11 查询后的结果

子任务 1.3 创建交叉表查询

创建交叉表查询,用于统计各门课程男女生的平均成绩,要求不做各行小计。操作步骤如下:

1. 打开查询设计,并将"课程""选课成绩"和"学生"三个表添加到查询设计视图中,如图 13-1-12 所示。

图 13-1-12 在设计视图中创建交叉表查询

2. 双击"课程"表中的"课程名称"字段,"学生"表中的"性别"字段,"选课成绩"表中的"成绩"字段,将它们添加到"字段"行的第 1~3 列中。如图 13-1-13 所示。

项目 13　创建 Access 2013 教学管理数据库查询

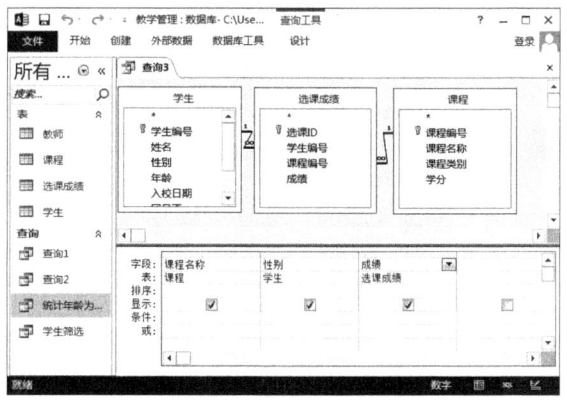

图 13-1-13　添加查询表中字段

3. 选择"查询类型"→"交叉表",如图 13-1-14 所示。

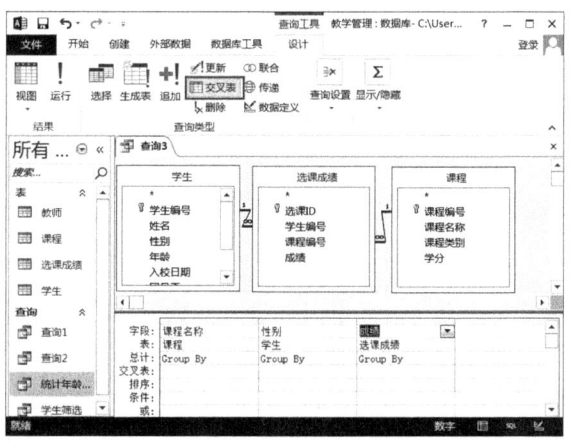

图 13-1-14　选择交叉表

4. 在"课程名称"字段的"交叉表"行选择"行标题"选项,在"性别"字段的"交叉表"行选择"列标题"选项,在"成绩"字段的"交叉表"行选择"值"选项,在"成绩"字段的"总计"行选择"平均值"选项,设置结果如图 13-1-15 所示。

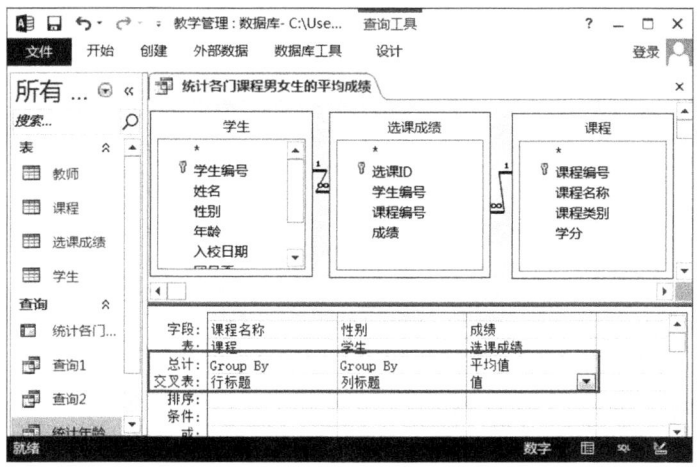

图 13-1-15　设置交叉表统计条件

5. 单击保存按钮,将查询命名为"统计各门课程男女生的平均成绩",运行查询,如图 13-1-16 所示。

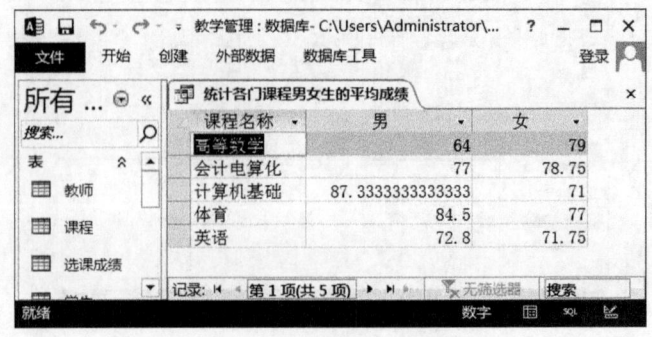

图 13-1-16 查询完成结果

任务 2 在设计视图中创建参数和操作查询

任务目的

Access 2013 参数查询是通过运行查询时输入参数、创建动态查询结果,以便更多、更方便地查找有用的信息。操作查询则是在操作中更改多个记录的查询,主要用于数据库中数据的更新、删除及生成新表,可分为删除查询、更新查询、追加查询、生成表查询四类。本任务侧重通过"教学管理"数据库具体实例使用 Access 2013 设计视图来完成创建参数和操作查询。

任务内容

完成该项学习任务共有四个子任务。
子任务 2.1:创建单参数查询。
子任务 2.2:创建多参数查询。
子任务 2.3:创建生成表查询。
子任务 2.4:创建更新查询。

任务实施

子任务 2.1 创建单参数查询

要求:以已建的"选课成绩查询"为数据源建立查询,按照学生"姓名"查看某学生的成

绩,并显示"学生编号""姓名""课程名称""成绩"和"性别"等字段。操作步骤如下:

1. 在导航窗格的"查询"对象中,选"选课成绩查询",然后单击鼠标右键→"设计视图"菜单,打开查询设计视图,如图 13-2-1 所示。

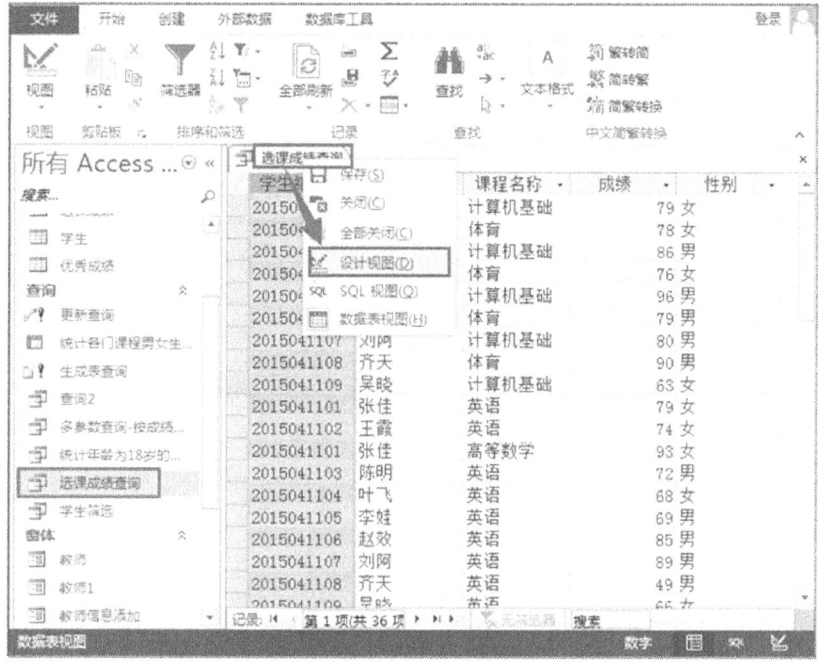

图 13-2-1　打开查询设计视图

2. 在"姓名"字段的条件行中输入"[请输入学生姓名]",结果如图 13-2-2 所示。

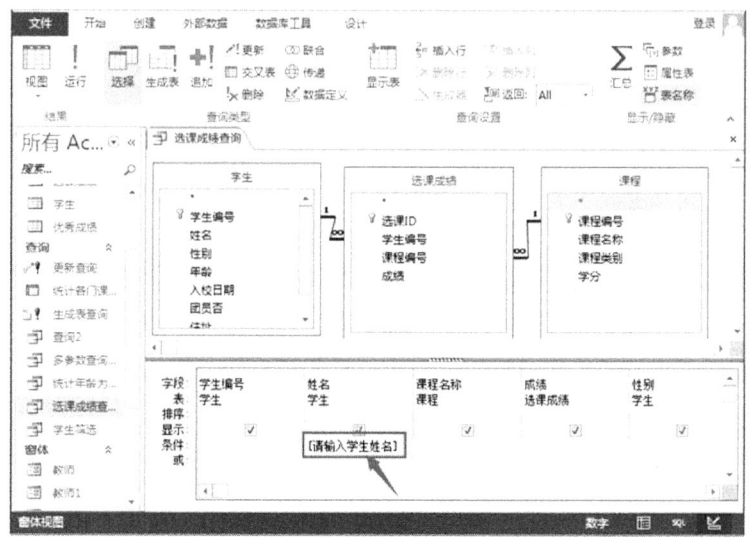

图 13-2-2　创建单参数查询

3. 单击"设计"→"结果"上的"运行"按钮,在"请输入学生姓名"文本框中输入要查询的学生的姓名,例如:"叶飞",单击"确定"按钮,如图 13-2-3 所示。

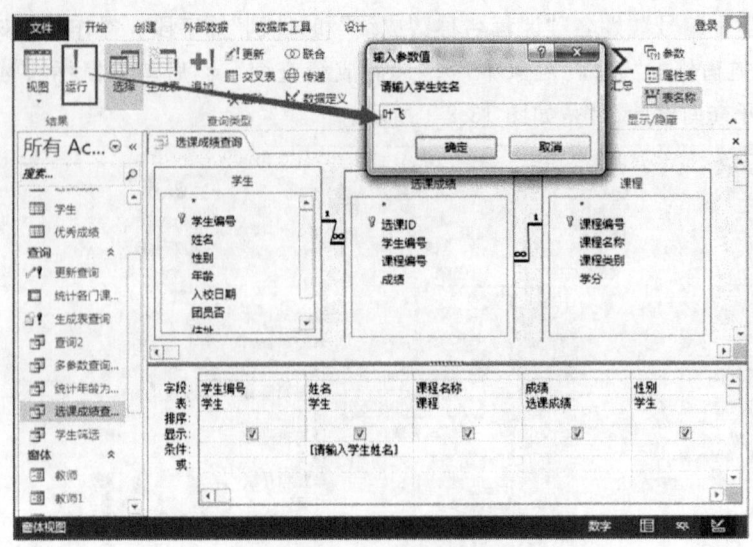

图 13-2-3 输入姓名参数

4. 显示出学生姓名为"叶飞"的查询结果,如图 13-2-4 所示。

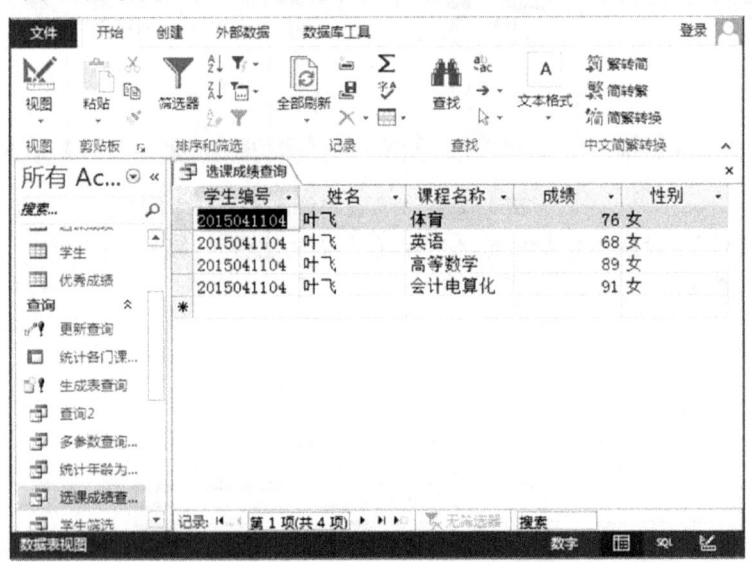

图 13-2-4 显示单参数查询结果

5. 单击"文件"→"另存为"菜单命令,选择"对象另存为",将选课成绩查询另存为"单参数查询-按姓名",保存类型为"查询",如图 13-2-5 所示。

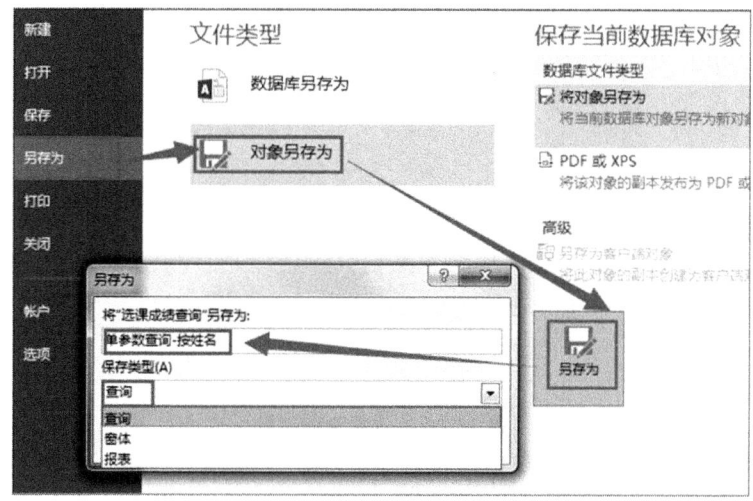

图 13-2-5　保存查询表

子任务 2.2　创建多参数查询

要求：在"选课成绩查询"中建立一个多参数查询，用于显示指定范围内的学生成绩，要求显示"姓名"和"成绩"字段的值。

注："选课成绩查询"参见子任务 1.1，先打开其设计视图，不带参数，把条件内容均删除。操作步骤如下：

1. 在设计视图中创建查询，在"显示表"对话框中，选择"查询"选项卡，并将"选课成绩查询"添加到查询设计视图中，如图 13-2-6 所示。

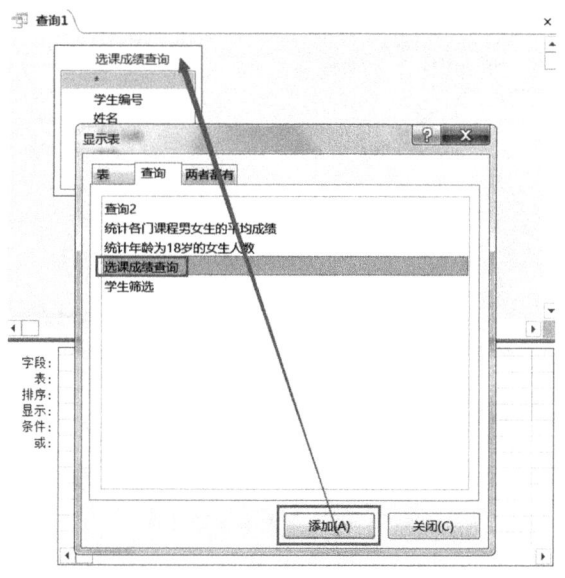

图 13-2-6　在查询设计视图中添加查询表

2. 双击字段列表区中的"姓名""成绩"字段，将它们添加到设计网格中"字段"行的第 1 列和第 2 列中，如图 13-2-7 所示。

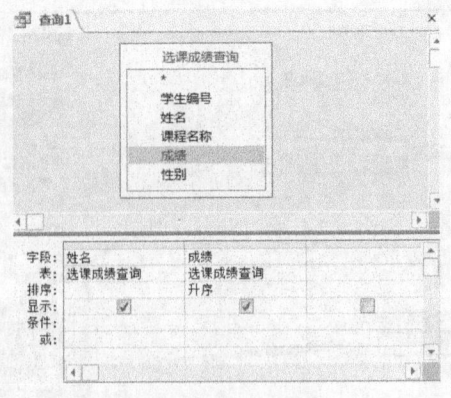

图 13-2-7　设置查询字段

3. 在"成绩"字段的"条件"行中单击右键,选择"生成器",如图 13-2-8 所示,打开"表达式生成器"窗口,进行如图 13-2-9 所示的设置。

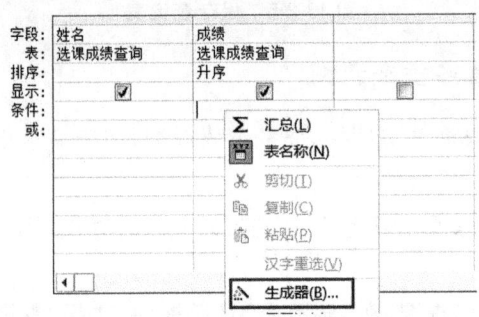

图 13-2-8　添加查询条件

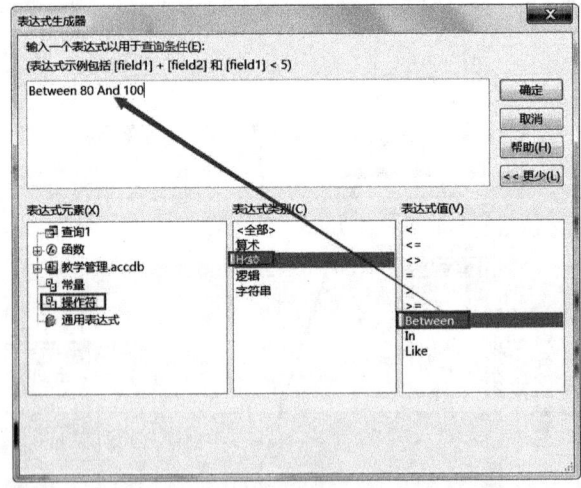

图 13-2-9　创建多参数查询

4. 单击"运行"按钮,显示查询结果,如图 13-2-10 所示,保存查询为"多参数查询-按成绩范围查询"。

项目 13 创建 Access 2013 教学管理数据库查询

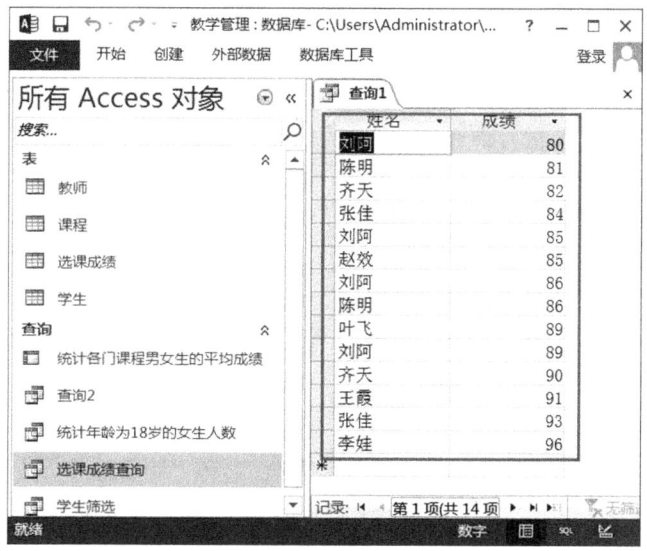

图 13-2-10 多参数查询完成结果

子任务 2.3 创建生成表查询

要求:将成绩在 90 分以上学生的"学生编号""姓名""成绩"存储到"优秀成绩"表中。操作步骤如下:

1. 在设计视图中创建查询,并将"学生"表和"选课成绩"表添加到查询设计视图中。双击"学生"表中的"学生编号""姓名"字段,"选课成绩"表中的"成绩"字段,将它们添加到设计网格中"字段"行中。在"成绩"字段的"条件"行中输入条件">=90",如图 13-2-11 所示。

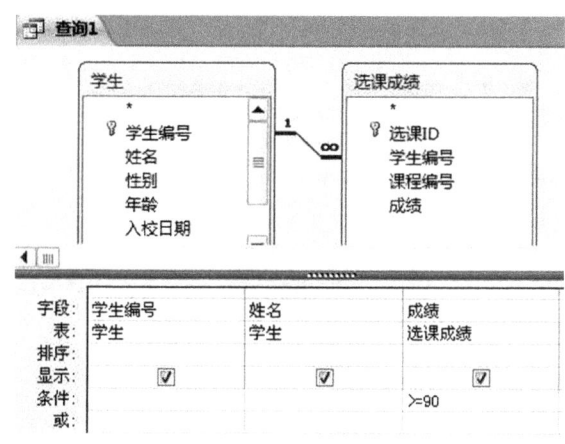

图 13-2-11 创建生成表查询

2. 选择"查询类型"→"生成表"命令,打开"生成表"对话框。在"表名称"文本框中输入要创建的表名称"优秀成绩",并选中"当前数据库"选项,单击"确定"按钮,如图 13-2-12 所示。

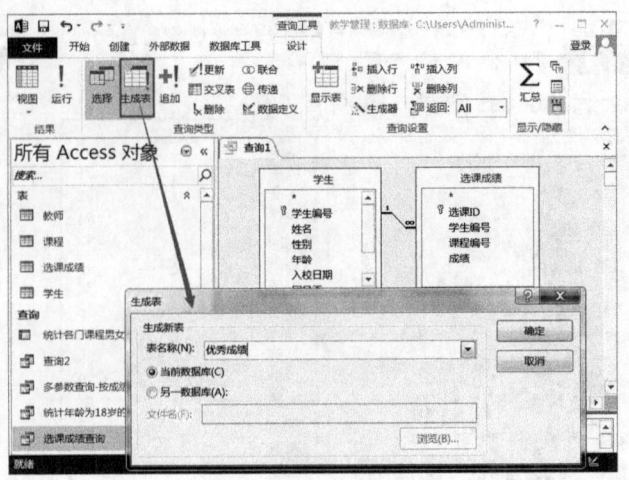

图 13-2-12　生成表

3. 单击“结果”→“视图”，预览记录，保存查询为“生成表查询”，如图 13-2-13 所示。

生成表查询

学生编号	姓名	成绩
2015041105	李娃	96
2015041108	齐天	90
2015041101	张佳	93
2015041102	王霞	91
*		

图 13-2-13　生成表查询

4. 单击“结果”→“运行”，屏幕上出现一个提示框，单击“是”按钮，开始建立“优秀成绩”表。在“导航窗格”中，选择“表”对象，可以看到生成的“优秀成绩”表，选中它，在数据表视图中查看其内容，如图 13-2-14 所示。

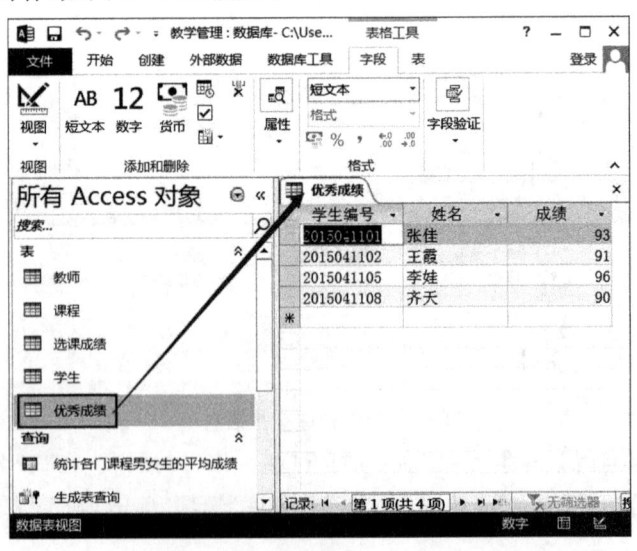

图 13-2-14　生成表查询完成结果

子任务 2.4　创建更新查询

要求：创建更新查询，将"课程编号"为"105"的"成绩"增加 5 分。操作步骤如下：

1. 在设计视图中创建查询，并将"选课成绩"表添加到查询设计视图中。双击"选课成绩"表中的"课程编号""成绩"字段，将它们添加到设计网格中"字段"行中，如图 13-2-15 所示。

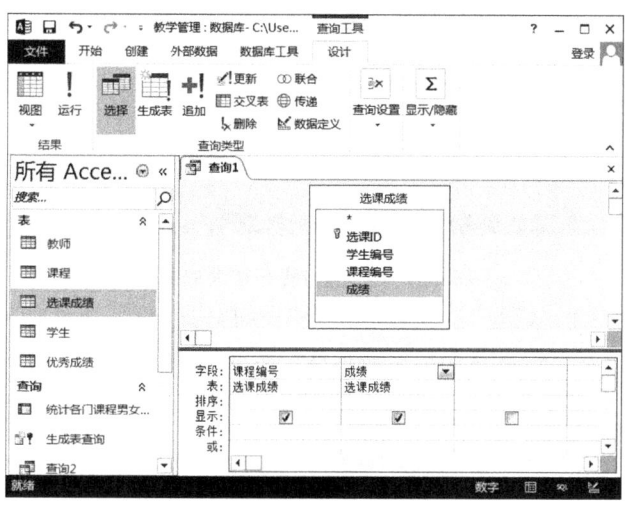

图 13-2-15　添加查询表

2. 选择"查询类型"→"更新"命令，在设计网格中增加一个"更新到"行。在"课程编号"字段的"条件"行中输入条件"105"，在"成绩"字段的"更新到"行中输入"[成绩]+5"，如图 13-2-16 所示。

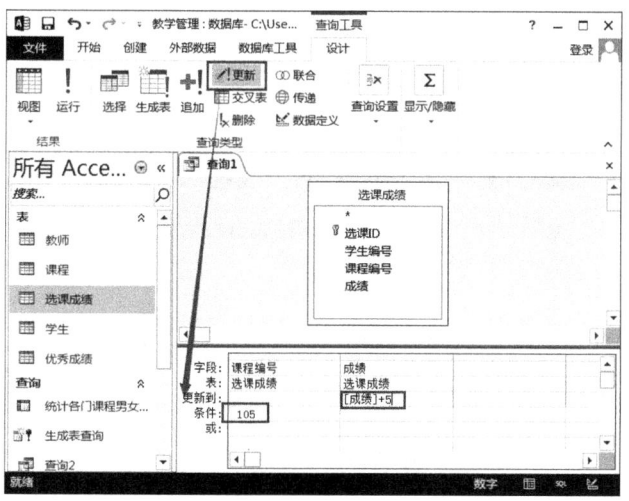

图 13-2-16　更新查询参数

3. 单击工具栏上的"视图"按钮，预览要更新的一组记录，保存查询为"更新查询"，如图 13-2-17 所示。

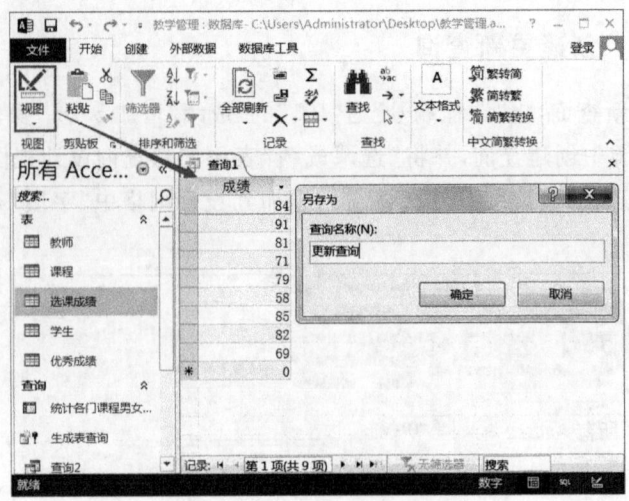

图 13-2-17　运行更新查询数据

4. 单击工具栏上的"运行"按钮,单击"是"按钮,完成更新查询的运行,如图 13-2-18 所示。打开"选课成绩"表,查看成绩是否发生了变化。

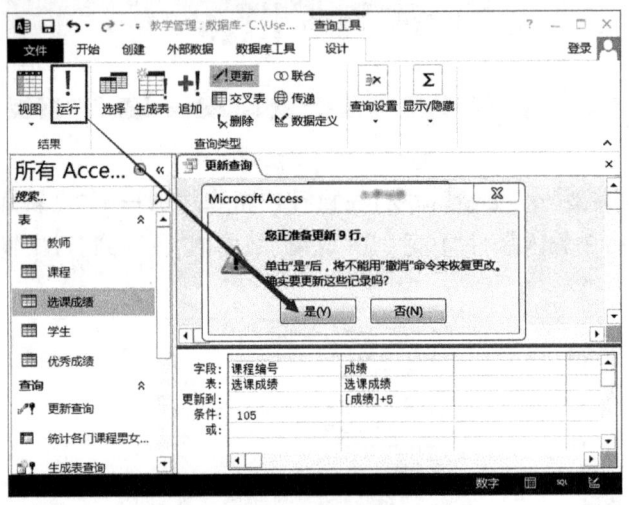

图 13-2-18　更新查询操作

项目 14　创建 Access 2013 教学管理数据库的窗体和报表

项目说明

窗体为用户提供了直观方便的数据输入、数据编辑和数据显示界面。可以使用窗体设计器创建具有个性的窗体,也可通过各种向导创建标准格式的窗体。报表的数据来源是上次实验设计的表或查询;报表是表或查询的直观体现形式,可以美化和排版,用于输出和打印。本项目通过进一步学习数据库软件 Access 2013 中的窗体、报表工具,使读者掌握几种主要的窗体与报表创建方法。

知识目标

掌握窗体创建的方法。
掌握窗体的常用属性和常用控件属性的设置。
了解报表布局,理解报表的概念和功能。
掌握创建报表的方法。
掌握报表的常用控件的使用。

能力目标

会使用不同方法创建窗体。
会使用不同方法创建报表。
会进行窗体和报表的常用属性和控件属性的设置。

项目分解

任务 1:创建 Access 2013 数据库的窗体。
任务 2:创建 Access 2013 数据库的报表。

任务 1 创建 Access 2013 数据库的窗体

任务目的

窗体(Form)是最终用户用 Access 2013 处理自己业务数据的界面,用户通过窗体按自己习惯的方式、格式操作业务数据。从数据库角度来说,用户通过窗体可以显示、增加、编辑、删除、查询、打印表的数据记录,控制系统的运行。窗体的类型分为纵栏表窗体、表格窗体和数据表窗体。本任务通过具体实例学习使用不同的方法来创建 Access 2013 数据库窗体。

任务内容

完成该项学习任务共有四个子任务。
子任务 1.1:使用"窗体"按钮创建窗体。
子任务 1.2:使用"自动创建窗体"方式创建窗体。
子任务 1.3:使用向导创建窗体。
子任务 1.4:在设计视图中创建窗体。

任务实施

子任务 1.1 使用"窗体"按钮创建窗体

1. 打开"教学管理.accdb"数据库,在导航窗格中,选择作为窗体数据源的"教师"表,在功能区"创建"选项卡的"窗体"组单击"窗体"按钮,窗体即创建完成,并以布局视图显示,如图 14-1-1 所示。

项目 14 创建 Access 2013 教学管理数据库的窗体和报表 · 245 ·

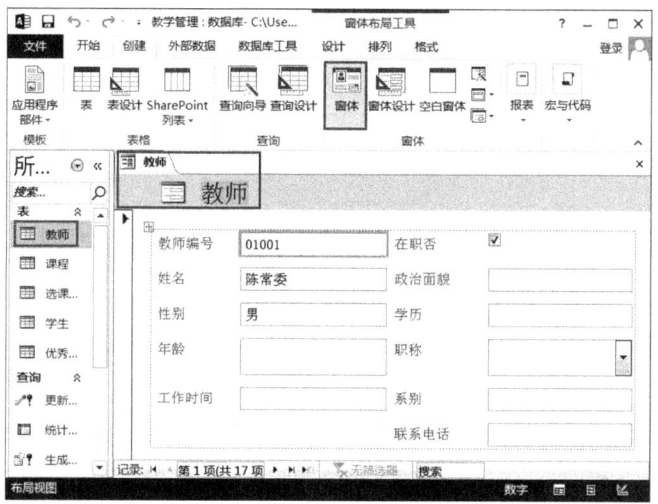

图 14-1-1 布局视图

2. 在快捷工具栏单击"保存"按钮,在弹出的"另存为"对话框中输入窗体的名称"教师",然后单击"确定"按钮,如图 14-1-2 所示。

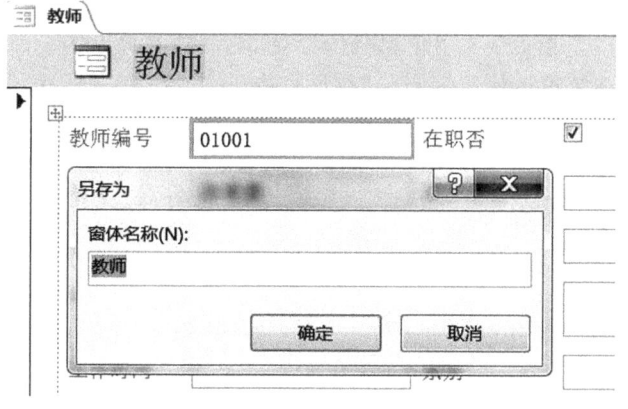

图 14-1-2 保存窗体

子任务 1.2 使用"自动创建窗体"方式创建窗体

要求:在"教学管理.accdb"数据库中创建一个"纵栏表"窗体,用于显示"教师"表中的信息。操作步骤如下:

1. 打开"教学管理.accdb"数据库,在导航窗格中,选择作为窗体的数据源"教师"表,在功能区"创建"选项卡的"窗体"组,单击"窗体向导"按钮。打开"请确定窗体上使用哪些字段"对话框中,如图 14-1-3 所示。在"表和查询"下拉列表中光标已经定位在所学要的数据源"教师"表,单击 >> 按钮,把该表中全部字段送到"选定字段"窗格中,单击"下一步"按钮。

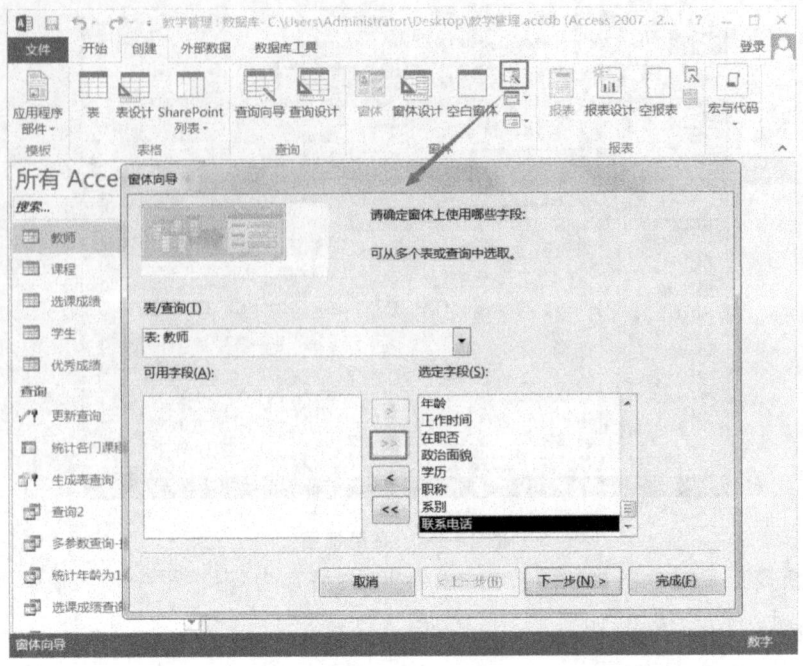

图 14-1-3 "请确定窗体上使用哪些字"段对话框

2. 在打开"请确定窗体使用的布局"对话框中,选择"纵栏表",如图 14-1-4 所示。单击"下一步"按钮。

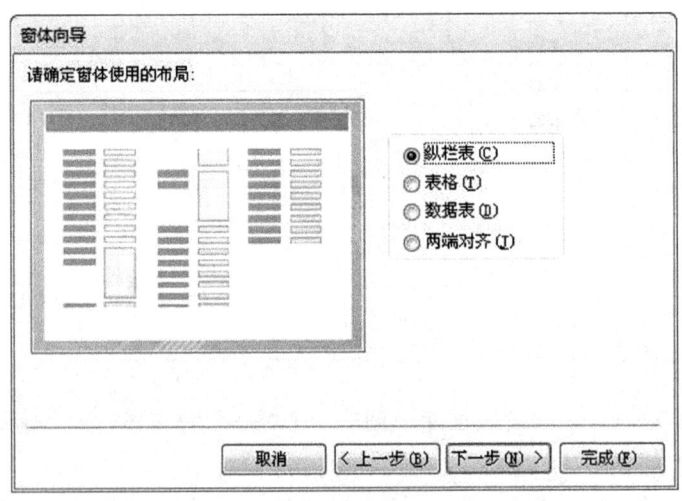

图 14-1-4 "请确定窗体使用的布局"段对话框中

3. 在"请为窗体指定标题"文本框中,输入窗体标题"教师",选取默认设置"打开窗体查看或输入信息",单击"完成"按钮,如图 14-1-5 所示。

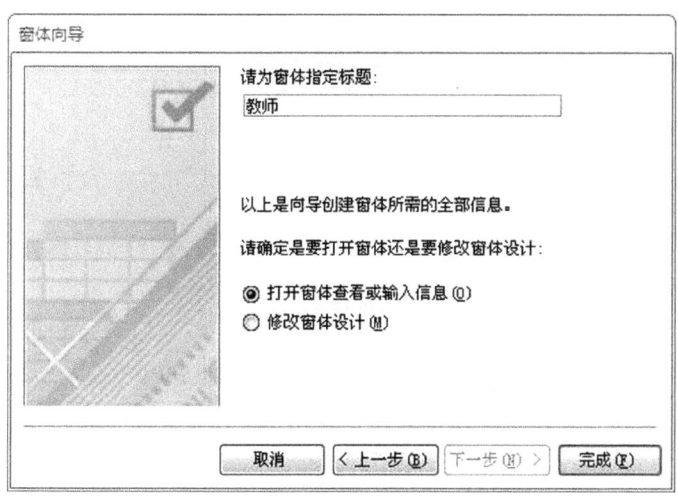

图 14-1-5 输入窗体标题"教师"

4. 这时打开窗体视图,看到了所创建窗体的效果,如图 14-1-6 所示。

图 14-1-6 "纵栏表"窗体

子任务 1.3 使用向导创建窗体

要求:以"学生"表和"选课成绩"表为数据源创建一个嵌入式的主/子窗体。操作步骤如下:

1. 在数据库窗口的"窗体"对象下,双击"使用向导创建窗体"选项,打开"窗体向导"对话框。

2. 在"窗体向导"对话框中,在"表/查询"下拉列表框中选中"表:学生",并将其全部字段添加到右侧"选定字段"中;再选择"表:选课成绩",并将全部字段添加到右侧"选定字段"中,如图 14-1-7 所示。

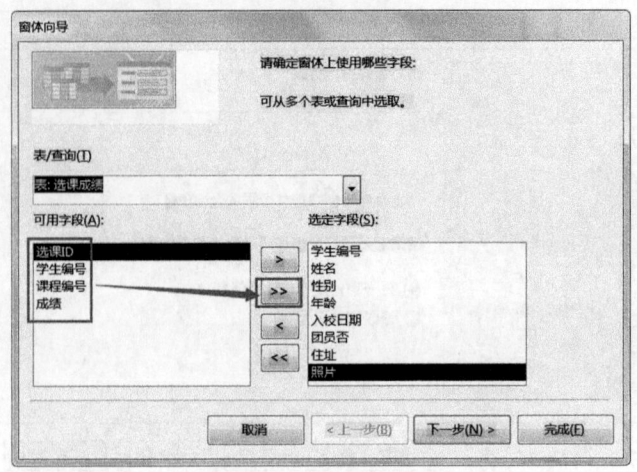

图 14-1-7　选择字段

3. 单击"下一步"按钮,在弹出的窗口中,选择查看数据方式为"通过学生",并选中"带有子窗体的窗体"选项,如图 14-1-8 所示。

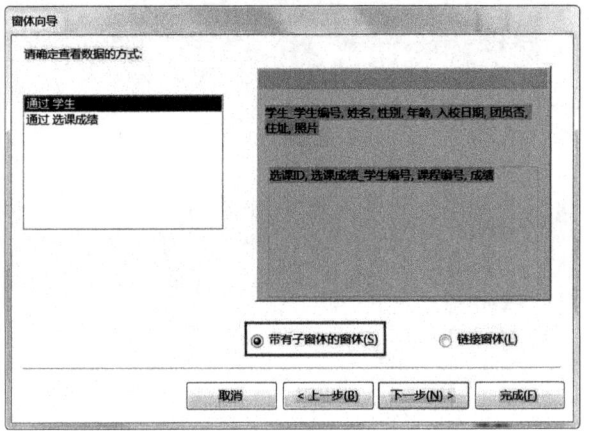

图 14-1-8　窗体向导选择查看数据的方式

4. 单击"下一步"按钮,选择子窗体使用的布局为"数据表",如图 14-1-9 所示。

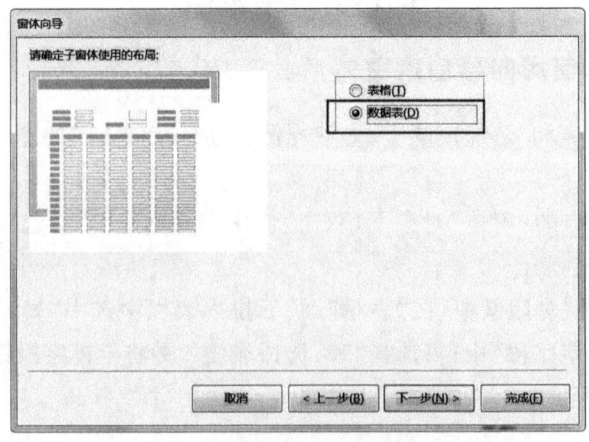

图 14-1-9　窗体向导选择数据表

5. 单击"下一步"按钮,将窗体标题设置为"学生","子窗体"标题设置为"选课成绩",如图 14-1-10 所示。

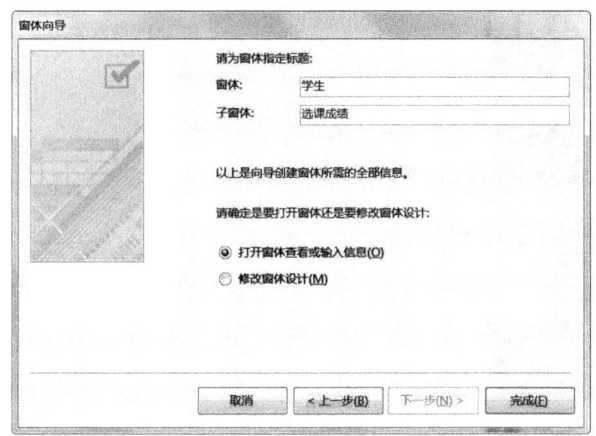

图 14-1-10　窗体向导选择窗体标题

6. 单击"完成"按钮,效果如图 14-1-11 所示。

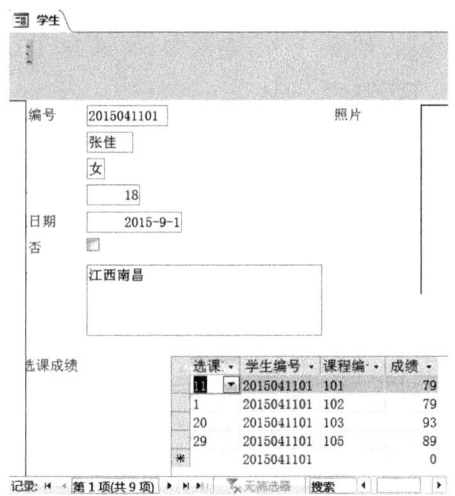

图 14-1-11　嵌入式的主/子窗体

子任务 1.4　在设计视图中创建窗体

要求:以"教师"表的备份表"教师 2"为数据源创建一个窗体,用于输入教师信息。操作步骤如下:

1. 在导航窗格中选中"教师"表,选择"文件"→"另存为"→"对象另存为",将"教师"另存为"教师 2",如图 14-1-12 所示。

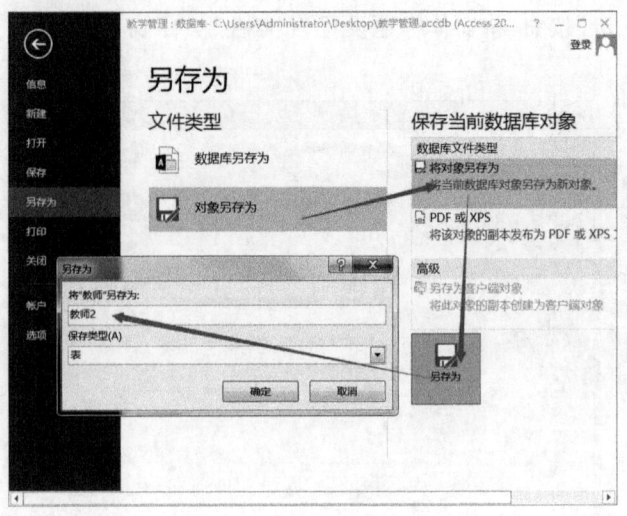

图 14-1-12 "另存为"窗体

2. 在导航窗格中,选"表"对象,选择"学生 2"表,单击"创建"→"窗体"→"窗体设计"按钮,建立窗体,弹出"字段列表"窗体("字段列表"窗体也可通过"窗体设计工具/设计"→"工具"→"添加现有字段"按钮,切换"显示/隐藏"),如图 14-1-13 所示。

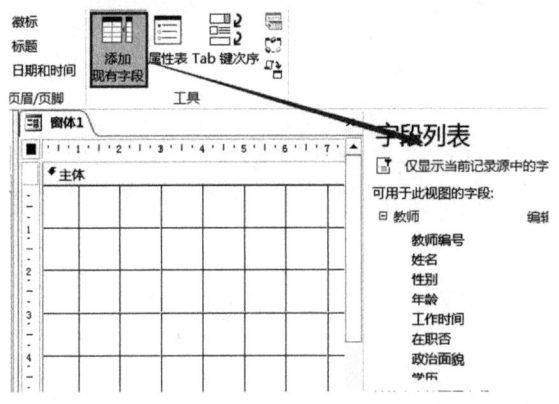

图 14-1-13 添加现有字段

3. 分别将字段列表窗口中的"教师编号""姓名""性别""职称"字段拖放到窗体的主体节中,并调整好它们的大小和位置,如图 14-1-14 所示。

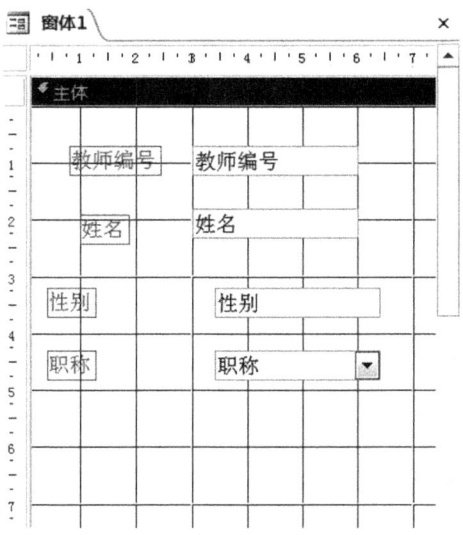

图 14-1-14　设计窗体中添加的字段位置

4. 单击"窗体设计工具"→"设计"→"控件"→"使用控件向导",如图 14-1-15 所示。

图 14-1-15　"窗体设计工具"→"设计"选项卡

5. 单击"窗体设计工具"→"设计"→"控件"→"使用控件向导",再单击"命令按钮",在窗体上添加命令按钮控件。在出现的对话窗口中选择"记录操作"选项,然后在"操作"列表中选择"添加新记录",如图 14-1-16 所示。

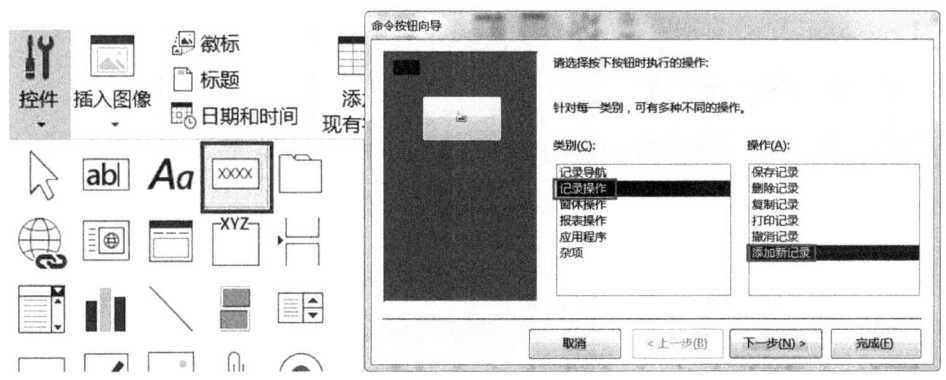

图 14-1-16　确定命令按钮显示文本

6. 单击"下一步"按钮,选择"文本",文本框内容为"添加记录",如图 14-1-17 所示。

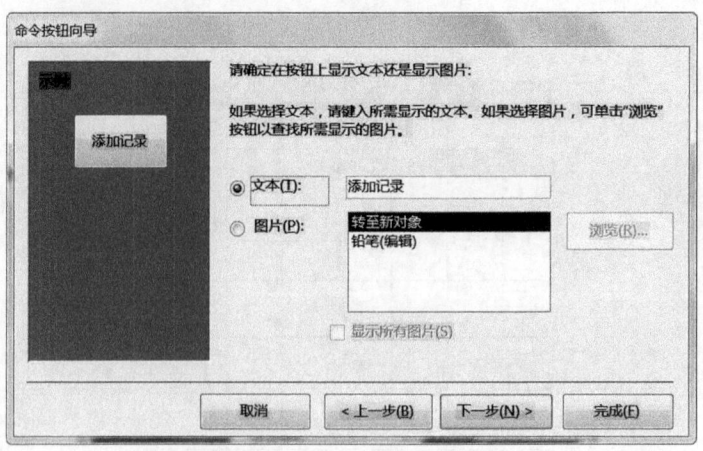

图 14-1-17 命令按钮向导

7. 单击"下一步"按钮，为命令按钮命名，选默认值，然后单击"完成"按钮。用同样的方法继续创建其他命令按钮，如图 14-1-18 所示。

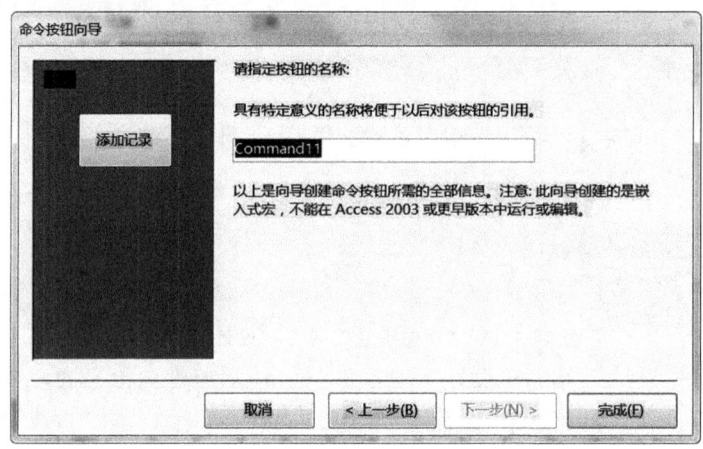

图 14-1-18 为命令按钮命名

8. 将窗体保存为"教师信息添加"，如图 14-1-19 所示。

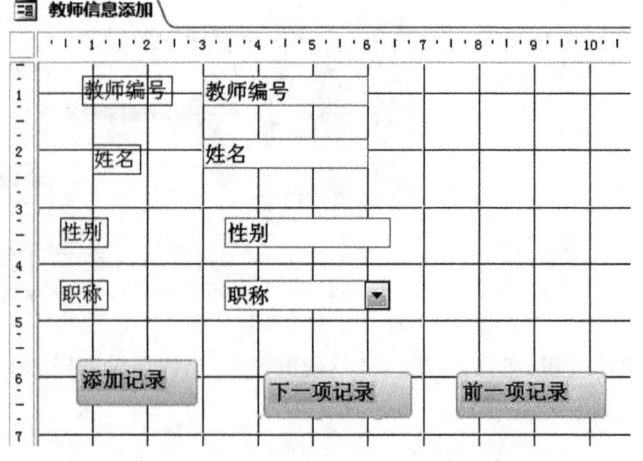

图 14-1-19 在设计视图中创建教师信息窗体效果

9. 打开窗体视图,显示效果,如图 14-1-20 所示。

图 14-1-20　窗体完成效果

任务 2　创建 Access 2013 数据库的报表

任务目的

Access 2013 提供了比较丰富、多样的报表样式。报表用于把数据库中的记录内容打印出来,它既可以用简单的表格、图表打印或预览数据,也可以进行特殊用途的设计,如发票格式、信函格式等。报表主要有四种类型:纵栏式报表、表格式报表、图表报表和标签报表。在报表的设计与显示中经常要用到报表的视图方式,可以使用"自动创建报表"方式创建报表,也可以使用"报表向导"创建报表。本任务通过具体实例学习不同方式下的创建 Access 2013 报表的操作。

任务内容

完成该项学习任务共有两个子任务。
子任务 2.1:使用"自动创建报表"方式创建报表。
子任务 2.2:使用"报表向导"创建报表。

任务实施

子任务 2.1　使用"自动创建报表"方式创建报表

要求:以"教师"表为数据源,使用"报表"按钮创建报表。操作步骤如下:

1. 打开"教学管理"数据库,在"导航"窗格中,选中"教师"表,在"创建"选项卡的"报表"组中单击"报表"按钮,如图 14-2-1 所示。

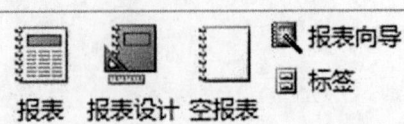

图 14-2-1 报表组

2. "教师"报表创建完成,并且切换到布局视图,如图 14-2-2 所示。

图 14-2-2 "教师"报表

子任务 2.2 使用"报表向导"创建报表

要求:使用"报表向导"创建"选课成绩"报表。操作步骤如下:

1. 打开"教学管理"数据库,在"导航"窗格中,选择"选课成绩"表,在"创建"选项卡的"报表"组中单击报表向导按钮,如图 14-2-3 所示。

图 14-2-3 使用"报表向导"创建报表

2. 打开"请确定报表上使用哪些字段"对话框,这时数据源已经选定为"表:选课成绩"(在"表/查询"下拉列表中也可以选择其他数据源)。在"可用字段"窗格中,将全部字段移送到"选定字段"窗格中,然后单击"下一步"按钮,如图 14-2-4 所示。

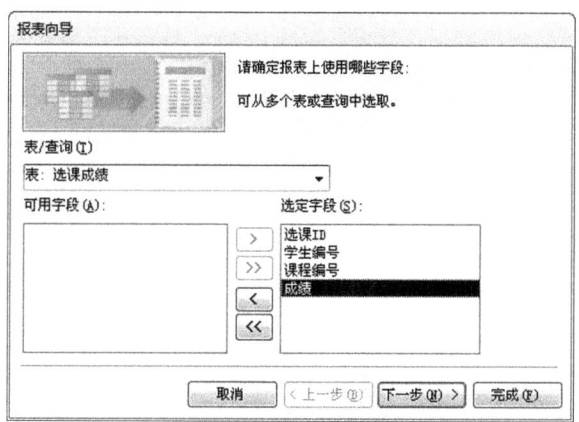

图 14-2-4 "请确定报表上使用哪些字段"对话框

3. 在打开的"是否添加分组级别"对话框中,自动给出分组级别,并给出分组后报表布局预览。这里是按"学生编号"字段分组(这是由"学生"表与"选课成绩"表之间建立的一对多关系所决定的,否则就不会出现自动分组,而需要手工分组),单击"下一步"按钮,如图 14-2-5 所示。如果需要再按其他字段进行分组,可以直接双击左侧窗格中的用于分组的字段。

图 14-2-5 "是否添加分组级别"对话框

4. 在打开的"请确定明细信息使用的排序次序和汇总信息"对话框中,选择按"成绩"降序排序,单击"汇总选项"按钮,选定"成绩"的"平均"复选项,汇总成绩的平均值,选择"明细和汇总"选项,单击"确定"按钮,再单击"下一步"按钮,如图 14-2-6 所示。

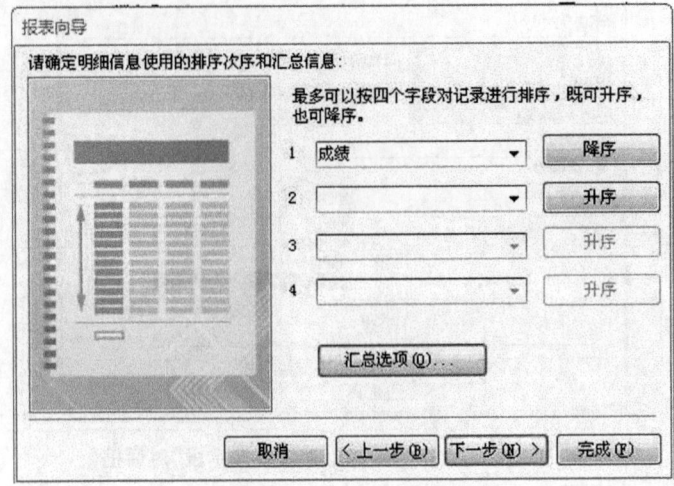

图 14-2-6 "请确定明细信息使用的排序次序和汇总信息"对话框

5. 在打开的"请确定报表的布局方式"对话框中,确定报表所采用的布局方式。这里选择"块"式布局,方向选择"纵向",单击"下一步"按钮,如图 14-2-7 所示。

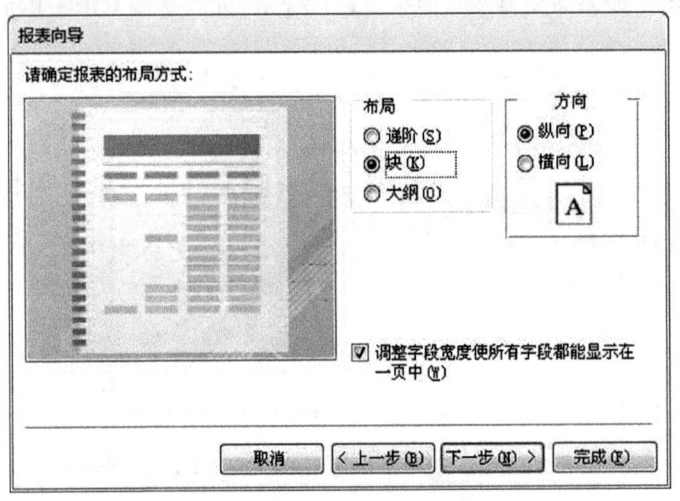

图 14-2-7 "请确定报表的布局方式"对话框

6. 在打开的"请为报表指定标题"对话框中,指定报表的标题,输入"选课成绩信息",选择"预览报表"单选项,然后单击"完成"按钮,如图 14-2-8 所示。

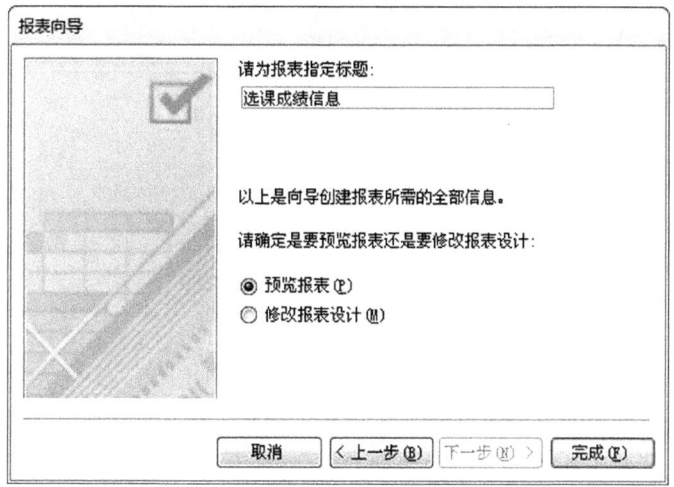

图 14-2-8　"请为报表指定标题"对话框

7. 报表完成后效果如图 14-2-9 所示。

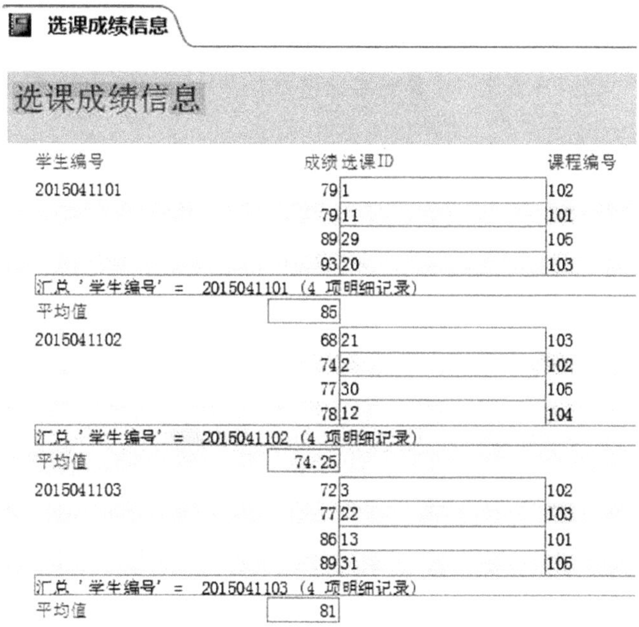

图 14-2-9　报表完成后效果

参 考 文 献

[1]张俊才,张静.计算机应用基础(Windows7+Office2010)[M].大连:东软电子出版社,2011.

[2]杜玉合.计算机应用基础项目化实训教程[M].成都:电子科技大学出版社,2013.

[3]陆汉权.计算机科学基础[M].北京:电子工业出版社,2011.

[4]程向前等.计算机应用基础 2011 [M].北京:中国人民大学出版社,2010.

[5]吴宁等.大学计算机基础[M].北京:电子工业出版社,2011.

[6]程向前.计算机应用技术基础[M].北京:电子工业出版社,2010.

[7]何钦铭,陆汉权,冯博琴.计算机基础教学的核心任务是计算思维能力的培养[J].中国大学教学,2010(9).

[8]冯博琴,赵英良等.计算机软件技术基础[M].西安:西安交通大学出版社,2010.